全国职业教育规划教材·数学系列

高等数学及应用

（上册）

主　编　叶永春　朱　勤

副主编　胡　频　张延利　刘　坚　任修红

参　编　毛建生　沈荣泸　李　涛　陈　芳

北京大学出版社
PEKING UNIVERSITY PRESS

内 容 简 介

本套教材是在充分研究当前我国高职高专教育教学发展趋势，遵循高等数学自身的科学性和规律性，根据教育部高职高专高等数学课程教学基本要求而编写。全书分为上下两册共 10 章，其中，每册最后一章为选修内容。每章划分为四大模块，即内容、实例应用、本章小结、习题四个模块。上册内容主要包括：函数的极限与连续、导数与微分、不定积分、定积分及其应用、三角函数；下册内容主要包括：微分方程、行列式与矩阵、线性方程组、概率、数理统计初步、排列组合。各章内容分模块、分层次编排，供工科类和经济管理类专业选用。

图书在版编目（CIP）数据

高等数学及应用. 上册/ 叶永春，朱勤主编. —北京：北京大学出版社，2014.9
（全国职业教育规划教材·数学系列）
ISBN 978-7-301-24565-1

Ⅰ. ①高…　Ⅱ. ①叶… ②朱…　Ⅲ. ①高等数学－高等职业教育－教材　Ⅳ. ①013

中国版本图书馆 CIP 数据核字（2014）第 170631 号

书　　　　名：**高等数学及应用（上册）**
著作责任者：叶永春　朱　勤　主编
策 划 编 辑：李　玥
责 任 编 辑：李　玥
标 准 书 号：ISBN 978-7-301-24565-1/O · 0991
出 版 发 行：北京大学出版社
地　　　　址：北京市海淀区成府路 205 号　100871
电　　　　话：邮购部 62752015　发行部 62750672　编辑部 62765126　出版部 62754962
网　　　　址：http://www.pup.cn　　新浪官方微博：@北京大学出版社
电 子 信 箱：zyjy@pup.cn
印 刷 者：北京鑫海金澳胶印有限公司
经 销 者：新华书店
　　　　　　787 毫米×1092 毫米　16 开本　10.5 印张　217 千字
　　　　　　2014 年 9 月第 1 版　2015 年 8 月第 2 次印刷
定　　　　价：25.00 元

前　言

本套教材是在充分研究当前我国高职高专教育教学发展趋势，认真总结、分析高职高专院校高等数学教学改革的经验和教育现状，遵循高等数学自身的科学性和规律性，根据教育部《高职高专教育数学课程教学基本要求》和《高职高专教育专业人才培养目标及规格》，并参考《全国各类成人高等学校专科起点本科班招生复习考试大纲（非师范类）》，以数学在高等职业技术教育中的功能定位和作用为基础而编写。本套教材既适用于理工科类专业，也适用于经济管理类各专业，还适用于各类"专升本考试"培训，可选择性强。本套教材突出高等数学的基础性与应用性，具有以下特色：

第一，简明性。在内容的选择上，大胆省去传统高等数学中较为繁杂的定理、公式推导，突出数学的基础性及数学思想、数学方法的应用，使知识点和内容易于掌握。

第二，易读性。教材编写过程中遵循高等数学自身规律，以学生为主体的教学理念，将教材的编排顺序与呈现方式同学生的数学基础与心理发展水平有机结合，突出可读性。在引进数学概念时，尽量借助几何直观图形、物理意义与生活背景进行解释，使之切合学生的认知水平。在部分定理证明时，采用描述性证明，去掉过多理论推导，保留主要的证明。在配制例题时，尽量做到每例均有思路分析，引导学生循序渐进，易学易懂，减少学生的学习障碍。

第三，应用性。依据高职教育人才培养为生产一线的应用型技术人才这一目标，本套教材注重数学应用能力的培养：一是培养将数学思想、概念、方法去认识、理解工程概念、工程原理的能力；二是把实际问题转化为数学模型的能力；三是求解数学模型的能力。无论是实例的引入，例题的讲解、习题的选择都贯穿这一特点，且在每一章都提供了较多类型的应用实例供各专业学生学习。

第四，层次性。针对高职高专各专业的特点，各章内容分模块、分层次编排，有较强的选择性。将各专业都必须使用的基本内容作为基本层，后续内容可根据专业实际在基础层上进行组装，构造出不同层次。

本教材的基本教学时数约 150 学时，选修章节（上册第 5 章、下册第 5 章）教师可根据专业需求另行安排教学。

本套教材主要由泸州职业技术学院数学教研室编写。上册第 1 章由叶永春编写，第 2 章由胡频编写，第 3 章由朱勤编写，第 4 章由刘坚编写，第 5 章由张延利编写；下册第 1 章由李涛编写，第 2 章由毛建生编写，第 3、4 章由沈荣泸编写，第 5 章由陈芳编写；邹涛、任修红、张小芳参与本套教材答案的核对与校稿工作，叶永春负责全套教材统筹规划、审核及校对。老师们都有较丰富的教学经验，既熟悉我国高职高专教育发展的现状，又了解本学科教与学的具体要求，为保证编写质量，对编写大纲进行了反复修改、讨论，并推选了一批教学水平高又有长期教材编写经验的老师参与教材的编写和审定。在本书的编审过程中，得到了同行专家的精心指导，得到了泸州职业技术学院领导的大力支持，谨在此表示衷心感谢。

由于成书仓促，编审人员水平有限，不足之处，请有关专家、学者及使用本书的老师指正。我们诚恳地希望各界同人及广大教师关注并支持这套教材的建设，及时将教材使用过程中遇到的问题和改进意见反馈给我们，以供修订时参考。

编　者

2014 年 5 月

目　　录

第1章　函数的极限与连续性 ·· 1

　1.1　函数 ·· 1

　　1.1.1　函数的概念 ·· 1

　　1.1.2　函数的图像 ·· 2

　　1.1.3　函数的性质 ·· 3

　　1.1.4　反函数 ·· 5

　　1.1.5　分段函数 ·· 7

　习题1-1 ·· 8

　1.2　初等函数 ·· 8

　　1.2.1　基本初等函数 ·· 8

　　1.2.2　复合函数 ·· 12

　　1.2.3　初等函数 ·· 13

　习题1-2 ·· 14

　1.3　函数的极限 ·· 14

　　1.3.1　数列的极限 ·· 15

　　1.3.2　函数的极限 ·· 17

　　1.3.3　无穷小与无穷大 ·· 21

　　1.3.4　极限的运算法则 ·· 23

　　1.3.5　两个重要极限 ·· 26

　习题1-3 ·· 28

　1.4　函数的连续性 ·· 29

　　1.4.1　函数连续的概念 ·· 29

　　1.4.2　初等函数的连续性 ······································ 32

　　1.4.3　函数的间断点 ·· 34

　　1.4.4　闭区间上连续函数的性质 ··························· 34

　习题1-4 ·· 35

　1.5　函数与极限的应用 ·· 36

　　1.5.1　函数关系应用举例 ······································ 36

　　1.5.2　函数极限应用举例 ······································ 38

　习题1-5 ·· 39

　本章小结 ·· 39

　复习题一 ·· 40

第2章　导数与微分 ·· 42

　2.1　导数 ·· 42

2.1.1　导数的概念 ·· 42

2.1.2　导数的几何意义 ·· 46

2.1.3　函数的可导性与连续性的关系 ······························ 46

习题 2-1 ··· 47

2.2　导数运算 ·· 48

2.2.1　函数的和、差、积、商的导数 ······························· 48

2.2.2　复合函数的求导法则 ·· 49

2.2.3　隐函数的导数 ··· 51

2.2.4　高阶导数 ·· 53

习题 2-2 ··· 55

2.3　函数的微分 ·· 56

2.3.1　微分的定义 ·· 56

2.3.2　微分的几何意义 ··· 57

2.3.3　微分公式与微分运算法则 ···································· 58

习题 2-3 ··· 60

2.4　导数应用 ·· 61

2.4.1　洛必达法则（L'Hospital 法则）······························ 61

2.4.2　函数单调性的判别法 ·· 64

2.4.3　函数的极值 ·· 65

2.4.4　函数的最大值和最小值 ······································ 69

习题 2-4 ··· 72

本章小结 ··· 73

复习题二 ··· 73

第 3 章　不定积分 ·· 76

3.1　不定积分的概念 ·· 76

3.1.1　原函数的概念 ··· 76

3.1.2　原函数的性质 ··· 76

3.1.3　不定积分的定义 ··· 77

3.1.4　不定积分的几何意义 ·· 78

习题 3-1 ··· 78

3.2　不定积分的性质与基本积分公式 ···································· 79

3.2.1　不定积分的性质 ··· 79

3.2.2　不定积分的基本公式 ·· 80

习题 3-2 ··· 81

3.3　不定积分的计算 ·· 82

3.3.1　直接积分法 ·· 82

3.3.2　换元积分法 ·· 83

3.3.3　分部积分法 ·· 90

习题 3-3 ··· 93

3.4　不定积分的应用 ··· 94

习题 3-4 ··· 96

本章小结 ··· 96

复习题三 ··· 97

第 4 章　定积分及其应用 ··· 98

4.1　定积分的概念和性质 ··· 98

4.1.1　引例 ··· 98

4.1.2　定积分的定义 ··· 100

4.1.3　定积分的几何意义 ··· 102

4.1.4　定积分的性质 ··· 103

习题 4-1 ··· 105

4.2　微积分基本公式 ··· 106

4.2.1　积分上限的函数及其导数 ··· 106

4.2.2　微积分基本公式 ··· 108

习题 4-2 ··· 109

4.3　定积分的积分法 ··· 110

4.3.1　定积分的换元积分法 ··· 110

4.3.2　定积分的分部积分法 ··· 113

习题 4-3 ··· 114

4.4　定积分的应用 ·· 114

4.4.1　直角坐标系下平面图形的面积 ··································· 114

4.4.2　旋转体的体积 ··· 117

4.4.3　平面曲线的弧长 ··· 120

4.4.4　定积分在其他方面的应用 ··· 121

习题 4-4 ··· 124

本章小结 ··· 125

复习题四 ··· 125

＊第 5 章　三角函数 ··· 127

5.1　任意角的三角函数 ·· 127

5.1.1　任意角的三角函数的定义 ··· 127

5.1.2　同角三角函数的基本关系 ··· 129

5.1.3　三角函数的诱导公式 ··· 129

习题 5-1 ··· 131

5.2　三角函数的性质 ··· 132

5.2.1　正弦、余弦函数的性质 ··· 132

5.2.2　正切、余切函数的性质 ··· 133

5.2.3　反三角函数 ·· 134

习题 5-2 ··· 137

5.3　三角函数恒等变换 ·· 137

5.3.1 两角和与差的三角函数公式 ……………………………………… 137
5.3.2 二倍角的正弦、余弦、正切和余切公式 ………………………… 138
习题 5-3 ……………………………………………………………………… 140
5.4 解三角形 …………………………………………………………………… 140
5.4.1 解直角三角形 ……………………………………………………… 140
5.4.2 解斜三角形 ………………………………………………………… 143
习题 5-4 ……………………………………………………………………… 145
本章小结 …………………………………………………………………… 145
复习题五 …………………………………………………………………… 147

习题答案 …………………………………………………………………… 149
参考文献 …………………………………………………………………… 159

第1章 函数的极限与连续性

极限是研究高等数学的一个重要工具,是微积分的重要基本概念之一,微积分的其他重要概念如导数、微分、积分等都是用极限表述的,并且它们的主要性质和法则也是通过极限方法推导出来的. 本章将先引入函数的概念,讨论函数的图像与性质,在复习基本初等函数、复合函数、初等函数的基础上,介绍极限的概念,进而研究极限的运算法则、函数的连续性等基本知识,最后介绍函数与极限在日常生活、经济、机械、工程等问题中的应用,为后续知识的学习奠定坚实的基础.

1.1 函 数

函数是描述事物变化过程中变量相依关系的数学模型,是数学的基本概念之一,在生活及其他自然科学中有着广泛的应用,高等数学就是以函数为主要研究对象的一门课程.

1.1.1 函数的概念

在自然规律及工程应用中,经常会遇到两种不同的量:一种量在过程中不发生变化而保持一定的数值,这种量称为常量(或常数);另一种量在过程中可以取不同的数值,这种量称为变量. 如随着每个人的成长,年龄、身高、体重等都是变量. 通常用字母 a,b,c 等表示常量,用字母 x,y,z 等表示变量.

一般来说,在一个问题中往往同时有几个变量在变化着,这几个变量并不是孤立地在变,而是直接或间接地相互联系又相互制约的. 它们之间这种相互依赖的关系刻画了客观世界中事物变化的内在规律,这种规律用数学进行描述,就是函数关系.

例如,圆的面积为 S,半径为 r,则这两个变量间的关系由公式 $S=\pi r^2$ 确定,其中常量 π 为圆周率. 当半径 r 在区间 $[0,R]$ 内任取一个数值时,变量 S 都有唯一确定的值和它对应.

定义 1.1.1 设 x,y 是两个变量,D 是一个实数集. 如果对于 D 内的每一个数 x,按照某个对应法则 f,变量 y 都有唯一确定的数值和它对应,则称 y 是 x 的**函数**,记作 $y=f(x)$. x 叫作**自变量**,y 叫作**因变量**,或者**函数值**,实数集 D 叫作这个函数的**定义域**.

当 x 取数值 $x_0 \in D$ 时,与之相对应的 y 的值叫作函数 $y=f(x)$ 在点 x_0 处的函数值,记作 $f(x_0)$ 或 $y|_{x=x_0}$. 函数 $y=f(x)$ 所有函数值的集合 $M=\{y \mid y=f(x), x \in D\}$ 叫作函数的**值域**.

函数 $y=f(x)$ 中表示对应法则的记号 f 也可以改用别的字母,如 g,φ,F 等,这时函数就记作 $y=g(x),y=\varphi(x),y=F(x)$ 等. 当同时考察几个不同的函数时,就需要用不同的函数记号来区别.

在实际问题中,函数的定义域是根据问题的实际意义确定的. 对于只给出表达式而没有说明实际背景的函数,函数的定义域就是使函数表达式有意义的自变量的取值范围.

【**例1**】 设函数 $f(x)=x^2-2x+3$,求 $f(3)$、$f(a)$、$f(x+1)$.

解 $f(3)=3^2-2\times3+3=6$.

$$f(a)=a^2-2a+3.$$
$$f(x+1)=(x+1)^2-2(x+1)+3=x^2+2.$$

【例2】 求下列函数的定义域.

(1) $y=\dfrac{9}{x^2-4}$；   (2) $y=\dfrac{1}{\sqrt{5-x^2}}+\arcsin x$.

解 (1) $x^2-4\neq0$，$x\neq\pm2$，所以定义域为$(-\infty,-2)\cup(-2,2)\cup(2,+\infty)$.

(2) 要使函数 y 有意义，必须同时满足：分母不为零且偶次根式的被开方式非负，反正弦函数符号内的式子绝对值小于或等于1，即

$$\begin{cases} 5-x^2>0 \\ |x|\leqslant1 \end{cases} \qquad 解出 \begin{cases} -\sqrt{5}<x<\sqrt{5} \\ -1\leqslant x\leqslant1 \end{cases}$$

故不等式组的解为 $-1\leqslant x\leqslant1$.

因此，该函数的定义域为$[-1,1]$，也可以表示为 $D=\{x\mid-1\leqslant x\leqslant1\}$.

【例3】 已知函数 $y=f(x)$ 的定义域是$[2,5]$，求 $f(2x+1)$ 的定义域.

解 要使函数 $f(2x+1)$ 有意义，即 $2\leqslant2x+1\leqslant5$，所以 $\dfrac{1}{2}\leqslant x\leqslant2$，即 $f(2x+1)$ 的定义域为 $\left[\dfrac{1}{2},2\right]$.

【例4】 判断下列各对函数是否相同.

(1) $f(x)=2x$，$g(x)=\sqrt{4x^2}$；

(2) $f(x)=1$，$g(x)=\sin^2 3x+\cos^2 3x$.

解 (1) 不相同. 两个函数的定义域都是$(-\infty,+\infty)$，但对应法则不同，例如：当 $x=-1$ 时，$f(-1)=-2$，$g(-1)=2$，不相等.

(2) 相同. 因为 $f(x)$ 与 $g(x)$ 的定义域都是$(-\infty,+\infty)$，且对同一个 x，有 $\sin^2 x+\cos^2 x=1$，即对应法则相同，所以 $f(x)$ 与 $g(x)$ 是同一个函数.

由上述例题及函数的定义可知，对应法则和定义域是函数的两个要素，在描述任何一个函数时，必须同时说明这两个要素. 只有两个函数的对应法则和定义域都相同时，我们才能说这两个函数是相同的函数.

函数的定义域，一般是使得函数有意义的自变量的取值范围，为此求函数的定义域时应遵守以下原则：

(1) 代数式中分母不能为零；

(2) 偶次根式内表达式非负；

(3) 对数中真数表达式大于零；

(4) 反三角函数要根据各自的定义域，例如：$\arcsin x$，$\arccos x$ 要满足 $|x|\leqslant1$；

(5) 两函数代数和的定义域，应是两函数定义域的公共部分；

(6) 对于表示实际问题的解析式，还应该保证其符合实际意义.

1.1.2 函数的图像

设函数 $y=f(x)$ 的定义域为 D. 对于任意取定的 $x\in D$，对应的函数值为 $y=f(x)$，则以 x 为横坐标、y 为纵坐标，就确定了平面上的一点(x,y). 当 x 遍取 D 上的数值时，就得到点(x,y)的一个集合 $G=\{(x,y)\mid y=f(x),x\in D\}$.

这个点的集合 G 叫做函数 $y=f(x)$ 的图像,如图 1-1 所示.

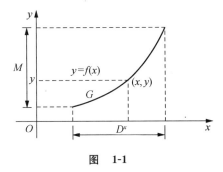

图　1-1

1.1.3　函数的性质

1. 单调性

定义 1.1.2　设函数 $f(x)$ 的定义域为 D,区间 $I \subseteq D$. 如果对于区间 I 上任意两点 x_1 及 x_2,当 $x_1 < x_2$ 时,都有 $f(x_1) < f(x_2)$,则称函数 $f(x)$ 在区间 I 上是**单调增加的**(见图 1-2),区间 I 称为**单调增加区间**;如果对于区间 I 上任意两点 x_1 及 x_2,当 $x_1 < x_2$ 时,都有 $f(x_1) > f(x_2)$,则称函数 $f(x)$ 在区间 I 上是**单调减少的**(见图 1-3),区间 I 称为**单调减少区间**. 单调增加函数和单调减少的函数统称为**单调函数**,单调增加区间和单调减少区间统称为**单调区间**.

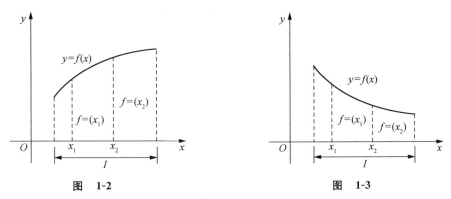

图　1-2　　　　　　　　　　　　　图　1-3

单调函数的图像特征:单调增加函数其图像表现为自左至右是单调上升的曲线;单调减少函数其图像表现为自左至右是单调下降的曲线.

【**例 5**】　讨论函数 $y=3x$,$y=x^2$ 的单调性.

解　观察图 1-4 可知,函数 $y=3x$ 在区间 $(-\infty, +\infty)$ 上是单调增加的.

函数 $y=x^2$ 在区间 $(-\infty, 0)$ 内是单调减少的,在区间 $(0, +\infty)$ 内是单调增加的,在区间 $(-\infty, +\infty)$ 内不是单调的,如图 1-5 所示.

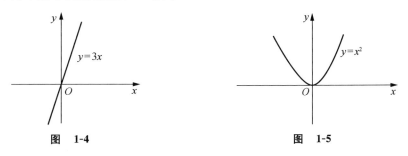

图　1-4　　　　　　　　　　　　　图　1-5

2.奇偶性

定义 1.1.3   设函数 $f(x)$ 的定义域 D 关于原点对称.如果对于任一 $x \in D$,都有

$$f(-x) = -f(x)$$

成立,则称 $f(x)$ 为**奇函数**.

如果对于任一 $x \in D$,都有

$$f(-x) = f(x)$$

成立,则称 $f(x)$ 为**偶函数**.

例如,函数 $f(x) = 3x^4$ 是偶函数,因为 $f(-x) = 3(-x)^4 = 3x^4 = f(x)$.函数 $f(x) = x^5$ 是奇函数,因为 $f(-x) = (-x)^5 = -x^5 = -f(x)$.函数 $f(x) = x^5 + 3x^4$ 既不是奇函数,也不是偶函数,因为它不满足定义的条件.

奇函数的图像关于原点对称,如图 1-6 所示.

偶函数的图像关于 y 轴对称,如图 1-7 所示.

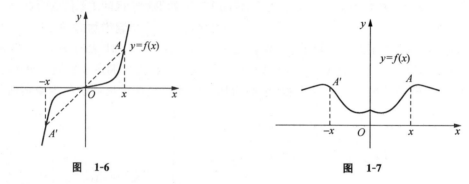

图   1-6   图   1-7

【**例 6**】   判断下列函数的奇偶性.

(1) $f(x) = 3^x + 3^{-x}$;   (2) $f(x) = 2x^4 \cdot \sin x$;

(3) $f(x) = \ln(x + \sqrt{x^2 + 1})$;   (4) $f(x) = 2x + \cos 3x$.

解   (1) 因为 $f(-x) = 3^x + 3^{-x} = f(x)$,所以 $f(x)$ 是偶函数.

(2) 因为 $f(-x) = 2(-x)^4 \cdot \sin(-x) = -2x^4 \sin x = -f(x)$,所以 $f(x)$ 是奇函数.

(3) 因为 $f(-x) = \ln(-x + \sqrt{(-x)^2 + 1})$,$f(x) = \ln(x + \sqrt{x^2 + 1})$,

$f(-x) + f(x) = \ln(-x + \sqrt{(-x)^2 + 1})(x + \sqrt{x^2 + 1}) = 0$,即 $f(-x) = -f(x)$,

所以 $f(x) = \ln(x + \sqrt{x^2 + 1})$ 是奇函数.

(4) 因为 $f(-x) = (-2x) + \cos(-3x) = -2x + \cos 3x$,

$$f(-x) \neq f(x) \text{ 且 } f(-x) \neq -f(x),$$

所以函数 $f(x) = 2x + \cos 3x$ 既不是奇函数也不是偶函数.

3.函数的周期性

定义 1.1.4   设函数 $f(x)$ 的定义域为 D.如果存在一个不为零的数 l,使得对任一 $x \in D$,有 $(x \pm l) \in D$,且

$$f(x + l) = f(x)$$

恒成立,则称 $f(x)$ 为**周期函数**,l 称为它的**周期**.通常我们所指的周期函数的周期是指它的最小正周期.

例如,函数 $y = \sin x, y = \cos x$ 都是以 2π 为周期的周期函数;函数 $y = \tan x, y = \cot x$ 是以 π 为周期的周期函数;函数 $y = 3x^2 + 4$ 不是周期函数.

明显地,对于周期函数的性态,只需在长度等于周期 l 的任一个区间上考虑即可.

如图 1-8 所示,以 l 为周期的周期函数的图像在每个长为 l 的区间上的图像都是一样的.因此,作周期函数的图像,只要作出任意一个周期内的一段曲线,再将它从一个周期的两端平移出去即可得到整个区间上的图像.

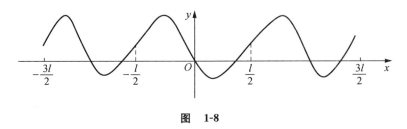

图 1-8

4. 有界性

定义 1.1.5 设函数 $f(x)$ 的定义域为 D,区间 $I \subseteq D$. 如果存在正数 M,使得对任一 $x \in I$,都有

$$|f(x)| \leqslant M$$

则称函数 $f(x)$ 在区间 I 内有界.如果这样的正数 M 不存在,就称函数 $f(x)$ 在区间 I 内无界.

例如,函数 $y = \cos x$ 在 $(-\infty, +\infty)$ 上是有界函数,$y = \dfrac{1}{x}$ 在 $(1, +\infty)$ 上是有界函数.但是函数 $y = \dfrac{1}{x}$ 在 $(0, +\infty)$ 上是无界函数.因此,有界性是针对于某一区间而言的.

注意 函数是否有界与所给的区间有关.例如,函数 $f(x) = \dfrac{1}{x}$ 在区间 $(1, +\infty)$ 内有界,但在区间 $(0, 1)$ 内是无界的.

1.1.4 反函数

在研究两个变量之间的函数关系时,可根据问题的实际需要选定其中一个作为自变量,另一个为函数值.

例如,在匀速直线运动中,已知物体的速度为常数 v,时间为 t,路程为 s,可得 $s = vt$,这时 t 是自变量,s 是因变量,s 是 t 的函数;

反之,如果已知路程为 s,求对应的时间 t. 由 $s = vt$,可解得关系式 $t = \dfrac{s}{v}$. 这时 s 是自变量,t 是因变量,t 是 s 的函数. 称 $t = \dfrac{s}{v}$ 为 $s = vt$ 的反函数.

1. 反函数的定义

定义 1.1.6 设函数 $y = f(x)$ 的定义域为 D,值域为 M. 如果对于 M 中的每一个 y 值($y \in M$),都可以从函数表达式 $y = f(x)$ 确定唯一的 x 值与之对应,则所确定的以 y 为自变量的函数 $x = \varphi(y)$ 叫作函数 $y = f(x)$ 的**反函数**,常记作 $x = f^{-1}(y)$. 这个函数的定义域为 M,

值域为 D. 相对于反函数 $x=\varphi(y)$ 来说,函数 $y=f(x)$ 叫做**原函数**.

习惯上,函数的自变量都用 x 表示,因变量用 y 表示,所以,反函数通常表示为
$$y=f^{-1}(x).$$

由反函数的定义知,如果函数 $y=f(x)$ 有反函数,则 x 与 y 的取值是一一对应的. 因此,该条件也是判定一个函数是否存在反函数的必要条件.

【例 7】 求函数 $y=\dfrac{1}{2}x+2$ 的反函数,并在同一个平面直角坐标系中作出原反函数的图像.

解 由 $y=\dfrac{1}{2}x+2$ 解得 $x=2y-4$,所以 $y=\dfrac{1}{2}x+2$ 的反函数是 $y=2x-4$.

原函数 $y=\dfrac{1}{2}x+2$ 的图像是过点 $(0,2)$ 和点 $(-4,0)$ 的直线,

其反函数 $y=2x-4$ 的图像是过点 $(2,0)$ 和点 $(0,-4)$ 的直线(见图 1-9).

一般地,由图 1-10 可以看出:函数 $y=f(x)$ 的图像与其反函数 $y=f^{-1}(x)$ 的图像关于直线 $y=x$ 对称.

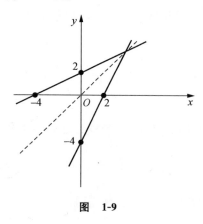

图 1-9

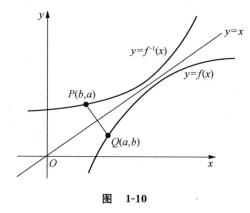

图 1-10

【例 8】 求函数 $y=\ln(x+3)-2$ 的反函数.

解 由 $y=\ln(x+3)-2$ 解得
$$\ln(x+3)=y+2,\quad x+3=\mathrm{e}^{y+2},x=\mathrm{e}^{y+2}-3.$$

将 x 写成 y,y 写成 x,即函数 $y=\ln(x+3)-2$ 的反函数为 $y=\mathrm{e}^{x+2}-3$.

【例 9】 讨论函数 $y=x^2$ 的反函数.

解 函数 $y=x^2$ 的定义域 $D=(-\infty,+\infty)$,值域 $M=[0,+\infty)$. 因为
$$x=\pm\sqrt{y}$$

所以,任取 $y\in(0,+\infty)$,有两个 x 值与之对应(见图 1-13),所以 x 不是 y 的函数. 即函数 $y=x^2$ 在区间 $(-\infty,+\infty)$ 上不存在反函数.

在上例中,如果只考虑函数 $y=x^2$ 在区间 $[0,+\infty)$ 上的反函数,则由 $y=x^2$,$x\in[0,+\infty)$ 解得
$$x=\sqrt{y}$$

即 $y=x^2$ 在区间 $[0,+\infty)$ 上存在反函数 $y=\sqrt{x}$,$x\in[0,+\infty)$. 同理,函数 $y=x^2$ 在区间

$(-\infty,0]$ 上存在反函数 $y=-\sqrt{x}$，$x\in[0,+\infty)$.

由上可知，函数在所限定的区间内是单调的，它的反函数才存在.

2.反函数存在定理

定理 1.1　设函数 $y=f(x)$ 的定义域是 D，值域是 M.如果函数 $y=f(x)$ 在 D 上是单调增加(或减少)的，则它必存在反函数 $y=f^{-1}(x)$，$x\in M$，且反函数 $y=f^{-1}(x)$，在 M 上也是单调增加(或减少)的.

由上述定理可得，只需判断函数在所讨论的区间内是否单调，就可确定其反函数是否存在，并可判断反函数的单调性.

例如，函数 $y=x^3$ 在区间 $(-\infty,+\infty)$ 上是单调增加的，因此它必存在反函数 $y=\sqrt[3]{x}$，$x\in(-\infty,+\infty)$，且其反函数在相应的定义区间上也是单调增加的.

1.1.5　分段函数

有时一个函数要用几个式子表示.这种在自变量的不同变化范围内，对应法则用不同关系式来表示的函数，称为**分段函数**.

常见的分段函数有符号函数、取整函数、绝对值函数等.

【例 10】　函数 $y=\mathrm{sgn}\,x=\begin{cases}1,&x>0,\\0,&x=0,\\-1,&x<0.\end{cases}$

称为**符号函数**.它的定义域 $D=(-\infty,+\infty)$，值域 $M=\{-1,0,1\}$，函数图像如图 1-11 所示.

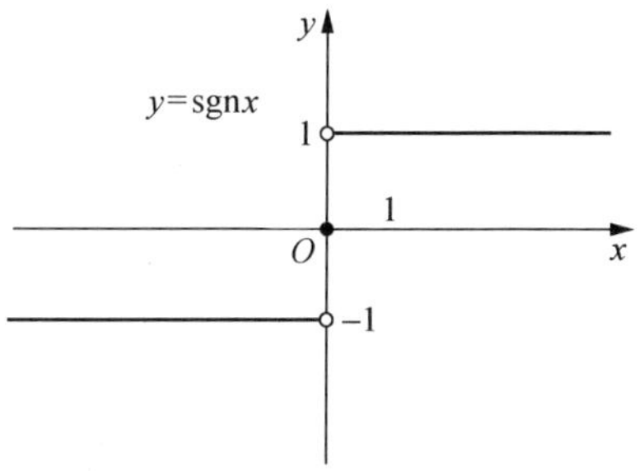

【例 11】　设 x 为任一实数，$[x]$ 表示不超过 x 的最大整数.例如

$$\left[\frac{1}{5}\right]=0,\ [\sqrt{5}]=2,\ [-7]=-7,\ [\pi]=3,\ [-\pi]=-4.$$

因此把函数

$$y=[x]$$

称为**取整函数**.它的定义域 $D=(-\infty,+\infty)$，值域 $M=Z$. 函数图像如图 1-12 所示.

图　1-11

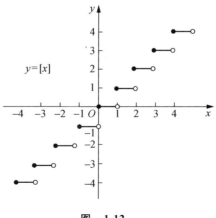

图　1-12

习题 1-1

1.下列各对函数是否相同？为什么？

(1) $f(x)=x, g(x)=(\sqrt{x})^2$；

(2) $f(x)=x-1, g(x)=\dfrac{x^2-1}{x+1}$；

(3) $f(x)=x, g(x)=\sqrt[3]{x^3}$；

(4) $f(x)=\lg x^2, g(x)=2\lg x$.

2.求下列函数的定义域.

(1) $y=\dfrac{1}{x^2-3x}$；

(2) $y=\sqrt{2x+3}$；

(3) $y=\sqrt{\ln(x^2-1)}$；

(4) $y=\dfrac{1}{x}-\sqrt{1-x^2}$.

(5) 若 $f(x)$ 的定义域是 $[-2,5]$，求 $f(x^2+1)$ 的定义域.

3.设 $f(x)=\dfrac{1-x}{1+x}$，求 $f(x+1), f\left(\dfrac{1}{x}\right)$.

4.设 $y=\begin{cases}1-x, & x\leqslant 1\\ 1+x, & x>1\end{cases}$，求 $f(-1), f(\pi), f(-\sqrt{2})$，并作出函数的图像.

5.指出下列函数中哪些是奇函数、偶函数或非奇非偶函数？

(1) $f(x)=\cos(\sin x)$；

(2) $f(x)=x\cos x$；

(3) $f(x)=\sin x+\cos x-2$；

(4) $f(x)=\ln(\sqrt{x^2+1}-x)$；

(5) $f(x)=\lg\dfrac{1-x}{1+x}$；

(6) $f(x)=\dfrac{2e^x+2e^{-x}}{4}$.

6.下列函数中哪些是周期函数？对于周期函数，指出其周期.

(1) $y=\sin(x-\pi)$；

(2) $y=3\cos 5x$；

(3) $y=\cot 2x$；

(4) $y=x^2\tan x$.

7.证明函数 $y=\lg x$ 在区间 $(0,+\infty)$ 内单调增加.

8.讨论下列函数在区间 $(-\infty,+\infty)$ 内的有界性.

(1) $y=3\cos^2 x$；

(2) $y=\dfrac{1}{1+\tan x}$.

9.求下列函数的反函数.

(1) $y=x^5$；

(2) $y=3+2x$；

(3) $y=\sqrt[3]{x+2}$；

(4) $y=\dfrac{1-x}{1+x}$；

(5) $y=10^{x+1}$；

(6) $y=\log_5(x-2)$.

10.画出函数 $y=2x^2, x\in(-\infty,0)$ 的图像，再利用对称关系画出它的反函数的图像.

1.2　初等函数

1.2.1　基本初等函数

幂函数、指数函数、对数函数、三角函数和反三角函数，这 5 类函数统称为**基本初等函数**.

1.幂函数 $y=x^a$（a 为常数）

幂函数分 $a>0$ 和 $a<0$ 两种情况讨论.

当 a 取不同值时，幂函数的定义域不同，为了便于比较，我们只讨论 $x\geqslant 0$ 的情形，

而 $x<0$ 时的图像可以根据函数的奇偶性来确定.

当 $a>0$ 时,图像经过原点 $(0,0)$ 和点 $(1,1)$,在 $(0,+\infty)$ 内单调递增、无界.

当 $a<0$ 时,图像不过原点,经过点 $(1,1)$,在 $(0,+\infty)$ 内单调递减、无界,曲线以 x 轴和 y 轴为渐近线,

函数 $y=x$、$y=x^2$、$y=x^{-1}$、$y=x^3$、$y=x^{\frac{1}{2}}$ 和 $y=x^{-2}$ 的图像如图 1-13 所示.

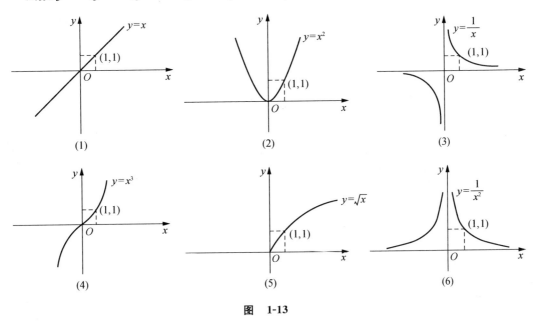

图　1-13

2. 指数函数 $y=a^x(a>0,a\neq1)$

指数函数的定义域是 $(-\infty,+\infty)$. 由于无论 x 取何值,总有 $a^x>0$,且 $a^0=1$,所以它的图像全部在 x 轴上方,且通过点 $(0,1)$.也就是说,它的值域是 $(0,+\infty)$.

当 $a>1$ 时,函数单调增加且无界,曲线以 x 轴的负半轴为渐近线,如图 1-14 所示.

当 $0<a<1$ 时,函数单调减少且无界,曲线以 x 轴的正半轴为渐近线.如图 1-14 所示.

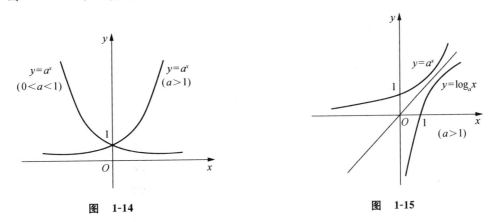

图　1-14　　　　　　　　　　　　　　图　1-15

3. 对数函数 $y=\log_a x(a>0,a\neq1)$

对数函数的定义域是 $(0,+\infty)$,图像全部在 y 轴右方,值域是 $(-\infty,+\infty)$.无论 a 取何

值,曲线都通过点$(1,0)$.

当 $a>1$ 时,函数单调增加且无界,曲线以 y 轴负半轴为渐近线,如图 1-15 所示.

当 $0<a<1$ 时,函数单调减少且无界,曲线以 y 轴的正半轴为渐近线.

对数函数 $y=\log_a x$ 和指数函数 $y=a^x$ 互为反函数,它们的图像关于 $y=x$ 对称.

以无理数 $e=2.718\,281\,8\cdots$ 为底的对数函数 $y=\log_e x$ 叫做自然对数函数,简记作 $y=\ln x$,是微积分中常用的函数.

4. 三角函数

定义 1.2.1 函数 $y=\sin x$,$y=\cos x$,$y=\tan x$,$y=\cot x$,$y=\sec x$,$y=\csc x$ 依次叫作**正弦函数、余弦函数、正切函数、余切函数、正割函数、余割函数**. 这 6 个函数统称为**三角函数**,其中自变量都以弧度作单位来表示.

在微积分中,三角函数的自变量 x 采用弧度制,而不用角度制. 例如我们用 $\sin\dfrac{\pi}{6}$ 而不用 $\sin 30°$. $\sin 1$ 表示 1 弧度角的正弦值.

角度与弧度之间可以用公式"π 弧度 $=180°$"来换算.

（1）**正弦函数** $y=\sin x$.

定义域为 $(-\infty,+\infty)$,值域为 $[-1,1]$,奇函数,以 2π 为周期,有界. 如图 1-16 所示.

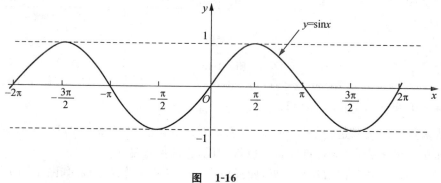

图   1-16

（2）**余弦函数** $y=\cos x$.

定义域为 $(-\infty,+\infty)$,值域为 $[-1,1]$,偶函数,以 2π 为周期,有界. 由等式 $\cos x=\sin\left(x+\dfrac{\pi}{2}\right)$ 知,只需将正弦曲线 $y=\sin x$ 沿 x 轴向左移动 $\dfrac{\pi}{2}$ 个单位,即可得到余弦曲线 $y=\cos x$,如图 1-17 所示.

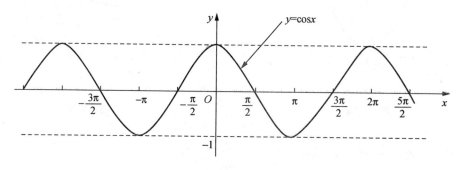

图   1-17

（3）**正切函数** $y=\tan x$.

定义域为 $D=\left\{x\,\middle|\,x\in R, x\neq n\pi+\dfrac{\pi}{2}, n\in Z\right\}$，值域为 $(-\infty,+\infty)$，奇函数，以 π 为周期，

在每一个周期内单调增加，以直线 $x=k\pi+\dfrac{\pi}{2}(k=0,\pm1,\pm2,\cdots)$ 为渐近线，如图 1-18 所示.

（4）**余切函数** $y=\cot x$.

定义域为 $D=\{x\,|\,x\in R, x\neq n\pi, n\in Z\}$，值域为 $(-\infty,+\infty)$，奇函数，以 π 为周期，在每一个周期内单调减少，以直线 $x=k\pi(k=0,\pm1,\pm2,\cdots)$ 为渐近线，如图 1-19 所示.

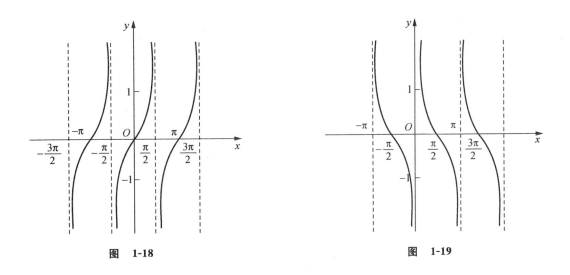

图　1-18　　　　　　　　　　　　　　图　1-19

（5）**正割函数** $y=\sec x$ 是余弦函数的倒数，即 $\quad y=\dfrac{1}{\cos x}$.

（6）**余割函数** $y=\csc x$ 是正弦函数的倒数，即 $\quad y=\dfrac{1}{\sin x}$.

正割函数和余割函数都是以 2π 为周期的周期函数.

5. 反三角函数

定义 1.2.2　函数 $y=\arcsin x, y=\arccos x, y=\arctan x, y=\text{arccot}\,x$ 依次叫作**反正弦函数、反余弦函数、反正切函数、反余切函数**. 这 4 个函数统称为**反三角函数**.

（1）**反正弦函数** $y=\arcsin x$.

定义域为 $[-1,1]$，值域为 $\left[-\dfrac{\pi}{2},\dfrac{\pi}{2}\right]$，是单调增加的奇函数，有界，图像关于原点对称，如图 1-20 所示.

注意　反正弦函数的自变量 x 表示正弦值，而函数 y 表示相应的角.

由反正弦函数的定义，可以得到 $\sin(\arcsin x)=x\ (-1\leqslant x\leqslant 1)$.

（2）**反余弦函数** $y=\arccos x$.

定义域是 $[-1,1]$，值域 $[0,\pi]$，是单调递减函数，有界，如图 1-21 所示.

由反余弦函数的定义，可以得到 $\cos(\arccos x)=x\ (-1\leqslant x\leqslant 1)$.

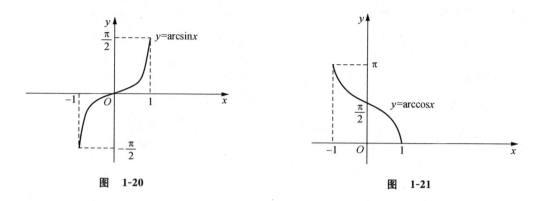

图 1-20   图 1-21

（3）反正切函数 $y=\arctan x$.

定义域是 $(-\infty,+\infty)$，值域是 $\left(-\dfrac{\pi}{2},\dfrac{\pi}{2}\right)$，是单调增加的奇函数，有界，图像关于坐标原点对称，如图 1-22 所示.

（4）反余切函数 $y=\operatorname{arccot} x$.

$y=\operatorname{arccot} x$，定义域是 $(-\infty,+\infty)$，值域是 $(0,\pi)$，是单调减少的函数，有界，如图 1-23 所示.

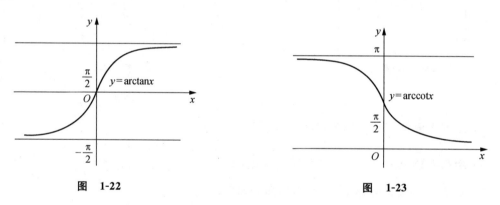

图 1-22   图 1-23

1.2.2　复合函数

观察函数 $y=\lg(\cos x)$，很明显，它不是基本初等函数. 但是，它可看作是由两个基本初等函数 $y=\lg u,u=\cos x$ 构成的.

定义 1.2.3　设 $y=f(u),u=\varphi(x),x\in D$. 如果在 D 的某个非空子集 D_1 上，对于 $x\in D_1$ 的每一个值所对应的 u 值，都能使函数 $y=f(u)$ 有定义，则 y 是 x 的函数. 这个函数叫作由函数 $y=f(u)$ 与 $u=\varphi(x)$ 复合而成的函数，简称为 x 的复合函数，记作 $y=f[\varphi(x)]$，其中 u 叫作中间变量. 复合函数的定义域是 D_1.

注意：

① 不是任何两个函数都可以构成复合函数.

② 复合函数不仅可以有一个中间变量，也可以有多个中间变量.

③ 复合函数不仅可以由基本初等函数构成，而更多的是由简单函数（由基本初等函数通过有限次的四则运算得到）构成.

【例 1】　函数 $y=\arcsin u$ 和 $u=x^2+2$ 能否构成复合函数.

解　$y=\arcsin u$ 的定义域为 $[-1,1]$，$u=x^2+2$ 的值域为 $[2,+\infty)$，显然 $[-1,1]\cap$ $[2,+\infty)=\varPhi$，所以 $y=\arcsin u$ 和 $u=x^2+2$ 不能构成复合函数.

【例 2】　指出下列复合函数的复合过程.

(1) $y=\sin^2(3x-2)$；

(2) $y=\lg(\tan e^{\sin x})$.

解　(1) $y=\sin^2(3x-2)$ 是由 $y=u^2$、$u=\sin v$ 和 $v=3x-2$ 复合而成的.

(2) $y=\lg(\tan e^{\sin x})$ 是由 $y=\lg u$，$u=\tan v$，$v=e^w$ 和 $w=\sin x$ 复合而成的.

通常情况下，构成复合函数是由内到外，函数套函数；分解复合函数，是采取由外到内，利用中间变量层层分解.

【例 3】　设以 $f(x)=\dfrac{1}{1-x}(x\neq 0,x\neq 1)$，求 $f(f(x))$.

解　$f(f(x))=\dfrac{1}{1-f(x)}=\dfrac{1}{1-\dfrac{1}{1-x}}=\dfrac{x-1}{x}$.

【例 4】　设 $f\left(\dfrac{1-x}{x}\right)=\dfrac{1}{x}+\dfrac{x^2}{2x+1}(x\neq 0)$，求 $f(x)$.

解　设 $\dfrac{1-x}{x}=t$，则 $x=\dfrac{1}{t+1}$，于是

$$f(t)=(t+1)+\frac{\left(\dfrac{1}{t+1}\right)^2}{2\left(\dfrac{1}{t+1}\right)+1}=t+1+\frac{1}{t^2+4t+3}.$$

函数的表达式与字母无关，因此将字母 t 写成字母 x，即得到

$$f(x)=x+1+\frac{1}{x^2+4x+3}.$$

1.2.3　初等函数

由基本初等函数和常数经过有限次四则运算或有限次复合，且能用一个关系式表达的函数，叫作**初等函数**. 例如：$y=\sqrt{1+x^2}-\dfrac{1}{x}$，$y=2^x+\cos(2x+1)$，$y=x\ln x$，$y=\arcsin(x^2-1)$ 等都是初等函数.

本课程中所讨论的函数绝大多数都是初等函数.

注意　分段函数不一定是初等函数. 例如，分段函数

$$y=\begin{cases}1,&x\geqslant 0\\-1,&x<0.\end{cases}$$

就不是初等函数，因为它不可以由基本初等函数经过有限次四则运算或有限次复合得到. 但分段函数

$$y=\begin{cases}x,&x\geqslant 0,\\-x,&x<0.\end{cases}$$

可以表示为 $y=\sqrt{x^2}$，它可看作 $y=\sqrt{u}$ 和 $u=x^2$ 复合而成的复合函数，因此它是初等函数.

习题 1-2

1.下列函数在给出的哪个区间上是单调增加的？

(1) $y=x^4$,$(-\infty,0]$,$[0,+\infty)$

(2) $y=\log_5 x$,$(0,+\infty)$,$(-\infty,+\infty)$

(3) $y=x^{-4}$,$(-\infty,0)$,$(0,+\infty)$

(4) $y=2^x$,$(0,+\infty)$,$(-\infty,+\infty)$

2.画出下列函数的图像.

(1) $y=2/\sqrt{x}$;

(2) $y=\sqrt[5]{x}$;

(3) $y=e^x$;

(4) $y=\log_{1/4} x$.

3.求下列函数的定义域.

(1) $y=x^{\frac{1}{4}}+x^{-1}$;

(2) $y=(3x-1)^{-\frac{1}{4}}$;

(3) $y=\sqrt{3^x-9}$;

(4) $y=5^{\frac{1}{3x-1}}$;

(5) $y=\log_a(x^2-2x)$;

(6) $y=\sqrt{\lg(2-x)}$.

4.求下列各式的值.

(1) $\arcsin\left(-\dfrac{1}{2}\right)$;

(2) $\arccos\dfrac{\sqrt{3}}{2}$;

(3) $\arctan\sqrt{3}$;

(4) $\text{arccot}(-1)$.

5.求下列各式的值.

(1) $\sin\left(\arcsin\dfrac{1}{5}\right)$;

(2) $\sin\left[\arcsin\left(-\dfrac{1}{3}\right)\right]$;

(3) $\cos\left(\arcsin\dfrac{1}{5}\right)$;

(4) $\sin\left(\dfrac{\pi}{3}+\arccos\dfrac{1}{3}\right)$;

(5) $\tan(\text{arccot}\sqrt{3})$;

(6) $\sin(\arctan 2)$.

6.指出下列复合函数的复合过程.

(1) $y=e^{\sin x}$;

(2) $y=(2x-1)^{10}$;

(3) $y=(e^{x+1})^4$;

(4) $y=\cos^2(3x+1)$.

7.下列各对函数能否构成复合函数.

(1) $f(u)=\arcsin(2+u)$,$u=x^2$;

(2) $f(u)=\ln(1-u)$,$u=\sin 2x$;

(3) $f(u)=\sqrt{u}$,$u=\ln\dfrac{1}{2+x^2}$;

(4) $f(u)=\arccos u$,$u=\dfrac{2x}{1+x^2}$.

8.求函数值或表达式.

(1) $f(x)=\dfrac{|x-2|}{x+1}$,求 $f(2)$,$f(-2)$,$f(0)$,$f(x^2)$;

(2) $f(x)=\begin{cases}|\sin x|,& x<1\\ 0,& x\geq 1\end{cases}$ 求 $f(1)$,$f\left(\dfrac{\pi}{4}\right)$,$f(\pi)$;

(3) $f(x)=\sin x$,求 $f\left(-\arcsin\dfrac{1}{2}\right)$;

(4) 已知 $f(\sin x)=\cos 2x$,求 $f(x)$.

9.设 $f(x)=3x^2+4x$,$\varphi(t)=\lg(1+t)$,求 $f(\varphi(x))$,并求其定义域.

1.3　函数的极限

　　函数概念描述了变量之间的关系,而极限的概念着重描述变量的变化趋势.极限是高等数学中最基本的概念之一,在微积分中几乎所有的概念都是通过极限来定义的,学好高等数学,首先要准确地理解极限的概念.

1.3.1　数列的极限

1. 数列的定义

数列就是按照自然数的顺序排列的无穷多个数,下面我们先给出数列的定义.

定义 1.3.1　按照一定顺序排成的一列数,叫作**数列**. 组成数列的每个数都叫作这个数列的**项**. 第一个数叫作数列的**第 1 项**,记作 a_1;第二个数叫作数列的**第 2 项**,记作 a_2;……;第 n 个数叫作数列的**第 n 项**,也叫作通项,记作 a_n. 因此,数列一般可以写成形式 $a_1, a_2, \cdots,$ $a_n, \cdots$;并记作 $\{a_n\}$,有时也简记作 a_n.

例如:
$$2, 4, 6, 8, \cdots, 2n, \cdots$$
$$\frac{1}{2}, \frac{1}{3}, \frac{1}{4}, \cdots \frac{1}{n+1}, \cdots$$
$$1, -1, 1, -1, \cdots, (-1)^{n+1}, \cdots$$
$$0, \frac{1}{2}, \frac{2}{3}, \cdots, \frac{n-1}{n}, \cdots$$

都是数列,它们的通项 a_n 依次为 $2n, \dfrac{1}{n+1}, (-1)^{n+1}, \dfrac{n-1}{n}$.

数列可以看成是一个定义域为正整数集的函数 $f(n)$,当自变量 n 从小到大依次取值时对应的一列函数值.而对应的函数的解析式 $f(n)$ 就是数列的通项 a_n,即 $a_n = f(n)$.

2. 数列的极限

在很早的时候,人们试图采用各种图形(如矩形、三角形等)去近似计算圆的面积.公元 263 年,我国的刘徽注解《九章算术》,提出了"割圆术",用圆的内接或外切正多边形穷竭的方法求圆面积.

"割圆术"求圆面积的作法和思路:先作圆的内接正三角形,把它的面积记作 A_1,再作内接正六边形,其面积记作 A_2,再作内接正十二边形,其面积记作 A_3,……照此下去,把圆的内接正 $3 \times 2^{n-1}$($n = 1, 2 \cdots$)边形的面积记作 A_n,这样得到一数列:
$$A_1, A_2, A_3, \cdots, A_n, \cdots$$

随着圆内接正多边形边数的增加,内接正多边形的面积与圆的面积越来越接近.可以想象,当边数 n 无限增大时,内接正 $3 \times 2^{n-1}$($n = 1, 2 \cdots$)边形的面积 A_n 会无限地接近圆的面积 A.

【例 1】　考察以下四个数列.

(1) $a_n: \dfrac{1}{2}, \dfrac{1}{3}, \cdots, \dfrac{1}{n+1}, \cdots$　　　(2) $a_n: \dfrac{1}{2}, \dfrac{2}{3}, \cdots, \dfrac{n}{n+1}, \cdots$

(3) $\{a_n\} = \{(-1)^{n-1}\}$　　　(4) $\{a_n\} = \{n^2 + 3\}$

解　在(1)中,随着 n 的无限增大,其通项 $a_n = \dfrac{1}{n+1}$ 无限趋近于零;在(2)中,随着 n 的无限增大,其通项 $a_n = \dfrac{n}{n+1}$ 无限趋向于 1;在(3)中,数列通项 a_n 总是在 -1 与 1 之间摆动;在(4)中,随着 n 的无限增大,其通项 $a_n = n^2 + 3$ 无限增加.它们都不趋于任何常数.

观察上述例子可以发现,随着 n 的无限增大,各数列的通项 a_n 的变化趋势可以分为两类情形:第一类情形,当 n 无限增大时,通项 a_n 无限趋近于某个常数,如上例中的(1)和(2);另一种情形,当 n 无限增大时,通项 x_n 不趋近于任何常数,如上例中的(3)和(4).

为了更好地描述(1)和(2)这两个数列所具有的共同的性质,给出数列极限的定义.

定义 1.3.2 如果当 n 无限增大时,数列 $\{a_n\}$ 无限接近于一个确定的常数 A,则称常数 A 是数列 $\{a_n\}$ 的极限,或者称数列 $\{a_n\}$ **收敛**于 A,记作

$$\lim_{n\to\infty} a_n = A, \quad 或 \quad a_n \to A(n\to\infty).$$

当数列 $\{a_n\}$ 的极限存在且为 A 时,我们说数列 $\{a_n\}$ 收敛于 A,否则我们说数列 $\{a_n\}$ 是发散的.

由上面的例题可知,对于一些简单的数列通过观察可以得到它们的极限,而稍复杂数列可以先对其通项进行恒等变形,然后再求它的极限.

【例 2】 设数列 $a_n = 1 + q + q^2 + \cdots + q^n$（其中 q 是常数,且满足 $|q| < 1$）,求 $\lim\limits_{n\to\infty} a_n$.

解 由等比数列求各公式可知

$$a_n = 1 + q + q^2 + \cdots + q^n = \frac{1 - q^{n+1}}{1 - q}$$

由于 $|q| < 1$,所以当 n 无限增大时,q^{n+1} 无限趋近于零,所以 $\dfrac{1-q^{n+1}}{1-q}$ 无限趋近于 $\dfrac{1}{1-q}$. 因此,

$$\lim_{n\to\infty} a_n = \frac{1}{1-q}.$$

一般地,有下述结论：

(1) $\lim\limits_{n\to\infty} \dfrac{1}{n^a} = 0 (a > 0)$;

(2) $\lim\limits_{n\to\infty} q^n = 0 (|q| < 1)$;

(3) $\lim\limits_{n\to\infty} C = C (C\ 为常数)$.

【例 3】 求 $\lim\limits_{n\to\infty} (\sqrt{n+1} - \sqrt{n})$.

解 注意到

$$\sqrt{n+1} - \sqrt{n} = \frac{(\sqrt{n+1} - \sqrt{n}) \cdot (\sqrt{n+1} + \sqrt{n})}{\sqrt{n+1} + \sqrt{n}} = \frac{1}{\sqrt{n+1} + \sqrt{n}}$$

当 n 无限增大时,$\dfrac{1}{\sqrt{n+1} + \sqrt{n}}$ 无限趋近于零,所以有

$$\lim_{n\to\infty} (\sqrt{n+1} - \sqrt{n}) = 0.$$

对于收敛数列,有以下的性质.

定理 1.3.1(唯一性) 如果数列 $\{a_n\}$ 收敛,则数列 $\{a_n\}$ 的极限是唯一的.

利用定理 1.3.1 可以判断某些数列的极限不存在. 例如,数列 $a_n = (-1)^n$ 当 n 为奇数时等于 -1,当 n 为偶数时等于 1,因此当 $n\to\infty$ 时,数列不收敛于唯一一个数,所以数列发散,即它的极限不存在.

对于数列 $\{a_n\}$,如果存在正数 M,使得一切 a_n 都满足不等式

$$|a_n| \leqslant M,$$

则称数列 $\{a_n\}$ 是**有界**的. 如果这样的正数 M 不存在,就说数列 $\{a_n\}$ 是**无界**的.

定理 1.3.2(有界性) 如果数列 $\{a_n\}$ 收敛,则数列 $\{a_n\}$ 一定有界.

由上述定理可知,如果数列 $\{a_n\}$ 无界,则数列一定发散.据此可判定一类数列的发散性.

例如,数列 $a_n=2^n$ 无界,所以发散,即极限 $\lim\limits_{n\to\infty}2^n$ 不存在.

例如,数列 $a_n=\dfrac{2n}{n+1}$ 是有界的,因为取 $M=2$ 时,可使不等式

$$\left|\frac{2n}{n+1}\right|\leqslant 2$$

对于一切正整数 n 都成立.数列 $a_n=2n$ 是无界的,因为不论取怎样大的正数 M,只要 $n>\dfrac{M}{2}$,就有 $|a_n|=|2n|>M$.

在数轴上,一个有界数列的所有点 a_n 都落在闭区间 $[-M,M]$ 上.

注意　如果数列 $\{a_n\}$ 有界,也不能断定数列 $\{a_n\}$ 一定收敛.例如,数列 $\{(-1)^{n+1}\}$ 有界,但它是发散的.这就是说,数列有界是数列收敛的必要而非充分的条件.

1.3.2　函数的极限

函数 $y=f(x)$ 中的自变量 x 总是在某个实数集合中变化,当自变量 x 处于某一变化过程中时,函数值 $y=f(x)$ 也会随之发生变化.函数极限就是研究在自变量的各种变化过程中函数值的变化趋势.

由于数列可看作一种特殊的函数,因此,前一节我们实际上是研究了数列 $a_n=f(n)$ 这种特殊的函数的极限.在数列极限中,由于自变量 n 只能取正整数,所以自变量只有 $n\to\infty$ 这种变化方式.

在讨论一般函数 $y=f(x)$ 的极限时,自变量通常取实数,其变化过程有两种基本情况,即 $x\to\infty$ 和 $x\to x_0$.下面分别讨论这两种基本情况的极限问题.

1. $x\to\infty$ 时函数的极限

x 趋向于无穷大可以分为 3 种情形:

(1) x 趋向于正无穷大,记作 $x\to+\infty$,表示 x 正向无限增大的过程.

(2) x 趋向于负无穷大,记作 $x\to-\infty$,表示 $x<0$ 且 $|x|$ 无限增大的过程.

(3) x 趋向于无穷大,记作 $x\to\infty$,表示 $|x|$ 无限增大的过程.

考察 $x\to\infty$ 时,函数以 $f(x)=\dfrac{1}{x}$ 的变化趋势.

函数 $f(x)=\dfrac{1}{x}$ 的图像如图 1-24 所示,可以看出,当 x 的绝对值无限增大时,$f(x)$ 的值无限接近于 0.这时,我们把数 0 叫作 $f(x)$ 当 $x\to\infty$ 时的极限.

定义 1.3.3　设函数 $y=f(x)$ 在 $|x|>a\,(a>0)$ 时有定义.如果当 x 的绝对值无限增大时,函数 $f(x)$ 的值无限接近于一个确定的常数 A,则 A 叫作函数 $f(x)$ 当 $x\to\infty$ 的极限,记作 $\lim\limits_{x\to\infty}f(x)=A$,或 $f(x)\to A$(当 $x\to\infty$).

例如,当 $x\to\infty$ 时,函数 $f(x)=\dfrac{1}{x}$ 的极限是 0,记作

$$\lim_{x\to\infty}f(x)=\lim_{x\to\infty}\frac{1}{x}=0 \text{ 或 } f(x)=\frac{1}{x}\to 0(\text{当 }x\to\infty).$$

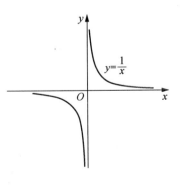

图　1-24

明显地,这里所提到的自变量 x 的绝对值无限增大包含两种基本情形,即 x 从某个值开始取正值无限增大(记作 $x \to +\infty$)和 x 从某个值开始取负值时其绝对值无限增大(记作 $x \to -\infty$).

定义 1.3.4   如果当 $x \to +\infty (x \to -\infty)$ 时,函数 $f(x)$ 的值无限接近于一个确定的常数 A,则 A 叫作函数以 $f(x)$ 当 $x \to +\infty (x \to -\infty)$ 时的**极限**,记作

$$\lim_{x \to +\infty} f(x) = A \text{ 或 } f(x) \to A \text{(当 } x \to +\infty).$$

$$\lim_{x \to -\infty} f(x) = A \text{ 或 } f(x) \to A \text{(当 } x \to -\infty)$$

例如,由图 1-24 可知

$$\lim_{x \to +\infty} \frac{1}{x} = 0, \quad \lim_{x \to -\infty} \frac{1}{x} = 0.$$

这两个极限值与 $\lim_{x \to \infty} \frac{1}{x} = 0$ 相等,都是 0.

由上述讨论可知,如果,$\lim_{x \to +\infty} f(x)$ 和 $\lim_{x \to -\infty} f(x)$ 都存在并且相等,则 $\lim_{x \to \infty} f(x)$ 也存在并且与它们相等. 由定义可知,如果 $\lim_{x \to +\infty} f(x)$ 和 $\lim_{x \to -\infty} f(x)$ 有一个不存在,或两者存在但不相等,则 $\lim_{x \to \infty} f(x)$ 不存在.

定理 1.3.3 $\lim_{x \to \infty} f(x) = A$ 的充分必要条件是 $\lim_{x \to +\infty} f(x) = \lim_{x \to -\infty} f(x) = A$.

【例 4】   讨论函数 $y = \arctan x$ 的极限.

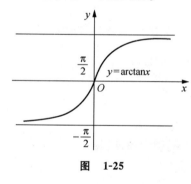

图 1-25

解   作出函数 $y = \arctan x$ 的图像如图 1-25 所示.

当 $x \to +\infty$ 时,函数 $\arctan x$ 无限接近于常数 $\frac{\pi}{2}$,所以

$$\lim_{x \to +\infty} \arctan x = \frac{\pi}{2}$$

当 $x \to -\infty$ 时,$\lim_{x \to -\infty} \arctan x = -\frac{\pi}{2}$,因为 $\lim_{x \to +\infty} \arctan x \neq \lim_{x \to -\infty} \arctan x$,所以当 $x \to \infty$ 时,极限 $\lim_{x \to \infty} \arctan x$ 不存在.

2. $x \to x_0$ 时函数的极限

$x \to x_0$ 可以分为以下三种情形:

(1) $x \to x_0$,它表示 x 无限接近于 x_0,即 $x \neq x_0$,同时 $|x - x_0|$ 无限变小趋近于零.

(2) $x \to x_0^+$,它表示 x 从点 x_0 的右侧无限接近于 x_0,即 $x > x_0$,同时 $|x - x_0|$ 无限变小趋近于零.

(3) $x \to x_0^-$,它表示 x 从点 x_0 的左侧无限接近于 x_0,即 $x < x_0$,同时 $|x - x_0|$ 无限变小趋近于零.

先看下面的例子.

【例 5】   分析下列函数的变化趋向.

(1) $f(x) = 2x + 1, x \to 1, f(x)$ 的变化趋向是什么?

(2) $f(x) = \begin{cases} \dfrac{2(x^2 - 1)}{x - 1} & x \neq 1 \\ 1 & x = 1 \end{cases}$,当 $x \to 1$ 时,函数 $f(x)$ 的变化趋向是什么?

(3) $f(x)=\begin{cases}x+1 & x>1\\x-1 & x\leqslant 1\end{cases}$，当 $x\rightarrow 1$ 时，函数 $f(x)$ 的变化趋向于确定的常数吗？

解　(1) 当 x 无限接近 1 时，$2x+1$ 无限接近于 3，即 $f(x)$ 的变化趋向于 3(见图 1-26).

(2) 当 x 无限接近 1 时，$\dfrac{2(x^2-1)}{x-1}=2(x+1)\rightarrow 4$，即 $f(x)$ 的变化趋向于 4(见图 1-27).

(3) 当 x 无限接近 1 时，$f(x)$ 恰好在此处断开，所以只能从 1 的左、右两侧分析. 当 x 从左侧无限接近 1 时，$f(x)=x-1\rightarrow 0$，即 $f(x)$ 此时趋向于 0；当 x 从右侧无限接近 1 时，$f(x)=x+1\rightarrow 2$，即 $f(x)$ 此时趋向于 2.

综上可知，当 x 无限接近 1 时，$f(x)$ 不趋向于一个确定的常数(如图 1-28 所示).

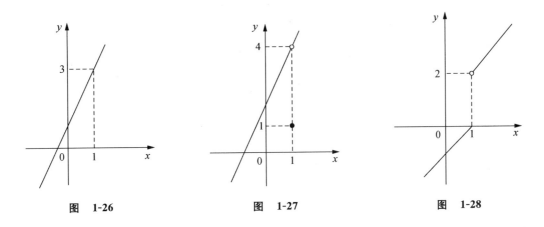

图　1-26　　　　　　　　图　1-27　　　　　　　　图　1-28

定义 1.3.5　设函数 $f(x)$ 在点 x_0 的某一邻域内(x_0 可以除外)有定义. 如果当 x 无限接近于定值 x_0，即 $x\rightarrow x_0$(x 不等于 x_0)时，函数 $f(x)$ 的值无限接近于一个确定的常数 A，则 A 叫作函数 $f(x)$ 当 $x\rightarrow x_0$ 时的**极限**，记作

$$\lim_{x\rightarrow x_0}f(x)=A,\quad 或\quad f(x)\rightarrow A(当 x\rightarrow x_0)$$

定义 1.3.6　如果当 $x\rightarrow x_0^-$ 时，函数 $f(x)$ 无限接近于一个确定的常数 A，那么就称 A 为函数 $f(x)$ 当 $x\rightarrow x_0$ 时的**左极限**，记为

$$\lim_{x\rightarrow x_0^-}f(x)=A,\quad 或\quad f(x)\rightarrow A(x\rightarrow x_0^-).$$

如果当 $x\rightarrow x_0^+$ 时，函数 $f(x)$ 无限接近于一个确定的常数 A，那么就称 A 为函数 $f(x)$ 当 $x\rightarrow x_0$ 时的**右极限**，记为

$$\lim_{x\rightarrow x_0^+}f(x)=A,\quad 或\quad f(x)\rightarrow A(x\rightarrow x_0^+).$$

定理 1.3.4　极限 $\lim\limits_{x\rightarrow x_0}f(x)=A$ 的充要条件是 $\lim\limits_{x\rightarrow x_0^+}f(x)=\lim\limits_{x\rightarrow x_0^-}f(x)=A$.

【例 6】　考察极限 $\lim\limits_{x\rightarrow x_0}x$ 和 $\lim\limits_{x\rightarrow x_0}C$($C$ 为常数).

解　观察图 1-29 可看出，

当 $x\rightarrow x_0$ 时，函数 $f(x)=x$ 的值无限接近于 x_0，所以 $\lim\limits_{x\rightarrow x_0}f(x)=\lim\limits_{x\rightarrow x_0}x=x_0$.

当 $x\rightarrow x_0$ 时，函数 $f(x)=C$ 的值无限接近于 C，所以 $\lim\limits_{x\rightarrow x_0}f(x)=\lim\limits_{x\rightarrow x_0}C=C$.

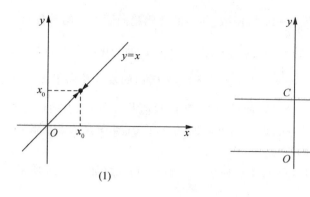

图　1-29

【例 7】　通过正、余弦函数的图像考察极限 $\lim\limits_{x\to 0}\sin x$ 和 $\lim\limits_{x\to 0}\cos x$ 的值.

解　由图 1-30 知，当 $x\to 0$ 时，$\sin x$ 无限接近于 0，$\cos x$ 无限接近于 1，所以 $\lim\limits_{x\to 0}\sin x = 0$，$\lim\limits_{x\to 0}\cos x = 1$.

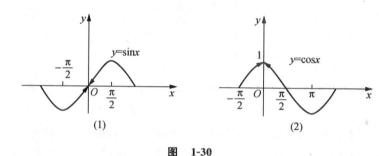

图　1-30

【例 8】　求函数 $f(x)=\operatorname{sgn} x=\begin{cases}1, & x>0 \\ 0, & x=0 \\ -1, & x<0\end{cases}$ 当 $x\to 0$ 时的左右极限，并讨论极限 $\lim\limits_{x\to 0}f(x)$ 是否存在.

解　由图 1-31 知，当 $x\to 0$ 时，函数的左极限为
$$\lim_{x\to 0^-}f(x)=\lim_{x\to 0^-}(-1)=-1,$$
右极限为
$$\lim_{x\to 0^+}f(x)=\lim_{x\to 0^+}1=1.$$
因为当 $x\to 0$ 时，函数的左极限不等于右极限，所以极限 $\lim\limits_{x\to 0}f(x)$ 不存在.

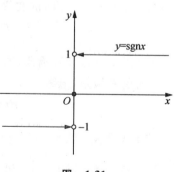

图　1-31

【例 9】　讨论函数 $f(x)=\dfrac{2x}{x}$ 当 $x\to 0$ 的极限.

解　因为 $x\to 0$ 时，$x\neq 0$. 因此，有 $f(x)=\dfrac{2x}{x}=2$. 于是
$$\lim_{x\to 0}f(x)=\lim_{x\to 0}\frac{2x}{x}=\lim_{x\to 0}2=2.$$

注意　函数 $f(x)=\dfrac{2x}{x}$ 在 $x=0$ 处没有定义,但函数在 $x=0$ 处有极限. 由此可知,函数在 $x=x_0$ 处是否有极限与函数在 $x=x_0$ 处是否有定义是无关的.

【例 10】　当 a 为何值时,$f(x)=\begin{cases} x\sin 2x+a, & x<0 \\ 1+x^2, & x>0 \end{cases}$,$f(x)$ 在 $x=0$ 的极限存在.

解　因为函数在分段点 $x=0$ 处,两边的表达式不同,所以要考虑在分段点 $x=0$ 处的左极限与右极限. 于是有

$$\lim_{x\to 0^-}f(x)=\lim_{x\to 0^-}(x\sin 2x+a)=\lim_{x\to 0^-}(x\sin 2x)+\lim_{x\to 0^-}a=a,$$

$$\lim_{x\to 0^+}f(x)=\lim_{x\to 0^+}(1+x^2)=1,$$

要使 $\lim\limits_{x\to 0}f(x)$ 存在,必须有 $\lim\limits_{x\to 0^+}f(x)=\lim\limits_{x\to 0^-}f(x)$,所以 $a=1$.

因此,当 $a=1$ 时,$\lim\limits_{x\to 0}f(x)$ 存在且 $\lim\limits_{x\to 0}f(x)=1$.

注意　在求分段函数以及含有绝对值的函数分界点处的极限时,要用左右极限来求,只有左右极限存在且相等时,函数的极限才存在,否则,极限不存在.

1.3.3　无穷小与无穷大

1. 无穷小的定义

定义 1.3.7　极限是零的变量,称为**无穷小量**,简称**无穷小**.

例如,当 $x\to 0$ 时,$2x$,x^2,$\sin x$,$\tan x$ 和 $1-\cos x$ 都趋近于零. 因此,当 $x\to 0$ 时,它们都是无穷小量.

例如,当 $x\to +\infty$ 时,$\dfrac{1}{x}$,$\dfrac{1}{3^x}$,$\dfrac{1}{e^x}$ 和 $\dfrac{1}{\ln 2x}$ 都趋近于零. 因此,当 $x\to +\infty$ 时,它们都是无穷小量.

注意　(1) 说一个函数 $f(x)$ 是无穷小,必须指明自变量 x 的变化趋向. 如函数 $x-2$ 是当 $x\to 2$ 时的无穷小;但当 $x\to 1$ 时,$x-2$ 就不是无穷小.

(2) 绝对值很小的常数不是无穷小.

(3) 常数中只有数 0 是无穷小.

无穷小量的性质:

性质 1　有限个无穷小量的代数和是无穷小量;

性质 2　有限个无穷小量的乘积是无穷小量;

性质 3　无穷小量与有界函数的乘积是无穷小量;

性质 4　常数与无穷小量的乘积是无穷小量.

【例 11】　求 $\lim\limits_{x\to\infty}\dfrac{\sin x}{x}$.

解　当 $x\to\infty$ 时,分子及分母的极限分别都不存在,所在不能直接应用极限运算法则. 但

$$\frac{\sin x}{x}=\frac{1}{x}\cdot\sin x$$

且 $\dfrac{1}{x}$ 当 $x\to\infty$ 时为无穷小,$\sin x$ 是有界函数,所以根据无穷小的性质,有

$$\lim_{x \to \infty} \frac{\sin x}{x} = 0.$$

无穷小与函数的极限之间有着密切的关系.

如果 $\lim_{x \to x_0} f(x) = A$，则可以看出，极限 $\lim_{x \to x_0} [f(x) - A] = 0$. 设 $\alpha = f(x) - A$，则 α 是当 $x \to x_0$ 时的无穷小. 于是，$f(x) = A + \alpha$ 即，函数 $f(x)$ 可以表示为它的极限与一个无穷小的和.

反之，如果函数 $f(x)$ 可以表示为一个常数 A 与一个无穷小 α 的和，即 $f(x) = A + \alpha$，则可以看出，$\lim_{x \to x_0} f(x) = \lim_{x \to x_0} (A + \alpha) = A$.

定理 1.3.5　在某个变化过程中，$\lim f(x) = A$ 的充分必要条件是：在同一变化过程中，$f(x) - A$ 是一个无穷小量.

2. 无穷小的比较

由无穷小的性质已经知道，有限个无穷小量的和、差、积仍然是无穷小量，而两个无穷小量的商不一定是无穷小. 下面我们将讨论无穷小量的比较，它将为极限的计算提供比较便捷的方法.

例如，当 $x \to 0$ 时，$x, 3x, x^2$ 都是无穷小，但

$$\lim_{x \to 0} \frac{x^2}{3x} = 0, \quad \lim_{x \to 0} \frac{3x}{x^2} = \infty, \quad \lim_{x \to 0} \frac{3x}{x} = 3,$$

即无穷小的商可能是无穷小或无穷大，也有可能是一个非零常数等.

定义 1.3.8　设 α 和 β 都是在同一个自变量的变化过程中的无穷小，又 $\lim \frac{\alpha}{\beta}$ 是在这一变化过程中的极限：

(1) 如果 $\lim \frac{\alpha}{\beta} = 0$，就说 α 是比 β **高阶的无穷小**，记作 $\alpha = o(\beta)$；

(2) 如果 $\lim \frac{\alpha}{\beta} = \infty$，就说 α 是比 β **低阶的无穷小**；

(3) 如果 $\lim \frac{\alpha}{\beta} = C$（$C$ 为不等于 0 的常数），就说 α 与 β 是**同阶的无穷小**；

(4) 如果 $\lim \frac{\alpha}{\beta} = 1$，就说 α 与 β 是**等价无穷小**，记作 $\alpha \sim \beta$.

很明显，等价无穷小是同阶无穷小当 $C = 1$ 时的特殊情形.

由上面的定义可知，当 $x \to 0$ 时：x^2 是比 $3x$ 较高阶的无穷小；$3x$ 是比 x^2 较低阶的无穷小；$3x$ 与 x 是同阶的无穷小.

因为 $\lim_{x \to 0} \frac{\sin x}{x} = 1, \lim_{x \to 0} \frac{\tan x}{x} = 1, \lim_{x \to 0} \frac{\arcsin x}{x} = 1$，所以当 $x \to 0$ 时，$x, \sin x, \tan x, \arcsin x$ 互为等价无穷小量.

3. 无穷大的定义

定义 1.3.9　如果当 $x \to x_0$（或 $x \to \infty$ 时），函数 $f(x)$ 的绝对值无限增大，则函数 $f(x)$ 叫作当 $x \to x_0$（或 $x \to \infty$）时的无穷大量，简称无穷大.

如果函数 $f(x)$ 当 $x \to x_0$（或 $x \to \infty$）时是无穷大，则它的极限是不存在的，但为了便于描述函数的这种变化趋势，我们也说"函数的极限是无穷大"，并记作

$$\lim_{x \to x_0} f(x) = \infty \left(\text{或} \lim_{x \to \infty} f(x) = \infty \right).$$

如果函数 $f(x)$ 当 $x \to x_0$(或 $x \to \infty$)时是无穷大,且当 x 充分接近 x_0(或 x 的绝对值充分大)时,对应的函数值都是正的或都是负的,则分别记作

$$\lim_{\substack{x \to x_0 \\ (x \to \infty)}} f(x) = +\infty, \quad \lim_{\substack{x \to x_0 \\ (x \to \infty)}} f(x) = -\infty.$$

例如,当 $x \to 0$ 时,$\dfrac{1}{x}$,$\dfrac{1}{x^2}$,$\dfrac{1}{\sin x}$ 和 $\ln|x|$ 都是无穷大量. 当 $x \to +\infty$ 时,$\ln x$,x,x^2 和 e^x 都是无穷大量.

例如,当 $x \to 0$ 时,函数 $f(x) = \dfrac{1}{x}$ 的绝对值无限制地增大,如图 1-32 所示.

$$\lim_{x \to 0+0} \frac{1}{x} = +\infty, \quad \lim_{x \to 0-0} \frac{1}{x} = -\infty.$$

注意　(1)说一个函数 $f(x)$ 是无穷大,必须指明自变量 x 的变化趋向,如函数 $f(x) = \dfrac{1}{x}$ 是当 $x \to 0$ 时的无穷大,但当 $x \to 1$ 时,就不是无穷大.

(2)任意一个绝对值很大的常数都不是无穷大量.

4. 无穷小与无穷大的关系

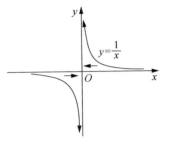

图　1-32

通过前面讨论得知,当 $x \to 0$ 时,$f(x) = \dfrac{1}{x}$ 是无穷大,而它的倒数 $\dfrac{1}{f(x)} = x$ 是无穷小,反之亦成立.

定理 1.3.6　在自变量的同一变化过程中,如果 $f(x)$ 是无穷大,$\dfrac{1}{f(x)}$ 是无穷小;反之,如果 $f(x)$ 是无穷小,且 $f(x) \neq 0$,则 $\dfrac{1}{f(x)}$ 是无穷大.

1.3.4　极限的运算法则

1. 极限的四则运算法则

在前面学习了函数极限定义的基础上,本节将讨论函数极限的加、减、乘、除运算法则.

以下的讨论中只对 $x \to x_0$ 的情形进行说明,但得到的结论对于自变量的其他类型的变化过程都是成立的.

定理 1.3.7　如果 $\lim\limits_{x \to x_0} f(x) = A$,$\lim\limits_{x \to x_0} g(x) = B$,则

(1) $\lim\limits_{x \to x_0} [f(x) \pm g(x)] = \lim\limits_{x \to x_0} f(x) \pm \lim\limits_{x \to x_0} g(x) = A \pm B$.

(2) $\lim\limits_{x \to x_0} [f(x) \cdot g(x)] = \lim\limits_{x \to x_0} f(x) \cdot \lim\limits_{x \to x_0} g(x) = A \cdot B$.

(3) $\lim\limits_{x \to x_0} \dfrac{f(x)}{g(x)} = \dfrac{\lim\limits_{x \to x_0} f(x)}{\lim\limits_{x \to x_0} g(x)} = \dfrac{A}{B}$ $(B \neq 0)$.

定理 1.3.7 可推广到有限个函数的情形. 例如,如果 $\lim\limits_{x \to x_0} f(x)$,$\lim\limits_{x \to x_0} g(x)$,$\lim\limits_{x \to x_0} h(x)$ 都存在,则有

$$\lim_{x \to x_0} [f(x) + g(x) - h(x)] = \lim_{x \to x_0} f(x) + \lim_{x \to x_0} g(x) - \lim_{x \to x_0} h(x),$$

$$\lim_{x \to x_0}[f(x) \cdot g(x) \cdot h(x)] = \lim_{x \to x_0}f(x) \cdot \lim_{x \to x_0}g(x) \cdot \lim_{x \to x_0}h(x).$$

特别地，在定理 1.3.7 的(2)中，当 $g(x)=C$（C 为常数）时，因为 $\lim\limits_{x \to x_0}C=C$，所以有以下推论.

推论 1 如果 $\lim\limits_{x \to x_0}f(x)$ 存在，C 为常数，则

$$\lim_{x \to x_0}Cf(x)=C \cdot \lim_{x \to x_0}f(x).$$

在定理 1.3.7 的(2)中，当 $g(x)=f(x)$，并将它推广到 n 个相同函数相乘时，有以下推论.

推论 2 如果 $\lim\limits_{x \to x_0}f(x)$ 存在，n 为正整数，则

$$\lim_{x \to x_0}[f(x)]^n=\left[\lim_{x \to x_0}f(x)\right]^n.$$

注意 ① 在使用上述运算法则时，要求每个参与运算的函数的极限都必须存在；② 在使用商的法则时，要求分母的极限不能为零.

【例 12】 求下列极限.

(1) $\lim\limits_{x \to 1}\dfrac{2x^2-3}{x+1}$; (2) $\lim\limits_{x \to 3}\dfrac{x^2-9}{x^2-5x+6}$;

(3) $\lim\limits_{x \to 1}\left(\dfrac{2}{1-x^2}-\dfrac{1}{1-x}\right)$; (4) $\lim\limits_{x \to 1}\left[\dfrac{1}{1-x}-\dfrac{3}{1-x^3}\right]$;

(5) $\lim\limits_{x \to 0}\dfrac{\sqrt{1+2x}-1}{x}$; (6) $\lim\limits_{x \to \infty}\dfrac{2x^3-2x-1}{3x^3+x-5}$.

解 (1) $\lim\limits_{x \to 1}\dfrac{2x^2-3}{x+1}=\dfrac{\lim\limits_{x \to 1}(2x^2-3)}{\lim\limits_{x \to 1}(x+1)}=-\dfrac{1}{2}$.

(2) 当 $x \to 3$ 时，分子、分母极限均为零，呈现 $\dfrac{0}{0}$ 型，不能直接用商的极限运算法则，可先分解因式，约去使分子分母为零的公因子，再用商的极限运算法则.

$$原式=\lim_{x \to 3}\dfrac{x^2-9}{x^2-5x+6}=\lim_{x \to 3}\dfrac{(x-3)(x+3)}{(x-3)(x-2)}=\lim_{x \to 3}\dfrac{x+3}{x-2}=6.$$

(3) 当 $x \to 1$ 时，$\dfrac{2}{1-x^2}$ 和 $\dfrac{1}{1-x}$ 的极限均不存在，式 $\dfrac{2}{1-x^2}-\dfrac{1}{1-x}$ 呈现 $\infty-\infty$ 型，不能直接用"差的极限等于极限的差"的运算法则，可先进行通分化简，再用商的极限运算法则.

$$原式=\lim_{x \to 1}\left(\dfrac{2}{1-x^2}-\dfrac{1}{1-x}\right)=\lim_{x \to 1}\dfrac{2-(1+x)}{1-x^2}$$
$$=\lim_{x \to 1}\dfrac{(1-x)}{(1-x)(1+x)}=\lim_{x \to 1}\dfrac{1}{1+x}=\dfrac{1}{2}.$$

(4) 当 $x \to 1$ 时，$\dfrac{1}{1-x}$ 和 $\dfrac{3}{1-x^3}$ 的极限均不存在，式 $\dfrac{1}{1-x}-\dfrac{3}{1-x^3}$ 呈现 $\infty-\infty$ 型. 先通分再求极限.

$$原式=\lim_{x \to 1}\dfrac{1+x+x^2-3}{1-x^3}=\lim_{x \to 1}\dfrac{(x+2)(x-1)}{(1-x)(1+x+x^2)}=-\lim_{x \to 1}\dfrac{x+2}{1+x+x^2}=-1.$$

(5) 当 $x \to 0$ 时，虽然分子、分母的极限都存在，但是因为分母的极限为零所以不能直接用四则运算求极限，可先进行分子有理化，然后再求极限.

$$原式=\lim_{x \to 0}\dfrac{(\sqrt{1+2x}-1)(\sqrt{1+2x}+1)}{x(\sqrt{1+2x}+1)}=\lim_{x \to 0}\dfrac{2}{\sqrt{1+2x}+1}=1.$$

（6）当 $x \to \infty$ 时，因为分子分母的极限都不存在，所以不能直接用极限的运算法则. 用 x^3 同除分子及分母，再根据四则运算法则求极限.

$$\lim_{x \to \infty} \frac{2x^3 - 2x - 1}{3x^3 + x - 5} = \lim_{x \to \infty} \frac{2 - \dfrac{2}{x^2} - \dfrac{1}{x^3}}{3 + \dfrac{1}{x^2} - \dfrac{5}{x^3}} = \frac{\lim\limits_{x \to \infty} \left(2 - \dfrac{2}{x^2} - \dfrac{1}{x^3}\right)}{\lim\limits_{x \to \infty} \left(3 + \dfrac{1}{x^2} - \dfrac{5}{x^3}\right)} = \frac{2 - 0 - 0}{3 + 0 - 0} = \frac{2}{3}.$$

注意　（1）应用极限运算法则求极限时，必须保证每项极限都存在（对于除法，分母极限不为零）才能适用.

（2）求函数极限时，经常出现 $\dfrac{0}{0}, \dfrac{\infty}{\infty}, \infty - \infty$ 等情况，都不能直接运用极限运算法则，必须对原式进行恒等变换、化简，然后再求极限. 常使用的有以下几种方法：

① 对于 $\infty - \infty$ 型，往往需要先通分、化简，再求极限；

② 对于无理分式，分子、分母有理化，消去公因式，再求极限；

③ 对分子、分母进行因式分解，再求极限.

【例 13】　求 $\lim\limits_{x \to \infty} \dfrac{x^3 + 5x^2 - 2}{4x^2 + 1}$.

解　由于分子的次数比分母的次数高，如果用 x^3 同除分子及分母，则得

$$\lim_{x \to \infty} \frac{1 + \dfrac{5}{x} - \dfrac{2}{x^3}}{\dfrac{4}{x} + \dfrac{1}{x^3}},$$

其分母极限为零，因此不能直接用极限的运算法则. 可考虑先求原函数倒数的极限，得

$$\lim_{x \to \infty} \frac{4x^2 + 1}{x^3 + 5x^2 - 2} = \lim_{x \to \infty} \frac{\dfrac{4}{x} + \dfrac{1}{x^3}}{1 + \dfrac{5}{x} - \dfrac{2}{x^3}} = \frac{0}{1} = 0,$$

所以
$$\lim_{x \to \infty} \frac{x^3 + 5x^2 - 2}{4x^2 + 1} = \infty.$$

对于分子分母均是含 x 的多项式，可得以下的结论：

$$\lim_{x \to \infty} \frac{a_0 x^m + a_1 x^{m-1} + \cdots + a_m}{b_0 x^n + b_1 x^{n-1} + \cdots + b_n} = \begin{cases} \dfrac{a_0}{b_0}, & \text{当 } n = m \\ 0, & \text{当 } n > m \\ \infty, & \text{当 } n < m \end{cases} \quad (a_0 \neq 0, b_0 \neq 0)$$

上述结论对数列极限同样适用.

2. 复合函数的极限运算法则

定理 1.3.8　设函数 $y = f(u)$ 与 $u = \varphi(x)$ 满足条件：

（1）$\lim\limits_{u \to a} f(u) = A$；

（2）当 $x \neq x_0$ 时，$\varphi(x) \neq a$，且 $\lim\limits_{x \to x_0} \varphi(x) = a$，则复合函数 $f[\varphi(x)]$ 当 $x \to x_0$ 时的极限存在，且
$$\lim_{x \to x_0} f[\varphi(x)] = \lim_{u \to a} f(u) = A.$$

由定理 1.3.8 可知，在一定条件下，求极限可以采用换元的方式.

【例 14】 求 $\lim\limits_{x \to 4} \dfrac{\sqrt{x}-2}{x-4}$.

$$\lim_{x \to 4} \frac{\sqrt{x}-2}{x-4} \xlongequal{u=\sqrt{x}} \lim_{u \to 2} \frac{u-2}{u^2-4} = \lim_{u \to 2} \frac{u-2}{(u+2)(u-2)}$$

$$= \lim_{u \to 2} \frac{1}{u+2} = \frac{1}{4}.$$

1.3.5 两个重要极限

1. 两个准则

夹逼准则 如果 $g(x), f(x), h(x)$ 对于点 x_0 的某一邻域内的一切 x（点 x_0 可以除外）都有不等式 $g(x) \leqslant f(x) \leqslant h(x)$ 成立，且 $\lim\limits_{x \to x_0} g(x) = A$，$\lim\limits_{x \to x_0} h(x) = A$，则 $\lim\limits_{x \to x_0} f(x) = A$.

收敛准则 单调有界数列必有极限.

观察数列：

$$\frac{1}{2}, \frac{3}{4}, \frac{7}{8}, \cdots 1 - \frac{1}{2^n}, \cdots$$

该数列有界，且是单调增加的，因此该数列一定有极限，即 $a_n = 1 - \dfrac{1}{2^n} < 1$，对一切正整数 n 有

$$\lim_{n \to \infty} \left(1 - \frac{1}{2^n}\right) = 1.$$

2. 第一个重要极限

$$\lim_{x \to 0} \frac{\sin x}{x} = 1.$$

【例 15】 求 $\lim\limits_{x \to 0} \dfrac{\sin 3x}{x}$.

解 因为

$$\lim_{x \to 0} \frac{\sin 3x}{x} = \lim_{x \to 0} \left(\frac{\sin 3x}{3x} \cdot 3\right) = 3 \lim_{x \to 0} \frac{\sin 3x}{3x},$$

设 $t = 3x$，则当 $x \to 0$ 时，$t \to 0$，所以

$$\lim_{x \to 0} \frac{\sin 3x}{x} = 3 \lim_{t \to 0} \frac{\sin t}{t} = 3 \times 1 = 3.$$

注意上面的解题过程可简写为

$$\lim_{x \to 0} \frac{\sin 3x}{x} = 3 \lim_{x \to 0} \frac{\sin 3x}{3x} = 3 \times 1 = 3.$$

【例 16】 求 $\lim\limits_{x \to 0} \dfrac{\tan x}{x}$.

解 $\lim\limits_{x \to 0} \dfrac{\tan x}{x} = \lim\limits_{x \to 0} \left(\dfrac{\sin x}{x} \cdot \dfrac{1}{\cos x}\right) = \lim\limits_{x \to 0} \dfrac{\sin x}{x} \cdot \lim\limits_{x \to 0} \dfrac{1}{\cos x} = 1 \times 1 = 1.$

【例 17】 求 $\lim\limits_{x \to 0} \dfrac{\sin 2x}{\sin 3x}$.

解 对分式的分子和分母同除以 x，然后再利用例 15 的解法，即可求得极限：

$$\lim_{x\to0}\frac{\sin2x}{\sin3x}=\lim_{x\to0}\frac{\dfrac{\sin2x}{x}}{\dfrac{\sin3x}{x}}=\frac{\lim\limits_{x\to0}\dfrac{\sin2x}{2x}\cdot2}{\lim\limits_{x\to0}\dfrac{\sin3x}{3x}\cdot3}=\frac{2}{3}.$$

3. 第二个重要极限

$$\lim_{x\to\infty}\left(1+\frac{1}{x}\right)^{x}=\mathrm{e}.$$

作为准则二的应用,下面我们来研究当 $x\to\infty$ 时,函数 $\left(1+\dfrac{1}{x}\right)^{x}$ 的极限.先考虑 x 取正整数 n 趋于 $+\infty$ 的情形,即考虑极限 $\lim\limits_{n\to\infty}\left(1+\dfrac{1}{n}\right)^{n}$.

可以看出,数列 $a_{n}=\left(1+\dfrac{1}{n}\right)^{n}$ 是单调增加的,并且可以证明数列有界($a_{n}<3$).根据准则二可知,极限 $\lim\limits_{n\to\infty}\left(1+\dfrac{1}{n}\right)^{n}$ 必存在,通常用字母 e 来表示,即

$$\lim_{n\to\infty}\left(1+\frac{1}{n}\right)^{n}=\mathrm{e}$$

可以证明,e 是一个无理数,它的值是 $\mathrm{e}=2.718\ 281\ 828\ 459\ 045\cdots$

还可证明:当 x 取实数且趋于 $+\infty$ 或 $-\infty$ 时,函数 $\left(1+\dfrac{1}{x}\right)^{x}$ 的极限都存在且都等于 e,因此

$$\lim_{x\to\infty}\left(1+\frac{1}{x}\right)^{x}=\mathrm{e}$$

在上式中,设 $t=\dfrac{1}{x}$,则 $x=\dfrac{1}{t}$,且当 $x\to\infty$ 时,$t\to0$.于是上式又可写成

$$\lim_{t\to0}(1+t)^{\frac{1}{t}}=\mathrm{e}$$

【例 18】　求极限 $\lim\limits_{x\to\infty}\left(1+\dfrac{1}{x}\right)^{-x}$.

解　$\lim\limits_{x\to\infty}\left(1+\dfrac{1}{x}\right)^{-x}=\lim\limits_{x\to\infty}\left[\left(1+\dfrac{1}{x}\right)^{x}\right]^{-1}=\mathrm{e}^{-1}=\dfrac{1}{\mathrm{e}}.$

【例 19】　求极限 $\lim\limits_{x\to\infty}\left(1+\dfrac{3}{x}\right)^{x}$.

解　所求极限可分为

$$\lim_{x\to\infty}\left(1+\frac{3}{x}\right)^{x}=\lim_{x\to\infty}\left[\left(1+\frac{3}{x}\right)^{\frac{x}{3}}\right]^{3},$$

设 $t=\dfrac{x}{3}$,则当 $x\to\infty$ 时,有 $t\to\infty$,于是

$$\lim_{x\to\infty}\left(1+\frac{3}{x}\right)^{x}=\lim_{t\to\infty}\left[\left(1+\frac{1}{t}\right)^{t}\right]^{3}=\mathrm{e}^{3}.$$

注意上面的解题过程可简写为

$$\lim_{x\to\infty}\left(1+\frac{3}{x}\right)^{x}=\lim_{x\to\infty}\left[\left(1+\frac{3}{x}\right)^{\frac{x}{3}}\right]^{3}=\mathrm{e}^{3}.$$

【例 20】 求极限 $\lim\limits_{x \to 0}(1+\tan x)^{\cot x}$.

解 设 $t=\tan x$，则 $x \to 0$ 时，$t \to 0$，于是

$$\lim_{x \to 0}(1+\tan x)^{\cot x}=\lim_{t \to 0}(1+t)^{\frac{1}{t}}=\mathrm{e}.$$

【例 21】 求极限 $\lim\limits_{x \to \infty}\left(\dfrac{x+1}{x-1}\right)^{x}$.

解 $\lim\limits_{x \to \infty}\left(\dfrac{x+1}{x-1}\right)^{x}=\lim\limits_{x \to \infty}\dfrac{\left(1+\dfrac{1}{x}\right)^{x}}{\left(1-\dfrac{1}{x}\right)^{x}}=\lim\limits_{x \to \infty}\left(1+\dfrac{1}{x}\right)^{x} \cdot \lim\limits_{-x \to \infty}\left(1+\dfrac{1}{-x}\right)^{-x}=\mathrm{e} \cdot \mathrm{e}=\mathrm{e}^{2}.$

习题 1-3

1. 观察数列一般项 a_n 的变化趋势，写出它们的极限.

(1) $a_n=\dfrac{n+1}{n-1}$；

(2) $a_n=2+\dfrac{1}{n^2}$；

(3) $a_n=3+(-1)^n \dfrac{1}{n}$；

(4) $a_n=4+(-1)^n$.

2. 求下列数列的极限.

(1) $\lim\limits_{n \to \infty}(\sqrt{n+1}-\sqrt{n})$；

(2) $\lim\limits_{n \to \infty}\dfrac{2n^2-1}{5n^2+3n}$；

(3) $\lim\limits_{n \to \infty}\dfrac{3^n}{5^n}$；

(4) $\lim\limits_{n \to \infty}\left(1+\dfrac{1}{2^n}\right)$；

(5) $\lim\limits_{n \to \infty}(\sqrt{n^2-1}-n)$；

(6) $\lim\limits_{n \to \infty}\left[\dfrac{1}{1 \cdot 2}+\dfrac{1}{2 \cdot 3}+\dfrac{1}{3 \cdot 4}+\cdots+\dfrac{1}{n(n+1)}\right]$.

3. 利用函数图像，求下列极限.

(1) $\lim\limits_{x \to 3}3x$；

(2) $\lim\limits_{x \to -1}(x^2+1)$；

(3) $\lim\limits_{x \to 1}(\mathrm{e}^x+1)$；

(4) $\lim\limits_{x \to 1^-}\arcsin x$.

4. 设函数 $f(x)=\begin{cases} x, & x<0 \\ 0, & x=0 \\ (x-1)^2, & x>0 \end{cases}$，作图并讨论 $\lim\limits_{x \to 0}f(x)$ 是否存在.

5. 设 $f(x)=\begin{cases} 1+2x, & x<0 \\ 1, & x=0 \\ 1-x, & x>0 \end{cases}$，作图并求 $f(0+0)$，$f(0-0)$，$\lim\limits_{x \to 0}f(x)$.

6. 当 $x \to 0$ 时，下列函数中哪些是无穷小量？哪些是无穷大量？

(1) $y=2x^4$；

(2) $y=\sqrt[3]{x}$；

(3) $y=\dfrac{3}{x}$；

(4) $y=\dfrac{1}{4x^3}$；

(5) $y=6\tan x$；

(6) $y=\cot 4x$.

7. 下列函数在自变量怎样变化时是无穷小？无穷大？

(1) $y=\dfrac{1}{x^3+1}$；

(2) $y=\dfrac{x}{x+5}$；

(3) $y=\sin x$；

(4) $y=\ln x$.

8. 求下列各式的极限.

(1) $\lim\limits_{x \to -2}(2x^2-x+3)$；

(2) $\lim\limits_{x \to 1}\dfrac{x^2-3}{x^4+x^2+1}$；

(3) $\lim\limits_{x \to 0} \dfrac{2x^2 + 5x}{x^2 - 2x}$;

(4) $\lim\limits_{x \to 1} \dfrac{\sqrt{5x-4} - \sqrt{x}}{x-1}$;

(5) $\lim\limits_{x \to 0} \dfrac{1 - \sqrt{1+x^2}}{x^2}$;

(6) $\lim\limits_{n \to \infty} \left(\dfrac{1}{n^2} + \dfrac{2}{n^2} + \cdots + \dfrac{n}{n^2} \right)$;

(7) $\lim\limits_{x \to +\infty} \dfrac{\sqrt{x^2 + 2x + 2} - 1}{x}$;

(8) $\lim\limits_{x \to 1} \dfrac{x^3 - 1}{x - 1}$;

(9) $\lim\limits_{x \to \infty} \dfrac{3x^2 - x - 5}{x^2 + 4}$;

(10) $\lim\limits_{x \to \infty} \dfrac{x^2 + 3x - 8}{2x^3 - x + 5}$.

9.(1) 已知 $\lim\limits_{x \to 1} \dfrac{x^2 - ax + 6}{x - 1} = -5$,求 a.

(2) 已知 $\lim\limits_{x \to +\infty} \left(\sqrt{x^2 + kx} - x \right) = 2$,求 k.

10.求下列极限.

(1) $\lim\limits_{x \to 0} \dfrac{\sin 4x}{\sin 3x}$;

(2) $\lim\limits_{x \to 0} \dfrac{\tan 3x - \sin x}{4x}$;

(3) $\lim\limits_{x \to \infty} 2x \cdot \sin \dfrac{1}{x}$;

(4) $\lim\limits_{t \to 0} (1 + 2t)^{\frac{1}{t}}$;

(5) $\lim\limits_{x \to \infty} \left(\dfrac{x+3}{x} \right)^{3x}$;

(6) $\lim\limits_{x \to \infty} \left(\dfrac{2x+3}{2x+1} \right)^{x+1}$.

1.4　函数的连续性

　　自然界中许多现象都是逐渐变化的,如气温与气压的变化,动物与植物的生长,人的身高、体重的变化等.它们作为时间的函数,当时间变化很微小时,这些变化也很微小. 从数量关系上讲这些都是反映函数的连续现象.

1.4.1　函数连续的概念

　　为了研究函数的连续性,我们先引入函数增量的概念.

1.函数的增量

　　设 $f(x) = x^2$,当自变量 x 由 $x_0 = 1$ 变到 $x_1 = 1.02$ 时,对应的函数值由 $f(x_0) = f(1) = 1$ 变到 $f(x_1) = f(1.02) = 1.02^2 = 1.0404$,

　　则自变量 x 的改变量: $x_1 - x_0 = 1.02 - 1 = 0.02$,

　　函数 $f(x)$ 的改变量: $f(x_1) - f(x_0) = 1.0404 - 1 = 0.0404$.

　　定义 1.4.1　　如果函数 $y = f(x)$ 在点 x_0 的某一邻域内有定义,当自变量 x 由 x_0 变到 x_1 时,函数对应的值由 $f(x_0)$ 变到 $f(x_1)$,则差 $x_1 - x_0$ 叫作**自变量 x 的增量**(或**改变量**),记作 Δx,即

$$\Delta x = x_1 - x_0, \qquad\qquad ①$$

而 $f(x_1) - f(x_0)$ 的差叫作**函数 $y = f(x)$ 在 x_0 处的增量**,记作 Δy,即

$$\Delta y = f(x_1) - f(x_0) \qquad\qquad ②$$

由①式可得

$$x_1 = x_0 + \Delta x \qquad\qquad ③$$

将③式代入②式,得函数增量的另一种表达形式:

$$\Delta y = f(x_0 + \Delta x) - f(x_0).$$

上述关系式的几何解释如图 1-33 所示.

注意　（1）Δy 是一个整体记号,不能看作是 Δ 与 y 的乘积.

（2）Δy 可正可负,不一定是"增加的"量.

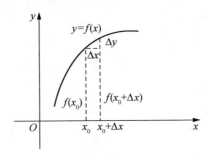

图　1-33

【例 1】　设 $y=f(x)=2x^2-1$,求适合下列条件的自变量的增量 Δx 和函数的增量 Δy.

（1）x 由 1 变化到 0.2;

（2）x 由 1 变化到 $1+\Delta x$;

（3）x 由 x_0 变化到 $x_0+\Delta x$.

解　（1）$\Delta x=0.2-1=-0.8$,

$$\Delta y=f(0.2)-f(1)=(2\times0.2^2-1)-(2\times1^2-1)=-1.92.$$

（2）$\Delta x=(1+\Delta x)-1=\Delta x$,

$$\Delta y=f(1+\Delta x)-f(1)=[2(1+\Delta x)^2-1]-(2\times1^2-1)$$
$$=2+4\Delta x+2(\Delta x)^2-2=4\Delta x+2(\Delta x)^2.$$

（3）$\Delta x=(x_0+\Delta x)-x_0=\Delta x$,

$$\Delta y=f(x_0+\Delta x)-f(x_0)=[2(x_0+\Delta x)^2-1]-(2x_0^2-1)$$
$$=4x_0\Delta x+2(\Delta x)^2.$$

2.函数连续的定义

观察图 1-34 可知,函数 $y=f(x)$ 所表示的曲线在点 $M(x_0,f(x_0))$ 处连续,当 $\Delta x\to0$ 时,$\Delta y=f(x_0+\Delta x)-f(x_0)\to0$.

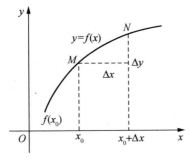

图　1-34

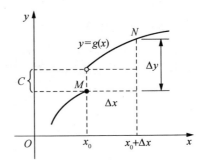

图　1-35

观察图 1-35 可知,函数 $y=g(x)$ 所表示的曲线在点 $M(x_0,f(x_0))$ 处不连续,当 $\Delta x\to0$ 时,$\Delta y=g(x_0+\Delta x)-g(x_0)\to C\ne0$.

定义 1.4.2　设函数 $y=f(x)$ 在点 x_0 的某个邻域内有定义,如果当自变量 x 在点 x_0 处

的增量 Δx 趋于 0 时,函数 $y=f(x)$ 相应的增量 $\Delta y=f(x_0+\Delta x)-f(x_0)$ 也趋于 0,即

$$\lim_{\Delta x \to \infty} \Delta y = \lim_{\Delta x \to \infty} [f(x_0+\Delta x)-f(x_0)]=0.$$

则称函数 $y=f(x)$ 在点 x_0 处**连续**.

【例 2】　证明函数 $y=f(x)=x^2-2x+3$ 在点 $x=x_0$ 处连续.

解　设自变量在点 $x=x_0$ 处有增量 Δx,则函数相应的增量是

$$\Delta y = f(x_0+\Delta x)-f(x_0)$$
$$=[(x_0+\Delta x)^2-2(x_0+\Delta x)+3]-(x_0^2-2x_0+3)$$
$$=(\Delta x)^2+2x_0\Delta x-2\Delta x.$$

因为　$\lim_{\Delta x \to 0} \Delta y = \lim_{\Delta x \to 0}[(\Delta x)^2+2x_0\Delta x-2\Delta x]=0$

所以,函数 $y=f(x))=x^2-2x+3$ 在点 $x=x_0$ 处连续.

在定义 1.4.2 中,如果 $x=x_0+\Delta x$,则 $\Delta y=f(x)-f(x_0)$. 于是

$$x=x_0+\Delta x, f(x)=f(x_0)+\Delta y.$$

因为　　　　　　　　　　$\Delta x \to 0 \Leftrightarrow x \to x_0,$

$$\Delta y \to 0 \Leftrightarrow f(x) \to f(x_0),$$

所以,上述函数连续的定义又可叙述如下.

定义 1.4.3　设函数 $y=f(x)$ 在点 x_0 的某个邻域内有定义,如果函数 $y=f(x)$ 当 $x \to x_0$ 时的极限存在,且等于它在点 x_0 处的函数值,即

$$\lim_{x \to x_0} f(x)=f(x_0),$$

则称函数 $y=f(x)$ 在点处 x_0 **连续**.

由定义 1.4.3 知,$y=f(x)$ 在点 x_0 连续必须满足以下三个条件:

(1) 函数 $y=f(x)$ 在点 x_0 及其近旁有定义;

(2) 函数 $y=f(x)$ 在点 x_0 处有极限,即 $\lim_{x \to x_0} f(x)$ 存在;

(3) 极限值等于函数值,即 $\lim_{x \to x_0} f(x)=f(x_0)$.

类似地,可以给出函数在一点左连续及右连续的概念.

定义 1.4.4　如果函数 $y=f(x)$ 在点 x_0 处的左极限 $\lim_{x \to x_0-0} f(x)$ 存在且等于 $f(x_0)$,即

$$\lim_{x \to x_0-0} f(x)=f(x_0),$$

则称函数 $f(x)$ 在点 x_0 处**左连续**.

如果函数 $y=f(x)$ 在点 x_0 处的右极限 $\lim_{x \to x_0+0} f(x)$ 存在且等于 $f(x_0)$,即

$$\lim_{x \to x_0+0} f(x)=f(x_0),$$

则称函数 $f(x)$ 在点 x_0 处**右连续**.

根据极限存在的充要条件,我们有下面的结论:

如果函数 $f(x)$ 在点 x_0 处连续,则它在点 x_0 处左连续且右连续;反之,如果函数 $f(x)$ 在点 x_0 处左连续且右连续,则它在 x_0 点连续.

【例 3】　设某城市出租车白天的收费(单位:元)y 与路程(单位:km)x 之间的关系为

$$y=f(x)=\begin{cases} 5+1.2x, & 0<x<7 \\ 13.4+2.1(x-7), & x \geqslant 7 \end{cases},$$

讨论函数 $f(x)$ 在 $x=7$ 处是否连续.

解　因为
$$\lim_{x \to 7^+} f(x) = \lim_{x \to 7^+} [13.4 + 2.1(x-7)] = 13.4$$
$$\lim_{x \to 7^-} f(x) = \lim_{x \to 7^-} (5 + 1.2x) = 13.4$$

所以 $\lim_{x \to 7} f(x) = 13.4$. 又因为 $f(7) = 13.4$, 所以 $\lim_{x \to 7} f(x) = f(7)$.

故函数 $f(x)$ 在 $x=7$ 处连续.

下面给出函数在区间上连续的概念.

如果函数 $f(x)$ 在区间 (a,b) 内每一点都连续, 则称**函数 $f(x)$ 在开区间 (a,b) 内连续**, 区间 (a,b) 叫作函数 $f(x)$ 的**连续区间**.

如果函数 $f(x)$ 在开区间 (a,b) 内连续, 且在点 a 右连续, 在点 b 左连续, 则称 **$f(x)$ 在闭区间 $[a,b]$ 上连续**.

在闭区间 $[a,b]$ 上连续的函数, 是 $[a,b]$ 上的一条连绵不断的曲线, 如图 1-36 所示.

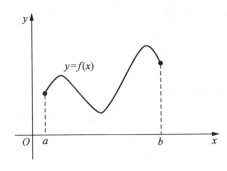

图　1-36

【例 4】　证明 $y = x^3$ 在区间 $(-\infty, +\infty)$ 内连续.

证明　设 x_0 是区间 $(-\infty, +\infty)$ 内的任意一点, 当自变量 x 在点 x_0 处有增量 Δx 时, 对应的函数的增量为
$$\Delta y = (x_0 + \Delta x)^3 - x_0^3 = 3x_0^2 \Delta x + 3x_0 (\Delta x)^2 + (\Delta x)^3.$$

因为 $\lim_{\Delta x \to 0} \Delta y = \lim_{\Delta x \to 0} [3x_0^2 \Delta x + 3x_0 (\Delta x)^2 + (\Delta x)^3] = 0$.

所以, $y = x^3$ 在点 x_0 处连续. 又因为 x_0 是区间 $(-\infty, +\infty)$ 内的任意一点, 所以, $y = x^3$ 在区间 $(-\infty, +\infty)$ 内连续.

1.4.2　初等函数的连续性

前面我们证明了 $y = x^3$ 在区间 $(-\infty, +\infty)$ 内是连续的, 这一结论与函数 $y = x^3$ 在区间 $(-\infty, +\infty)$ 内的图像是一条连续不断的曲线的特征是一致的.

类似地, 根据图像可以看出, 幂函数、指数函数、对数函数、三角函数和反三角函数在其定义域内是连续的, 由此我们得到结论: **基本初等函数在它们的定义域内都是连续的**.

根据连续函数的定义和极限的运算法则, 可得连续函数的运算法则.

定理 1.4.1　如果 $f(x)$ 和 $g(x)$ 都在点 x_0 处连续, 则它们的和 $f(x) + g(x)$、差 $f(x) - g(x)$、积 $f(x)g(x)$、商 $\dfrac{f(x)}{g(x)}$ $(g(x) \neq 0)$ 在点 x_0 处连续.

证明　只证 $f(x) + g(x)$ 在点 x_0 处连续的情形, 其他情形可类似地证明.

因为 $f(x)$ 和 $g(x)$ 都在点 x_0 处连续, 所以

$$\lim_{x\to x_0}f(x)=f(x_0),\quad \lim_{x\to x_0}g(x)=g(x_0).$$

根据极限的运算法则，得

$$\lim_{x\to x_0}[f(x)+g(x)]=\lim_{x\to x_0}f(x)+\lim_{x\to x_0}g(x)=f(x_0)+g(x_0).$$

由函数在点 x_0 处连续的定义知，$f(x)+g(x)$ 在点 x_0 处连续.

定理 1.4.2　如果函数 $u=\varphi(x)$ 在点 x_0 处连续，且 $u_0=\varphi(x_0)$，而函数 $y=f(u)$ 在点 u_0 处连续，则复合函数 $u=f[\varphi(x)]$ 在点 x_0 处连续.

证明　因为 $\varphi(x)$ 在点 x_0 处连续，即当 $x\to x_0$ 时，有 $u\to u_0$，所以

$$\lim_{x\to x_0}f[\varphi(x)]=\lim_{u\to u_0}f(u)=f(u_0)=f[\varphi(x_0)].$$

由函数在点 x_0 处连续的定义知，$f[\varphi(x)]$ 在点 x_0 处连续.

【例 5】　讨论函数 $y=\sin\dfrac{1}{x}$ 的连续性.

解　函数 $y=\sin\dfrac{1}{x}$ 可看作由 $y=\sin u$ 及 $u=\dfrac{1}{x}$ 复合而成的. $y=\sin u$ 在 $(-\infty,+\infty)$ 内是连续的，$u=\dfrac{1}{x}$ 在 $(-\infty,0)$ 及 $(0,+\infty)$ 内是连续的. 根据定理 1.4.2，函数在 $(-\infty,0)$ 及 $(0,+\infty)$ 内是连续的.

根据基本初等函数的连续性及前面的定理，可知下面定理：

定理 1.4.3　所有初等函数在其定义区间内都是连续的.

【例 6】　求函数 $f(x)=\dfrac{2-x}{(x+4)(x-2)}$ 的连续区间.

解　因为函数 $f(x)$ 是初等函数，所以根据定理 1.4.3，函数的连续区间就是它的定义区间. 故所求函数的连续区间为 $(-\infty,-4)\bigcup(-4,2)\bigcup(2,+\infty)$.

注意　因为分段函数一般不是初等函数，所以定理 1.4.3 对分段函数一般不成立.

在讨论分段函数的连续性时，要根据连续的定义讨论分段点的连续性.

如果 $f(x)$ 是初等函数，x_0 是其定义域区间内的点，则 $f(x)$ 在点 x_0 处连续. 根据连续性的定义，有

$$\lim_{x\to x_0}f(x)=f(x_0).$$

这就是说，初等函数对定义域内的点求极限，就是求它的函数值. 注意到 $\lim\limits_{x\to x_0}x=x_0$，因此有

$$\lim_{x\to x_0}f(x)=f(x_0)=f(\lim x).$$

上式表明，对于连续函数，极限符号与函数符号可以交换次序. 利用这一点，可方便地求出初等函数在定义域区间上的极限.

【例 7】　求 $\lim\limits_{x\to\frac{\pi}{2}}\ln\sin x$.

解　因为 $f(x)=\ln\sin x$ 是初等函数，在 $x=\dfrac{\pi}{2}$ 处有定义，因此

$$\lim_{x\to\frac{\pi}{2}}\ln\sin x=\ln\sin\frac{\pi}{2}=0.$$

【**例 8**】 求 $\lim\limits_{x \to 0} \cos(1+x)^{\frac{1}{x}}$.

解 $\lim\limits_{x \to 0} \cos(1+x)^{\frac{1}{x}} = \cos\left[\lim\limits_{x \to 0}(1+x)^{\frac{1}{x}}\right] = \cos e$.

1.4.3 函数的间断点

定义 1.4.5 如果函数 $y=f(x)$ 在点 x_0 处不连续，则称 x_0 为函数 $f(x)$ 的**间断点**.

由函数连续的定义 1.4.3 知，如果函数 $y=f(x)$ 在点 x_0 处有下列三种情况之一，则 x_0 是 $f(x)$ 的一个间断点：

(1) 函数 $y=f(x)$ 在点 x_0 没有定义；

(2) 函数在点 x_0 处有定义，但极限 $\lim\limits_{x \to x_0} f(x)$ 不存在；

(3) 函数在点 x_0 处有定义，且极限 $\lim\limits_{x \to x_0} f(x)$ 存在，但 $\lim\limits_{x \to x_0} f(x) \neq f(x_0)$.

间断点可分为：

第一类间断点：$\lim\limits_{x \to x_0^+} f(x)$、$\lim\limits_{x \to x_0^-} f(x)$ 都存在的间断点.

对于第一类间断点有以下两种情形：

(1) 当 $\lim\limits_{x \to x_0^-} f(x)$ 与 $\lim\limits_{x \to x_0^+} f(x)$ 都存在，但不相等时，称 x_0 为 $f(x)$ 的**跳跃间断点**；

(2) 当 $\lim\limits_{x \to x_0} f(x)$ 存在，但极限值不等于 $f(x_0)$ 时，称 x_0 为 $f(x)$ 的**可去间断点**.

第二类间断点：除开第一类间断点的间断点.

例如，函数 $y=\dfrac{1}{x}$ 在点 $x=0$ 无定义，所以函数在 $x=0$ 不连续，即 $x=0$ 是函数的 $\lim\limits_{x \to 0} \dfrac{1}{x} = \infty$ 的间断点. 这类间断点又称为无穷间断点. 无穷间断点属于第二类间断点.

1.4.4 闭区间上连续函数的性质

定理 1.4.4（有界定理） 若 $f(x)$ 在闭区间 $[a,b]$ 上连续，则 $f(x)$ 在 $[a,b]$ 上有界.

定理 1.4.5（最值定理） 若 $f(x)$ 在闭区间 $[a,b]$ 上连续，则 $f(x)$ 在 $[a,b]$ 上必有最大值与最小值（见图 1-37）.

例如，函数 $y=\sin x$ 在闭区间 $[0,\pi]$ 上连续，当 $x=\dfrac{\pi}{2}$ 时，函数在该区间上有最大值 1. 当 $x=0$ 或 $x=\pi$ 时，函数在该区间上有最小值 0.

注意 如果函数 $f(x)$ 在闭区间 $[a,b]$ 上不连续，或只在开区间 (a,b) 内连续，则函数 $f(x)$ 在该区间上不一定有最大值或最小值.

定理 1.4.6（介值定理） 如果函数 $f(x)$ 在闭区间 $[a,b]$ 上连续，且在这区间的端点取不同的函数值 $f(a)=A$ 与 $f(b)=B$，则对于 A 与 B 之间的任意一个数 C，在开区间 (a,b) 内至少有一点 ξ，使得

$$f(\xi)=C \ (a<\xi<b).$$

如图 1-38 所示，$f(x)$ 在闭区间 $[a,b]$ 上连续，且 $f(a) \leqslant C \leqslant f(b)$，在 (a,b) 内的 ξ_1、ξ_2、ξ_3 点的函数值都等于 C，即 $f(\xi_1)=f(\xi_2)=f(\xi_3)=C$.

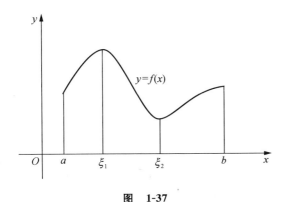

图　1-37

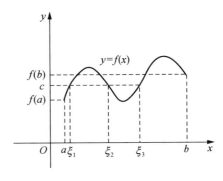

图　1-38

推论　如果函数 $f(x)$ 在闭区间 $[a,b]$ 上连续，且 $f(a)$ 与 $f(b)$ 异号，则在 (a,b) 内至少存在一点 ξ，使得 $f(\xi)=0$(见图 1-39).

【例 9】　证明方程 $x^5+3x-1=0$ 在区间 $(0,1)$ 内至少有一个根.

证明　设 $f(x)=x^5+3x-1$. 因为 $f(x)$ 是初等函数，且在 $[0,1]$ 上有定义，所以在闭区间 $[0,1]$ 上连续. 又因为

$$f(0)=-1<0, \quad f(1)=3>0.$$

所以，根据零点定理，在区间 $(0,1)$ 内至少有一点 ξ，使

$$f(\xi)=0 \ (0<\xi<1),$$

即方程 $x^5+3x-1=0$ 在区间 $(0,1)$ 内至少有一个根.

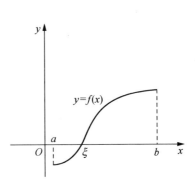

图　1-39

习题 1-4

1. 设函数 $y=f(x)=x^3-x+2$，求适合下列条件的自变量的增量和对应的函数的增量.

(1) 当 x 由 2 变到 3；　　　　　　　　(2) 当 x 由 2 变到 1；

(3) 当 x 由 2 变到 $2+\Delta x$；　　　　　(4) 当 x 由 x_0 变到 x.

2. 讨论函数 $f(x)=\begin{cases} x+1, & x\geqslant 1 \\ 3-x, & x<1 \end{cases}$，在点 $x=1$ 处的连续性，并画出它的图像.

3. 求函数 $f(x)=\dfrac{x+3}{x^2+x-6}$ 的连续区间，并求极限 $\lim\limits_{x\to 2}f(x)$，$\lim\limits_{x\to -3}f(x)$，$\lim\limits_{x\to 0}f(x)$.

4. 求下列函数的连续区间.

(1) $f(x)=\dfrac{2}{x^2+x-2}$；　　　　　(2) $y=\dfrac{2}{x-1}+\sqrt{x+2}$.

5. 求下列各题的极限.

(1) $\lim\limits_{x\to 1}\arccos\dfrac{\sqrt{x^2+x}}{2}$；　　　(2) $\lim\limits_{x\to \frac{\pi}{2}}\lg\sin x$；

(3) $\lim\limits_{x\to 0}\dfrac{e^{\sin x}-1}{e^{\cos x}+2}$；　　　　(4) $\lim\limits_{x\to +\infty}\dfrac{\ln(1+x)-\ln x}{x}$；

(5) $\lim\limits_{x\to +\infty}\dfrac{\sqrt{x^4+x^2+1}}{2x^2}$；　　(6) $\lim\limits_{x\to 1}\dfrac{x-\sqrt{x}}{\sqrt{x}-1}$；

（7）$\lim\limits_{x \to e} \dfrac{\ln x}{x}$；

（8）$\lim\limits_{x \to 1} \arctan x$.

6. 设函数 $f(x) = \begin{cases} e^x, & x < 0 \\ a+x, & x \geqslant 0 \end{cases}$，当 a 为何值时，才能使 $f(x)$ 在点 $x=0$ 处连续？

1.5　函数与极限的应用

1.5.1　函数关系应用举例

在一些实际问题中，通常分析该问题中的常量和变量之间的关系来建立函数关系，然后进行分析、计算．下面通过几个例题来说明函数关系的应用．

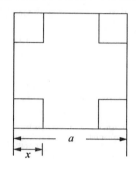

图　1-40

【例1】　如图 1-40 所示，有一块边长为 a 的正方形铁皮，将其四个角各截去一个边长为 x 的小正方形，然后折成一个无盖的盒子，写出体积 V 以边长 x 为自变量的函数式，并讨论这个函数的定义域．

解　因为底面边长为 $a-2x$，得底面积为 $(a-2x)^2$，又长方体高为 x，所以长方体体积 $V = x(a-2x)^2$.

由 $a-2x > 0$，得 $x < \dfrac{a}{2}$，

又 $x > 0$，函数定义域为 $\left\{ 0 < x < \dfrac{a}{2} \right\}$.

【例2】　用长为 m 的铁丝弯成下部为矩形，上部为半圆形的框架（见图 1-41），若矩形底边长为 $2x$，求此框架的面积 y 与 x 的函数式，并写出它的定义域．

解　如图，设 $AB = 2x$，则 CD 弧长 $= \pi x$，

于是 $AD = \dfrac{m - 2x - \pi x}{2}$

因此 $y = 2x \cdot \dfrac{m - 2x - \pi x}{2} + \dfrac{\pi x^2}{2}$，即

$$y = -\dfrac{\pi + 4}{2} x^2 + mx$$

再由 $\begin{cases} 2x > 0 \\ \dfrac{m - 2x - \pi x}{2} > 0 \end{cases}$，解之得 $0 < x < \dfrac{m}{2 + \pi}$

即函数式是 $y = -\dfrac{\pi + 4}{2} x^2 + mx$，定义域为 $\left(0, \dfrac{m}{2 + \pi} \right)$.

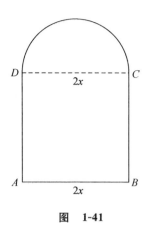

图　1-41

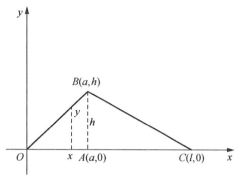

图　1-42

【例3】　长为 l 的弦两端固定,在点 $A(a,0)$ 处将弦向上拉起到点 $B(a,h)$ 处如图 1-42 中的形状.假定当弦在向上拉起的过程中,弦上各点只是沿着垂直于两端连线方向移动的,以 x 表示弦上各点的位置,y 表示点 x 上升的高度,试建立 x 与 y 的函数关系式.

解　$y=\dfrac{h}{a}x,0\leqslant x<a$;

又因为线段 BC 的斜率为 $k_{BC}=\dfrac{h}{a-l}$,所以线段 BC 的方程为

$$y=\frac{h}{a-l}(x-l),\quad a\leqslant x\leqslant l$$

所以,所求函数关系为 $y=\begin{cases}\dfrac{h}{a}x, & 0\leqslant x<a\\[2mm]\dfrac{h}{a-l}(x-l), & a\leqslant x\leqslant l\end{cases}$

【例4】　在机械中常用一种曲柄连杆机构,如图 1-43 所示.当主动轮匀速转动时,连杆 AB 带动滑块 B 作往复直线运动.设主动轮半径为 r,转动角速度为 ω,连杆长度为 l,求滑块 B 的运动规律.

解　假设经过时间 t 时,滑块 B 离点 O 的距离为 s,求滑块 B 的规律就是建立 s 和 t 之间的函数关系.

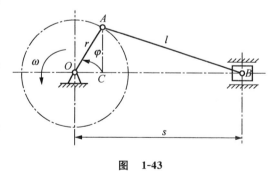

图　1-43

假设主动轮开始放置(即 $t=0$)时,OB 到 OA 的转角为 ω_0,经过时间 t 后,主动轮转了角 ωt,则 OB 到 OA 的转角为 $\varphi=\omega t+\omega_0$.

因为 $s=OC+CB$,且 $OC=r\cos(\omega t+\omega_0)$,
$$CB=\sqrt{AB^2-CA^2}=\sqrt{l^2-r^2\sin^2(\omega t+\omega_0)},$$
所以
$$s=r\cos(\omega t+\omega_0)+\sqrt{l^2-r^2\sin^2(\omega t+\omega_0)}.$$
即为所求滑块 B 的运动规律,它的定义域为 $[0,+\infty)$.

【例5】 已知一物体与地面的摩擦系数是 μ，重量是 P. 设有一与水平方向成 α 角的拉力 F，使物体从静止开始移动. 求物体开始移动时拉力 F 与角 α 之间的函数关系式.

解 如图 1-44 所示，力 F 在水平方向的分力为 $F\cos\alpha$，在竖直方向的分力为 $F\sin\alpha$，物体的重量为 P，物体对地面的正压力等于地面对物体的支持力 $N=P-F\sin\alpha$，因此物体与地面的摩擦阻力为 $R=\mu(P-F\sin\alpha)$. 当物体从静止开始移动时，水平方向的拉力与摩擦阻力相等，从而有

$$F\cos\alpha=\mu(P-F\sin\alpha),$$

即

$$F=\frac{uP}{\cos\alpha+u\sin\alpha}\left(0<\alpha<\frac{\pi}{2}\right).$$

综上所述，建立函数关系的一般步骤如下：

（1）弄清题意，分析问题中哪些是变量，哪些是常量，并确定自变量和函数；

（2）根据所给的条件，运用数学、物理、经济与其他知识，列出变量间的关系式，并进行适当化简，得到所求的函数关系式；

（3）根据题意指明函数的定义域.

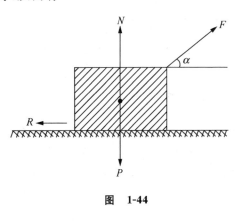

图 1-44

1.5.2 函数极限应用举例

【例6】 设一产品价格 P 与时间 t 满足函数关系式 $p(t)=10-5e^{-0.5t}$，请对该产品价格做一个长期预测.

解
$$\lim_{t\to\infty}p(t)=\lim_{t\to\infty}(10-5e^{-0.5t})=\lim_{t\to\infty}10-\lim_{t\to\infty}5e^{-0.5t}$$
$$=\lim_{t\to\infty}10-5\lim_{t\to\infty}e^{-0.5t}=10-0=10.$$

该产品的长期价格为 10 元.

【例7】 设某动物园鸟类的数量 y 与时间 t 满足函数关系式 $y=\dfrac{3000}{1+5e^{-0.116t}}$，问该动物园鸟类的数量最多有多少只？

解
$$\lim_{t\to\infty}y(t)=\lim_{t\to\infty}\frac{3000}{1+5e^{-0.116t}}=\frac{3000}{1+0}=3000.$$

则该动物园鸟类的数量最多为 3000 只.

【例8】 设推出一种新网络游戏时，在短期内销售量 N 会迅速增加，然后开始下降，其函数关系式为 $N(t)=\dfrac{100t}{t^2+80}$（$t$ 为月份），请对该游戏的销售量做一个长期预测.

解
$$\lim_{t\to\infty}N(t)=\lim_{t\to\infty}\frac{100t}{t^2+80}=\lim_{t\to\infty}\frac{100t/t^2}{1+80/t^2}=\frac{0}{1+0}=0,$$

当 $t\to\infty$ 时，该游戏的销售量极限为 0. 也就是说，购买此款游戏的人会越来越少，从而转向购买其他新的游戏.

【例9】 设生产某汽车零件的成本是 $C(x)=5000+\sqrt{100+20x^2}$ 元，x 为零件的数量，请对生产零件量很大时的平均成本做出预测.

解 $\lim\limits_{x\to\infty}C(x)=\lim\limits_{x\to\infty}\dfrac{5000+\sqrt{100+20x^2}}{x}=\lim\limits_{x\to\infty}\left(\dfrac{5000}{x}+\sqrt{\dfrac{100}{x^2}+20}\right)=20,$

则零件生产量很大时,平均成本为 20 元.

习题 1-5

1.将直径为 d 的圆木料锯成截面为矩形的木材,试建立矩形截面的两条边长之间的函数关系式.

2.已知一有盖的圆柱形铁桶容积为 V,试建立圆柱形铁桶的表面积 S 与底面半径 r 之间的函数关系式.

3.如图 1-45 所示,有一块半径为 R 的半圆形钢板,计划剪裁成等腰梯形 $ABCD$ 的形状,它的下底 AB 是 $\odot O$ 的直径,上底 CD 的端点在圆周上,写出这个梯形周长 y 和腰长 x 间的函数关系式,并求出它的定义域.

4.电压在某电路上等速下降,在实验开始时,电压为 24 V,经过 16 秒后电压降到 12.8 V.试建立电压与时间 t 的函数关系.

5.在半径为 R 的球内作内接圆柱体,试将圆柱体的体积 V 表示为高 h 的函数,并写出函数的定义域.

6.一物体做直线运动,已知阻力的大小与物体运动的速度成正比,但方向相反,当物体以 2 m/s 速度运动时阻力为 4 N,建立阻力与速度间的函数关系. 7.假设某种传染病流行 t 天后,传染的人数 N

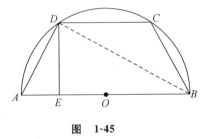

图 1-45

$(t)=\dfrac{100\,000}{1+5000\mathrm{e}^{-0.1t}}$,请问:

(1) t 为多少天时,会有 5 万人传染上这种疾病?

(2)若从长远估计,将有多少人传染上这种疾病?

8.设生产某化工原料的成本是 $C(x)=300+\sqrt{50+1000x^2}$ 元,x 为原料的吨数,请对生产该原料量很大时的平均成本做出预测.

本 章 小 结

【主要内容】

函数的概念、函数的图像与性质;反函数、分段函数、基本初等函数、复合函数、初等函数的概念与性质;数列与函数极限的定义;左、右极限的概念;无穷小、无穷大的概念及相互的关系与性质;极限四则运算;两个重要极限的应用;函数连续的概念;初等函数的连续性;函数间断点的类型;闭区间上连续函数的性质.

【学习要求】

1.函数的概念

掌握函数概念的三要素,能判定函数的定义域和值域,掌握函数的性质与图像.

掌握基本初等函数的性质和图像,复合函数和初等函数的概念,以及函数应用问题的求解.

2.函数的极限

掌握数列极限的定义、函数极限的定义、极限存在的充分必要条件,掌握极限的运算法则,会求分段函数在分段点处的极限,理解无穷小、无穷大的概念及相互的关系.

掌握函数极限的应用.

3.函数的连续性

掌握函数在某点处连续的两个等价定义、函数在某点处连续与函数在该点处有极限的关系、判别间断点的条件,掌握初等函数的连续性.

【重点】 极限的计算及应用。

【难点】 极限与连续的概念、根据实际问题建立函数关系式。

复 习 题 一

1.填空题.

(1) 函数 $y=\arcsin(\ln x)$ 的定义域是_____；

(2) 函数 $y=\mathrm{e}^{\ln\sqrt{1+2x}}$ 的复合过程是_____；

(3) $\lim\limits_{x\to\infty}\dfrac{\sin x}{x}=$_____；

(4) $\lim\limits_{x\to\infty}\left(1-\dfrac{1}{n}\right)^{n}=$_____；

(5) $\lim\limits_{\Delta x\to0}\dfrac{\sqrt{x+\Delta x}-\sqrt{x}}{\Delta x}=$_____；

(6) 函数 $y=\sin\dfrac{1}{x^{2}-2x-3}$ 的连续区间是_____；

(7) 已知 a,b 为常数，$\lim\limits_{x\to\infty}\dfrac{ax^{2}+bx+2}{2x-1}=3$，则 $a=$____，$b=$____；

(8) $f(x)=\sqrt{x^{2}-3x+2}$ 的连续区间是_____；

(9) 若 $\lim\limits_{x\to\infty}\varphi(x)=a$（$a$ 为常数），则 $\lim\limits_{x\to\infty}\mathrm{e}^{\varphi(x)}=$_____；

(10) 当 $x\to0$ 时，$\sqrt[3]{1+ax}-1$ 与 $\sin2x$ 为等价无穷小，则 $a=$_____.

2.判断正误.

(1) $f(x)=x^{2}\sin x$ 是奇函数. （　　）

(2) 若函数 $f(x)$ 在 x_{0} 处极限存在，则 $f(x)$ 在点 x_{0} 处连续. （　　）

(3) 分段函数必有间断点. （　　）

(4) $\tan3x$ 与 $\sin3x$ 当 $x\to0$ 时是等价无穷小. （　　）

(5) 无界函数不一定是无穷大. （　　）

(6) $\lim\limits_{x\to1}\dfrac{\sin x}{x}=1$. （　　）

(7) 数列 $x_{n}=(-1)^{n}\dfrac{n}{n+1}$ 收敛于 1. （　　）

(8) 初等函数 $f(x)$ 在点 x_{0} 处连续则有 $\lim\limits_{x\to x_{0}}f(x)=f(x_{0})$. （　　）

3.单项选择题.

(1) 下列极限存在的是（　　）.

　　A. $\lim\limits_{x\to\infty}4^{x}$ 　　B. $\lim\limits_{x\to\infty}\dfrac{x^{3}+1}{3x^{3}-1}$ 　　C. $\lim\limits_{x\to0^{+}}\ln x$ 　　D. $\lim\limits_{x\to1}\sin\dfrac{1}{x-1}$

(2) 函数 $f(x)$ 在点 x_{0} 处连续是 $\lim\limits_{x\to x_{0}}f(x)$ 存在的（　　）.

　　A. 必要条件 　　　　　　　　　　B. 充要条件

　　C. 充分条件 　　　　　　　　　　D. 既不充分也不必要条件

(3) $f(x)=2^{\frac{1}{x}}$ 在 $x=0$ 处（　　）.

　　A. 有定义 　　　　　　　　　　　B. 极限存在

　　C. 左极限存在 　　　　　　　　　D. 右极限存在

(4) 当 $0<x<+\infty$ 时，$f(x)=\dfrac{1}{x}$（　　）.

　　A. 有最大值与最小值 　　　　　　B. 有最大值无最小值

　　C. 无最大值有最小值 　　　　　　D. 无最大值无最小值

(5) 当 $x \to 1$ 时，下列变量中为无穷大量的是(　　).

A. $\dfrac{x-1}{x+1}$　　　　B. $\dfrac{x^2-1}{x-1}$　　　　C. $\dfrac{x+1}{x-1}$　　　　D. $x^{\frac{1}{x-1}}$

(6) $\lim\limits_{x \to 0} x \cdot \sin\dfrac{1}{x}$ 的值为(　　).

A. 0　　　　　　B. 1　　　　　　C. ∞　　　　　D. 不存在

(7) 当 $x \to 0$ 时，与 $\sqrt{1+x} - \sqrt{1-x}$ 等价的无穷小量是(　　).

A. x　　　　　　B. $2x$　　　　　　C. x^2　　　　　D. $2x^2$

(8) 已知 $\lim\limits_{x \to 0}\dfrac{\sin ax}{3x}=2$，则常数 a 的值为(　　).

A. 1　　　　　　B. 2　　　　　　C. 3　　　　　　D. 6

4. 求下列极限.

(1) $\lim\limits_{x \to \infty}\dfrac{x^2-x-1}{(x-2)^2}$;

(2) $\lim\limits_{\theta \to 0}\dfrac{1-\cos\theta}{\theta\sin\theta}$;

(3) $\lim\limits_{x \to 0}\dfrac{\ln(1+x)}{\sin 2x}$;

(4) $\lim\limits_{x \to \infty}\dfrac{x-\cos x}{x}$;

(5) $\lim\limits_{n \to \infty}\sqrt{n}(\sqrt{n+2}-\sqrt{n-3})$;

(6) $\lim\limits_{x \to 2}\left(\dfrac{1}{x-2}-\dfrac{12}{x^3-8}\right)$.

5. 求下列极限.

(1) $\lim\limits_{x \to +\infty} e^{-x}\sin x$;

(2) $\lim\limits_{x \to 0}(1-2x)^{\frac{1}{2x}}$;

(3) $\lim\limits_{x \to \infty}\left(\dfrac{2x-1}{2x+1}\right)^{x+1}$;

(4) $\lim\limits_{x \to 1}\dfrac{\sqrt{x+2}-\sqrt{3}}{x-1}$;

(5) $\lim\limits_{x \to 0}\dfrac{1-\cos 2x+\tan^2 x}{x\sin x}$.

6. 设 $f(x)=\ln x$，求 $\lim\limits_{x \to 1}\dfrac{f(x)}{x-1}$.

7. 已知 $\lim\limits_{x \to \infty}\left(\dfrac{x+c}{x-c}\right)^x=4$，求 c 的值.

8. 讨论函数 $f(x)=\begin{cases} x+1, & x<0 \\ 2-x, & x\geqslant 0 \end{cases}$ 在点 $x=0$ 处的连续性，并作出它的图像.

9. 设 $f(x)=\begin{cases} \dfrac{\sin x}{x}, & x<0 \\ k-2, & x=0 \\ x\sin\dfrac{1}{x}+1, & x>0 \end{cases}$，当 k 为何值时，函数 $f(x)$ 在其定义域内是连续的.

10. 证明方程 $\sin x+x+1=0$ 在区间 $\left(-\dfrac{\pi}{2}, \dfrac{\pi}{2}\right)$ 内至少有一个根.

第 2 章　导数与微分

　　导数和微分都是建立在函数极限的基础之上的微分学基本概念. 导数的概念在于刻画瞬时变化率,微分的概念在于刻画瞬时改变量. 导数是一种特殊的极限,反映了函数变化的快慢程度,是求函数的单调性、极值、曲线的切线斜率等重要工具. 同时,导数在物理学、经济学等领域都有广泛的应用.

　　本章主要讨论导数与微分的概念和计算方法及其导数的应用.

2.1　导　　数

2.1.1　导数的概念

　　为了说明导数概念,我们先讨论两个问题:速度和切线问题. 这两个问题都与导数概念的形成有密切的关系.

　　1. 直线运动的速度

　　设有一个质点在数轴上运动,s 表示 t 时刻质点所在点的坐标. 显然,s 是 t 的函数,表示为 $s = f(t)$.

　　(1) 如果质点是匀速运动,则其速度 v 就是所经过的路程除以所经历的时间. 设 Δs 是质点在时间 t_0 到 t 之间所经过的路程,即 $s = f(t)$,那么

$$v = \frac{\Delta s}{\Delta t} = \frac{f(t) - f(t_0)}{t - t_0} \qquad ①$$

　　(2) 如果质点是做非匀速运动,就是说质点在不同时刻速度是不同的,那么从数量上应该怎样描述时刻 t_0 的速度(称为瞬时速度)呢?

　　如果时间间隔选得较短,①式在实践中也可以来说明质点在时刻 t_0 的速度,但对于质点在时刻 t_0 的速度的精确概念来说,这样做是不够的,而更确切地应当这样:令 $t \to t_0$,取①式的极限. 如果这个极限存在,设为 v,即

$$v = \lim_{\Delta t \to 0} \frac{\Delta s}{\Delta t} = \lim_{t \to t_0} = \frac{f(t) - f(t_0)}{t - t_0},$$

这时就把这个极限值 v 称为质点在时刻 t_0 的瞬时速度.

　　2. 切线问题

　　设有曲线 C 及 C 上一点 M(见图 2-1),在点 M 外另取 C 上一点 N,作割线 MN. 当点 N 沿曲线 C 趋于点 M 时,如果割线 MN 绕点 M 旋转而趋于极限位置 MT,直线 MT 就称为曲线 C 在点 M 处的切线. 这里极限位置的含义是:只要弦长 $|MN|$ 趋于零,则 $\angle NMT$ 也趋于零. 现在就曲线 C 为函数 $y = f(x)$ 的图形的情形来讨论切线问题. 设 $M(x_0, y_0)$ 是曲线 C 上的点,则 $y_0 = f(x_0)$,要求曲线 C 在点 M 处的切线,根据切线的定义,只要求出切线的斜率就可以,亦即求出过点 M 的割线的斜率的极限. 为此在点 M 外另取曲线 C 上的一点 $N(x, y)$,

则割线 MN 斜率为

$$\tan\varphi = \frac{y - y_0}{x - x_0} = \frac{f(x) - f(x_0)}{x - x_0},$$

其中 φ 为割线 MN 的倾角. 当点 N 沿曲线 C 趋于点 M

时, $x \to x_0$, 此时, 若 $\lim\limits_{x \to x_0} \dfrac{f(x) - f(x_0)}{x - x_0}$ 存在, 设为 k, 即

$$k = \lim_{x \to x_0} \frac{f(x) - f(x_0)}{x - x_0},$$

则 k 就是切线的斜率. 这里 $k = \tan\alpha$, 其中 α 是切线 MT
的倾角. 于是通过点 $M(x_0, f(x_0))$ 且以 k 为斜率的直
线 MT 便是曲线 C 在点 M 处的切线.

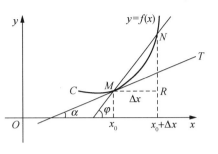

图　2-1

注意　事实上, 由极限位置的含义: 条件 $|MN| \to$
0, $\angle NMT \to 0$ 是满足的. 由 $x \to x_0$ 知 $|MN| \to 0$, 由
$\angle NMT = \varphi - \alpha$, 而 $x \to x_0$ 时 $\varphi \to \alpha$, 故 $\angle NMT \to 0$. 所以直线 MT 确为曲线 C 在点 M 处的
切线.

上面的两个问题的具体含义不相同, 但从抽象的数量关系来看, 它们的实质是一样的,
都归结为计算函数改变量与自变量改变量的比值, 当自变量改变量趋于零时的极限. 这种特
殊形式的极限就是我们要研究的函数的导数.

定义 2.1.1　设函数 $y = f(x)$ 在点 x_0 的某个邻域内有定义, 当自变量 x 在点 x_0 处有增
量 Δx(点 $x_0 + \Delta x$ 仍在该邻域内)时, 函数有相应的增量

$$\Delta y = f(x_0 + \Delta x) - f(x_0).$$

如果当 $\Delta x \to 0$ 时, 两个增量之比的极限

$$\lim_{\Delta x \to 0} \frac{\Delta y}{\Delta x} = \lim_{\Delta x \to 0} \frac{f(x_0 + \Delta x) - f(x_0)}{\Delta x}$$

存在, 则称函数 $y = f(x)$ 在点 x_0 处可导, 并称这个极限值为函数 $y = f(x)$ 在点 x_0 处的**导
数**, 记作

$$f'(x_0), \; y' \Big|_{x = x_0}, \; \frac{\mathrm{d}y}{\mathrm{d}x} \Big|_{x = x_0} \; \text{或} \; \frac{\mathrm{d}f(x)}{\mathrm{d}x} \Big|_{x = x_0},$$

即

$$f'(x_0) = \lim_{\Delta x \to 0} \frac{\Delta y}{\Delta x} = \lim_{\Delta x \to 0} \frac{f(x_0 + \Delta x) - f(x_0)}{\Delta x}.$$

此时, 也称函数 $y = f(x)$ 在点 x_0 处具有导数, 或导数存在.

如果上述极限不存在, 则称函数 $y = f(x)$ 在点 x_0 处不可导. 如果极限为无穷大, 这时函
数 $y = f(x)$ 在点 x_0 不可导, 但为了方便, 也称函数 $y = f(x)$ 在点 x_0 的导数是无穷大.

注意上述导数的定义式还有以下几种常用的形式:

(1) 令 $\Delta x = h$, 则有

$$f'(x_0) = \lim_{h \to 0} \frac{f(x_0 + h) - f(x_0)}{h}.$$

(2) 令 $x_0 + \Delta x = x$, 则当 $\Delta x \to 0$ 时, 有 $x \to x_0$, 于是有

$$f'(x_0) = \lim_{x \to x_0} \frac{f(x) - f(x_0)}{x - x_0}.$$

可以看到,在导数的定义中,比值

$$\frac{\Delta y}{\Delta x}=\frac{f(x_0+\Delta x)-f(x_0)}{\Delta x}$$

是当自变量 x 从 x_0 变到 $x_0+\Delta x$ 时,函数 $y=f(x)$ 的平均变化率;而导数 $f'(x_0)$ 是函数 $y=f(x)$ 在点 x_0 的变化率,它反映了因变量随自变量的变化而变化的快慢程度.

有了导数的概念,前面讨论的两个实例可以叙述为:

(1) 变速直线运动的速度 $v(t_0)$ 是路程 $s=s(t)$ 在点 t_0 时刻的导数,即

$$v(t_0)=s'(t_0)=\frac{ds}{dt}\Big|_{t=t_0}.$$

(2) 曲线在点 $M(x_0,f(x_0))$ 处的切线斜率等于函数 $f(x)$ 在点 x_0 处的导数,即

$$k_{切}=\tan\alpha=f'(x_0).$$

【例1】 求函数 $f(x)=x^2$ 在点 $x=5$ 和 $x=x_0$ 处的导数.

解 给自变量 x 在 $x=5$ 处以增量 Δx,对应的函数的增量是

$$\Delta y=f(5+\Delta x)-f(5)=(5+\Delta x)^2-5^2=10\Delta x+(\Delta x)^2.$$

两个增量之比是

$$\frac{\Delta y}{\Delta x}=\frac{10\Delta x+(\Delta x)^2}{\Delta x}=10+\Delta x.$$

对上式两端取极限,得

$$f'(5)=\lim_{\Delta x\to 0}\frac{\Delta y}{\Delta x}=\lim_{\Delta x\to 0}(10+\Delta x)=10.$$

类似地,可求得

$$f'(x_0)=\lim_{\Delta x\to 0}\frac{\Delta y}{\Delta x}=\lim_{\Delta x\to 0}\frac{(x_0+\Delta x)^2-x_0^2}{\Delta x}=\lim_{\Delta x\to 0}(2x_0+\Delta x)=2x_0.$$

上述结果中,由于 x_0 可以是区间 $(-\infty,+\infty)$ 内的任意值,因此函数 $f(x)=x^2$ 在区间 $(-\infty,+\infty)$ 内的任意点都存在导数.

定义 2.1.2 如果函数 $y=f(x)$ 在区间 I 内的每一点 x 都有导数,则称函数 $y=f(x)$ 在区间 I 内可导.这时,对于区间 I 内每一点 x,都有一个导数值 $f'(x)$ 与它对应.因此 $f'(x)$ 是 x 的函数,称为函数 $y=f(x)$ 的**导函数**,记作 $f'(x),y',\frac{dy}{dx}$ 或 $\frac{df(x)}{dx}$,即

$$f'(x)=\lim_{\Delta x\to 0}\frac{\Delta y}{\Delta x}=\lim_{\Delta x\to 0}\frac{f(x+\Delta x)-f(x)}{\Delta x}.$$

很明显,函数 $y=f(x)$ 在点 x_0 的导数,就是导函数 $f'(x)$ 在点 $x=x_0$ 的函数值,即

$$f'(x_0)=f'(x)\big|_{x=x_0}.$$

因此,求函数 $f(x)$ 在点 x_0 的导数,可以先求它的导函数 $f'(x)$,再将 $x=x_0$ 代入 $f'(x)$ 中,求得函数 $f(x)$ 在点 x_0 的导数 $f'(x_0)$.

在不致发生混淆的情况下,导函数也简称为导数.

【例2】 求函数 $f(x)=C$（C 为常数）的导数.

解 $f(x)=\lim_{h\to 0}\frac{f(x+h)-f(x)}{h}=\lim_{h\to 0}\frac{C-C}{h}=0,$

即

$$(C)'=0$$

这就是说,常数的导数等于零.

用定义求导数,可分为以下三个步骤:

(1) 求增量.给自变量 x 以增量 Δx,求出对应的函数增量

$$\Delta y = f(x+\Delta x) - f(x).$$

(2) 算比值.计算出两个增量的比值

$$\frac{\Delta y}{\Delta x} = \frac{f(x+\Delta x) - f(x)}{\Delta x}.$$

(3)取极限.对上式两端取极限

$$f'(x) = \lim_{\Delta x \to 0} \frac{\Delta y}{\Delta x} = \lim_{\Delta x \to 0} \frac{f(x+\Delta x) - f(x)}{\Delta x}.$$

【例 3】　求函数 $y = \log_a x\,(a > 0, a \neq 1)$ 的导数.

解　$f'(x) = \lim\limits_{h \to 0} \dfrac{f(x+h) - f(x)}{h} = \lim\limits_{h \to 0} \dfrac{\log_a(x+h) - \log_a x}{h}$

$= \lim\limits_{h \to 0} \dfrac{1}{h} \log_a \dfrac{x+h}{x} = \lim\limits_{h \to 0} \dfrac{1}{x} \cdot \dfrac{x}{h} \log_a \left(1 + \dfrac{h}{x}\right) = \dfrac{1}{x} \lim\limits_{h \to 0} \log_a \left(1 + \dfrac{h}{x}\right)^{\frac{x}{h}}$

$= \dfrac{1}{x} \cdot \dfrac{1}{\ln a} = \dfrac{1}{x \ln a}$　即　$(\log_a x)' = \dfrac{1}{x \ln a}.$

特别地,当 $a = \mathrm{e}$ 时,$\ln \mathrm{e} = 1$,则 $(\ln x)' = \dfrac{1}{x \ln \mathrm{e}} = \dfrac{1}{x}.$

【例 4】　求函数 $y = a^x\,(a > 0, a \neq 0)$ 的导数.

解　(1) 求增量：$\Delta y = a^{x+\Delta x} - a^x = a^x(a^{\Delta x} - 1).$

$$\lim_{\Delta x \to 0} \frac{\Delta y}{\Delta x} = \lim_{\Delta x \to 0} \left[a^x \frac{a^{\Delta x} - 1}{\Delta x}\right] = a^x \lim_{\Delta x \to 0} \frac{a^{\Delta x} - 1}{\Delta x}.$$

(2) 算比值：$\dfrac{\Delta y}{\Delta x} = \dfrac{a^{x+\Delta x} - a^x}{\Delta x} = a^x \dfrac{a^{\Delta x} - 1}{\Delta x}.$

(3) 取极限：令 $a^{\Delta x} - 1 = t$,则 $\Delta x = \log_a(1+t)$,且当 $\Delta x \to 0$ 时 $t \to 0$.

由此得 $\lim\limits_{\Delta x \to 0} \dfrac{a^{\Delta x} - 1}{\Delta x} = \lim\limits_{t \to 0} \dfrac{t}{\log_a(1+t)} = \lim\limits_{t \to 0} \dfrac{1}{\frac{1}{t}\log_a(1+t)} = \lim\limits_{t \to 0} \dfrac{1}{\log_a(1+t)^{\frac{1}{t}}} = \dfrac{1}{\log_a \mathrm{e}} = \ln a.$

即

$$(a^x)' = a^x \ln a.$$

特别地,当 $a = \mathrm{e}$ 时,$\ln \mathrm{e} = 1$,则

$$(\mathrm{e}^x)' = \mathrm{e}^x$$

上式表明,以 e 为底的指数函数的导数就是它自己.

【例 5】　求函数 $y = \cos x$ 的导数.

解　(1) 求增量：$\Delta y = \cos(x+\Delta x) - \cos x = -2\sin\left(x + \dfrac{\Delta x}{2}\right)\sin\dfrac{\Delta x}{2}.$

(2) 算比值：$\dfrac{\Delta y}{\Delta x} = -\sin\left(x + \dfrac{\Delta x}{2}\right)\dfrac{\sin\dfrac{\Delta x}{2}}{\dfrac{\Delta x}{2}}.$

(3) 取极限：根据 $\sin x$ 的连续性及重要极限 $\lim\limits_{h \to 0} \dfrac{\sin h}{h} = 1$,得

$$y' = \lim_{\Delta x \to 0} \frac{\Delta y}{\Delta x} = \lim_{\Delta x \to 0} \left[-\sin\left(x + \frac{\Delta x}{2}\right) \right] \frac{\sin \frac{\Delta x}{2}}{\frac{\Delta x}{2}}$$

$$= -\sin x \cdot 1 = -\sin x.$$

用类似的方法，可求得

$$(\sin x)' = \cos x.$$

特别幂函数求导公式：$(x^a)' = ax^{a-1}$（a 为常数），该公式以后论证.

2.1.2　导数的几何意义

$f'(x_0)$ 是曲线 $y = f(x)$ 在 $(x_0, f(x_0))$ 点的切线斜率.

从而曲线 $y = f(x)$ 上点 $M(x_0, f(x_0))$ 处切线方程为

$$y - f(x_0) = f'(x_0)(x - x_0)$$

法线方程为　　　　$y - f(x_0) = -\dfrac{1}{f'(x_0)}(x - x_0). \quad (f'(x_0) \neq 0)$

【例 6】　求曲线 $y = x^2$ 在点 $(3, 9)$ 处的切线方程和法线方程.

解　因为 $y' = (x^2)' = 2x$，所以曲线 $y = x^2$ 在点 $(3, 9)$ 处的切线的斜率为

$$k_1 = y' \big|_{x=3} = 2x \big|_{x=3} = 6,$$

所以，所求切线方程为

$$y - 9 = 6(x - 3)$$

即

$$6x - y - 9 = 0.$$

所求法线的斜率为

$$k_2 = -\frac{1}{k_1} = -\frac{1}{6},$$

于是所求法线方程为

$$y - 9 = -\frac{1}{6}(x - 3),$$

即 $x + 6y - 57 = 0$.

2.1.3　函数的可导性与连续性的关系

可导性与连续性是函数的两个重要概念，它们之间有内在的联系.

定理 2.1.1　如果函数 $y = f(x)$ 在点 x_0 处可导，则函数 $y = f(x)$ 在点 x_0 处连续.

证明　因 $y = f(x)$ 在点 x_0 处可导，所以 $f'(x_0) = \lim\limits_{\Delta x \to 0} \dfrac{\Delta y}{\Delta x}$.

由于 $\Delta x \neq 0, \Delta y = \dfrac{\Delta y}{\Delta x} \cdot \Delta x$，

所以 $\lim\limits_{\Delta x \to 0} \Delta y = \lim\limits_{\Delta x \to 0} \dfrac{\Delta y}{\Delta x} \cdot \Delta x = \lim\limits_{\Delta x \to 0} \dfrac{\Delta y}{\Delta x} \cdot \lim\limits_{\Delta x \to 0} \Delta x = f'(x_0) \cdot 0 = 0.$

于是，函数 $y = f(x)$ 在点 x_0 处连续.

注意　如果函数 $y = f(x)$ 在点 x_0 处连续，则函数 $y = f(x)$ 在点 x_0 处不一定可导. **$y = f(x)$ 在 x 点处连续是可导的必要条件，而不是充分条件.**

【例7】 讨论函数 $f(x)=|x|$ 在 $x=0$ 处的可导性

解　因为 $\dfrac{f(0+h)-f(0)}{h}=\dfrac{|h|}{h}$,

$$\lim_{h\to 0^{+}}\frac{f(0+h)-f(0)}{h}=\lim_{h\to 0^{+}}\frac{h}{h}=1$$

$$\lim_{h\to 0^{-}}\frac{f(0+h)-f(0)}{h}=\lim_{h\to 0^{-}}\frac{-h}{h}=-1.$$

$$\lim_{h\to 0}\frac{f(0+h)-f(0)}{h}\ \text{不存在}$$

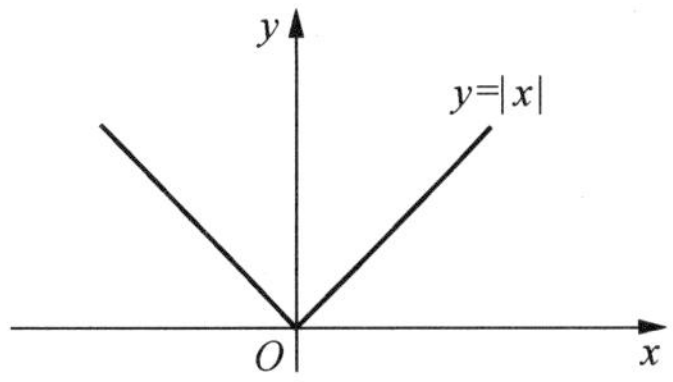

图　2-2

所以,函数 $y=f(x)$ 在 $x=0$ 点不可导 (见图 2-2).

该例题也说明函数 $y=f(x)$ 在点 x_0 处连续,但不可导.

习题 2-1

1.选择题.

(1) 设函数为 $y=f(x)$,当自变量 x 由 x_0 改变到 $x_0+\Delta x$ 时,相应函数的改变量 $\Delta y=$ (　　).

　　A. $f(x_0+\Delta x)$　　B. $f'(x_0)+\Delta x$　　C. $f(x_0+\Delta x)-f(x_0)$　　D. $f(x_0)+\Delta x$

(2) 若 $f(x)$ 在 x_0 处连续,则 $f(x)$ 在 x_0 处(　　).

　　A. 一定可导　　　　B. 必不可导　　　　C. 有极限　　　　D. 无极限

(3) 若 $f'(x_0)=3$,则 $\lim\limits_{h\to 0}\dfrac{f(x_0+2h)-f(x_0)}{h}=$ (　　).

　　A. 3　　　　　　B. 6　　　　　　C. 9　　　　　　D. 12

(4) 若 $f(x)=\sqrt[3]{x}$,则 $f(x)$ 在 0 处(　　).

　　A. 既连续也可导　　B. 连续但不可导　　C. 可导但不连续　　D. 既不可导也不连续

2.根据导数的定义求下列函数的导数.

(1) $y=ax-1$;　　　　　　　　　　　　(2) $y=\sqrt{x}$.

3.设 $y=\sin x$,证明 $y'=\cos x$,并求 $f'\left(\dfrac{\pi}{2}\right)$ 和 $f'(\pi)$.

4.利用公式求下列函数的导数.

(1) $y=x^3$;　　　　　　　　　　　　　(2) $y=3^x$;

(3) $y=\sqrt{\dfrac{1}{x}}$;　　　　　　　　　　　　(4) $y=\dfrac{1}{x^2}$;

(5) $y=\log_4 x$;　　　　　　　　　　　(6) $y=\sqrt[3]{x^2}$.

5.求下列函数在指定点的导数.

(1) $y=\dfrac{1}{x^3}$, $x=3$;　　　　　　　　　(2) $y=\dfrac{x^2\sqrt{x}}{\sqrt[3]{x}}$, $x=1$.

6.求曲线 $y=\mathrm{e}^x$ 在点 $(0,1)$ 处的切线的斜率.

7.在抛物线 $y=x^2$ 上,哪一点的切线有下面的性质?

(1) 平行于 x 轴;　　　　　　　　　　(2) 与 x 轴构成 $45°$ 的角.

8.求曲线 $y=\sin x$ 在点 $(\pi,0)$ 处的切线方程和法线方程.

9.求曲线 $y=\log_3 x$ 在横坐标为 $x=3$ 所对应的点处的切线方程和法线方程.

10.求抛物线 $y=ax^2+bx+c$ 上具有水平切线的点.

11.函数 $y=\sqrt[3]{x^2}$ 在 $x=0$ 处连续吗? 可导吗? 为什么?

12. 求函数 $f(x)=\begin{cases} x^2\sin\dfrac{1}{x}, & x\neq0 \\ 0, & x=0 \end{cases}$ 在点 $x=0$ 处的导数.

13. 证明：函数 $y=\begin{cases} x\sin\dfrac{1}{x}, & x\neq0 \\ 0, & x=0 \end{cases}$ 在 $x=0$ 连续，但在 $x=0$ 不可导.

14. 设电流从 0 到 t 这段时间通过导线横截面的电量为 $Q=Q(t)$. 如果电流强度是恒定的，则单位时间内通过导线横截面的电量叫作电流强度，记作 i，并可用公式 $i=\dfrac{Q}{t}$ 来计算，其中 Q 为通过的电量，t 为时间. 如果电流是非恒定的，应怎样确定在 t_0 时刻的电流强度 $i(t_0)$？

15. 设有一根细棒，取棒的一端作为原点，棒上任意点的坐标为 x. 于是分布在区间 $[0,x]$ 上细棒的质量 m 是 x 的函数 $m=m(x)$. 应怎样确定细棒在点 x_0 处的线密度？（对于均匀细棒来说，单位长度细棒的质量叫作这根细棒的密度）

2.2　导数运算

初等函数是由基本初等函数经过有限次四则运算和复合运算而构成的. 如果清楚了导数的四则运算和复合函数的求导所应遵循的规律，就能将比较复杂的函数的导数用基本初等函数的导数表示出来，这就是下面要介绍的一些求导法则.

2.2.1　函数的和、差、积、商的导数

根据导数定义，很容易得到函数和、差、积、商的求导法则（假定下面出现的函数都是可导的）.

法则一　$[u(x)\pm v(x)]'=u'(x)\pm v'(x)$

法则二　$[u(x)\cdot v(x)]'=u'(x)v(x)+u(x)v'(x)$

推论　$[cu(x)]'=cu'(x)$

$(uvw)'=u'vw+uv'w+uvw'$

积的求导法则可以推广到有限多个函数之积的情形.

法则三　$\left[\dfrac{u(x)}{v(x)}\right]'=\dfrac{u'(x)v(x)-u(x)v'(x)}{v^2(x)}$

证明略.

【例1】　设 $f(x)=x^3-\mathrm{e}^x+\sin x+\ln3$，求 $f'(x)$ 和 $f'(0)$.

解　因为 $f'(x)=(x^3-\mathrm{e}^x+\sin x+\ln3)'=3x^2-\mathrm{e}^x+\cos x+0$.

所以 $f'(0)=3\times0^2-\mathrm{e}^0+\cos0=0$.

【例2】　求 $y=x^5\cos x$ 的导数.

解　根据积的求导法则，得
$$y'=(x^5\cos x)'=(x^5)'\cos x+x^5(\cos x)'=5x^4\cos x-x^5\sin x.$$

【例3】　设 $f(x)=\dfrac{\sin x}{1+\cos x}$，求 $f'\left(\dfrac{\pi}{4}\right)$ 及 $f'\left(\dfrac{\pi}{2}\right)$.

解　因为
$$f'(x)=\left(\dfrac{\sin x}{1+\cos x}\right)'$$

$$= \frac{(\sin x)'(1+\cos x) - \sin x(1+\cos x)'}{(1+\cos x)^2}$$

$$= \frac{\cos x(1+\cos x) - \sin x(-\sin x)}{(1+\cos x)^2}$$

$$= \frac{1+\cos x}{(1+\cos x)^2} = \frac{1}{1+\cos x},$$

所以

$$f'\left(\frac{\pi}{4}\right) = \frac{1}{1+\cos\frac{\pi}{4}} = \frac{1}{1+\frac{\sqrt{2}}{2}} = 2-\sqrt{2},$$

$$f'\left(\frac{\pi}{2}\right) = \frac{1}{1+\cos\frac{\pi}{2}} = \frac{1}{1+0} = 1.$$

【例 4】 求曲线 $y = \dfrac{x^2-2x+3}{x^2}$ 在点 $(1,2)$ 的切线方程.

解 在求一个函数的导数时,应先化简再求导,可以简化求导过程.

因为 $y = \dfrac{x^2-2x+3}{x^2} = 1 - \dfrac{2}{x} + \dfrac{3}{x^2}$,

所以 $y' = (1-2x^{-1}+3x^{-2})' = 0-(-2x^{-2})+(-6x^{-3}) = \dfrac{2}{x^2} - \dfrac{6}{x^3}$,$y'|_{x=1} = -4$

于是,曲线在点 $(1,2)$ 处的切线方程为

$$y-2 = -4(x-1), \quad \text{即 } 4x+y-6 = 0.$$

【例 5】 求函数 $y = \tan x$ 的导数.

解 因为 $y = \tan x = \dfrac{\sin x}{\cos x}$,所以

$$y' = (\tan x)' = \left(\frac{\sin x}{\cos x}\right)' = \frac{(\sin x)'\cos x - \sin x(\cos x)'}{\cos^2 x}$$

$$= \frac{\cos^2 x + \sin^2 x}{\cos^2 x} = \frac{1}{\cos^2 x} = \sec^2 x.$$

即 $(\tan x)' = \sec^2 x.$

这就是正切函数的导数公式.类似地,可求得余切函数的导数公式

$$(\cot x)' = -\csc^2 x.$$

【例 6】 求函数 $y = \csc x$ 的导数.

解 $(\csc x)' = \left(\dfrac{1}{\sin x}\right)' = \dfrac{(1)'\sin x - 1(\sin x)'}{\sin^2 x} = \dfrac{-\cos x}{\sin^2 x} = -\csc x \cot x.$

即

$$(\csc x)' = -\csc x \cot x.$$

这就是正割函数的导数公式.类似地,可求得余割函数的导数公式

$$(\sec x)' = \sec x \tan x.$$

2.2.2 复合函数的求导法则

定理 2.2.1 如果函数 $u = \varphi(x)$ 在点 x 处可导,而函数 $y = f(u)$ 在对应点 $u = \varphi(x)$ 处可导,则复合函数 $y = f[\varphi(x)]$ 在点 x 处可导,且其导数为

$$\frac{dy}{dx} = f'(u) \cdot \varphi'(x) = f'[\varphi(x)]\varphi'(x).$$

证明 给自变量 x 以增量 Δx，则 u 取得相应的增量 Δu，y 取得相应的增量 Δy.
当 $\Delta u \neq 0$ 时，则有

$$\frac{\Delta y}{\Delta x} = \frac{\Delta y}{\Delta u} \cdot \frac{\Delta u}{\Delta x}.$$

因为 $u = \varphi(x)$ 在点 x 处可导，所以必连续. 因此，当 $\Delta x \to 0$ 时，$\Delta u \to 0$. 于是

$$\lim_{\Delta x \to 0} \frac{\Delta y}{\Delta u} = \lim_{\Delta u \to 0} \frac{\Delta y}{\Delta u} = f'(u),$$

又

$$\lim_{\Delta x \to 0} \frac{\Delta u}{\Delta x} = \varphi'(x).$$

所以

$$\lim_{\Delta x \to 0} \frac{\Delta y}{\Delta x} = \lim_{\Delta x \to 0} \left(\frac{\Delta y}{\Delta u} \frac{\Delta u}{\Delta x} \right) = \lim_{\Delta x \to 0} \frac{\Delta y}{\Delta u} \lim_{\Delta x \to 0} \frac{\Delta u}{\Delta x} = \lim_{\Delta u \to 0} \frac{\Delta y}{\Delta u} \lim_{\Delta x \to 0} \frac{\Delta u}{\Delta x} = f'(u)\varphi'(x).$$

即复合函数 $y = f[\varphi(x)]$ 在点 x 处可导，且其导数为

$$\frac{dy}{dx} = f'(u)\varphi'(x) = f'[\varphi(x)]\varphi'(x).$$

简记作

$$y'_x = \frac{dy}{du} \cdot \frac{du}{dx} = y'_u \cdot u'_x.$$

当 $\Delta u = 0$，可以证明上式仍然成立.

由此得复合函数求导法则：**两个可导函数的复合函数的导数等于函数对中间变量的导数乘以中间变量对自变量的导数.**

复合函数的求导法则也称为链式法则，它可以推广到多个变量的情形. 例如，如果

$$y = f(u), u = \varphi(v), v = \psi(x),$$

且它们都可导，则

$$y'_x = y'_u \cdot u'_v \cdot v'_x = f'(u) \cdot \varphi'(v) \cdot \psi'(x).$$

【例 7】 求函数 $y = \ln \sin x$ 的导数.

解 $y = \ln \sin x$ 可以看作由 $y = \ln u$ 和 $u = \sin x$ 复合而成，又

$$y'_u = (\ln u)' = \frac{1}{u}, \quad u'_x = (\sin x)' = \cos x.$$

因此

$$y'_x = y'_u \cdot u'_x = \frac{1}{u} \cdot (\cos x) = \frac{1}{\sin x} \cdot (\cos x) = \cot x.$$

【例 8】 求函数 $y = \sin^2 x$，$y = \sin 2x$，$y = \sin x^2$ 的导数.

解 （1）因为 $y = \sin^2 x$ 由 $y = u^2$ 与 $u = \sin x$ 复合而成，所以 $y'_x = y'_u u'_x = 2u \cdot \cos x = 2\sin x \cdot \cos x = \sin 2x$.

（2）因为 $y = \sin 2x$ 由 $y = \sin u$ 与 $u = 2x$ 复合而成，所以 $y'_x = y'_u u'_x = \cos 2x \cdot 2 = 2\cos 2x$.

（3）因为 $y = \sin x^2$ 由 $y = \sin u$ 与 $u = x^2$ 复合而成，所以 $y'_x = y'_u u'_x = \cos x^2 \cdot 2x = 2x\cos x^2$.

【例 9】 求函数 $y=(2x+6)^9$ 的导数.

解 $y'=[(2x+6)^9]'=9(2x+6)^8\cdot(2x+6)'=9(2x+6)^8\cdot2=18(2x+6)^8.$

从以上几例可以看出，应用复合函数求导法求导时，关键是将函数分解为可以求导的若干个简单函数的复合.在熟练了以后，中间变量可以不写出来，从外到内逐层求导，一直求到对自变量的导数为止.

【例 10】 证明幂函数的导数公式：$(x^a)'=\alpha x^{a-1}(x>0).$

证明 因为 $x^a=\mathrm{e}^{\ln x^a}=\mathrm{e}^{a\ln x}$，

所以 $(x^a)'=(\mathrm{e}^{\ln x^a})'=\mathrm{e}^{a\ln x}(\alpha\ln x)'=x^a\cdot\alpha\cdot\dfrac{1}{x}=\alpha x^{a-1}.$

2.2.3 隐函数的导数

前边我们研究函数都是假设它可以表示为 $y=f(x)$ 的形式,能表达成这种形式的函数我们称之为**显函数**.例如 $y=2x+1,y=\ln x-3,y=\sin2x.$

然而,有的函数是由某个方程确定,我们把由方程 $F(x,y)=0$ 所确定的函数叫作**隐函数**.例如：$x+y^5+2=0,x+y-\sin xy=0.$ 有的隐函数可以化为显函数的形式,但通常将隐函数化为显函数是比较困难的,甚至无法将隐函数化为显函数.例如：方程 $x+y^5+2=0$ 可化为显函数 $y=\sqrt[5]{-2-x}$,方程 $x+y-\sin xy=0$ 就无法将 y 表示成 x 的显函数.

在实际问题中,有时需要计算隐函数的导数.因此,我们希望有一种方法,无论隐函数能否化为显函数的形式,都能直接由方程求出它所确定的隐函数的导数来.

下面通过例子说明这种求导方法.

【例 11】 求由方程式 $x^3+y^3-5=0$ 所确定的隐函数的导数 y'_x.

解 在方程中,将 y 看作 x 的函数,则 y^3 是 x 的复合函数.因此,利用复合函数的求导法则,方程两端同时对 x 求导数,得 $(x^3)'_x+(y^3)'_x+(5)'_x=0,3x^2+3y^2\cdot y'_x=0.$

从上式中解出 y'_x,得 $y'_x=-\dfrac{x^2}{y^2}(y\neq0).$

注意 上述结果中的 y 仍然是由方程式 $x^3+y^3-5=0$ 所确定的隐函数.习惯上对隐函数求导,结果允许用带有 y 的式子表示.

例 9 表明,求隐函数的导数时,只需在方程 $F(x,y)=0$ 中,将 y 看作 x 的函数,y 的表达式看作 x 的复合函数,利用复合函数的求导法则,方程两端同时对 x 求导,得到一个关于 x,y,y'_x 的方程,从中解出 y'_x,即得所求隐函数的导数.

【例 12】 求方程 $\mathrm{e}^y+xy-\mathrm{e}^x=0$ 确定的隐函数 $y=f(x)$ 的导数.

解 等式两端对 x 求导数,得

$$\mathrm{e}^y y'+y+xy'-\mathrm{e}^x=0,$$

解得

$$y'=\frac{\mathrm{e}^x-y}{x+\mathrm{e}^y}.$$

【例 13】 求由方程 $\sin y=\mathrm{e}^{x+y}$ 所确定的隐函数的导数 y'_x.

解 方程两端对 x 求导数,得

$$y'\cos y=\mathrm{e}^{x+y}(1+y')$$

解得 $y'=\dfrac{\mathrm{e}^{x+y}}{\cos y-\mathrm{e}^{x+y}}.$

【例 14】 求由方程 $xy+\ln y=1$ 确定的隐函数在点 $(1,1)$ 处的导数.

解 方程两端对 x 求导,得

$$y+xy'+\frac{y'}{y}=0$$

解得 $y'=-\dfrac{y^2}{xy+1}$

将 $x=1,y=1$ 代入上式,解之得 $y'=-\dfrac{1}{2}$.

【例 15】 求幂指函数 $y=x^x(x>0)$ 的导数.

解 两边取对数,得

$$\ln y=x\ln x$$

两边对 x 求导,得 $\qquad \dfrac{1}{y}\cdot y_x'=\ln x+1$

整理,得

$$y_x'=y(\ln x+1)=x^x(\ln x+1).$$

上题中,先取对数,再利用隐函数的求导法求导,这种方法叫作**对数求导法**.

一般地,幂指函数 $y=u(x)^{v(x)}$ 可以用对数求导法求导,也可以将幂指函数写成 $y=e^{v(x)\ln u(x)}$,再用复合函数求导法求导.

【例 16】 求 $y=x^{\sin x}$ (x>0) 的导数.

解 $y'=(x^{\sin x})'=(e^{\sin x\ln x})'=e^{\sin x\ln x}(\sin x\ln x)'$

$\qquad =e^{\sin x\ln x}[(\sin x)'\cdot\ln x+\sin x\cdot(\ln x)']=x^{\sin x}\left(\cos x\ln x+\dfrac{\sin x}{x}\right).$

对数求导法,对由多个因子通过乘、除、乘方或开方所构成的比较复杂的函数的求导也是很方便的.

【例 17】 求函数 $y=\sqrt{\dfrac{(x+1)(3x+2)}{(x+3)(x+4)}}\left(x>-\dfrac{2}{3}\right)$ 的导数.

解 两边取对数,得

$$\ln y=\frac{1}{2}[\ln(x+1)+\ln(3x+2)-\ln(x+3)-\ln(x+4)].$$

两边对 x 求导数,得

$$\frac{1}{y}\cdot y'=\frac{1}{2}\left(\frac{1}{x+1}+\frac{3}{3x+2}-\frac{1}{x+3}-\frac{1}{x+4}\right),$$

即

$$y'=\frac{1}{2}y\left(\frac{1}{x+1}+\frac{3}{3x+2}-\frac{1}{x+3}-\frac{1}{x+4}\right)$$

$$=\frac{1}{2}\sqrt{\frac{(x+1)(3x+2)}{(x+3)(x+4)}}\left(\frac{1}{x+1}+\frac{3}{x+2}-\frac{1}{x+3}-\frac{1}{x+4}\right).$$

【例 18】 求函数 $y=\arccos x(-1<x<1)$ 的导数.

解 根据反正弦函数的定义,函数 $y=\arccos x(-1<x<1)$ 可化为

$$x=\cos y(0<y<\pi).$$

两边对 x 求导数,得

$$1=-\sin y\cdot y_x',$$

即

$$y'_x = -\frac{1}{\sin y}.$$

因为当 $0 < y < \pi$ 时，$\sin y > 0$，所以

$$\sin y = \sqrt{1 - \cos^2 y} = \sqrt{1 - x^2}.$$

于是，得

$$(\arccos x)' = -\frac{1}{\sqrt{1 - x^2}} \quad (-1 < x < 1).$$

类似地，可求得

$$(\arcsin x)' = \frac{1}{\sqrt{1 - x^2}} \quad (-1 < x < 1),$$

$$(\arctan x)' = \frac{1}{1 + x^2} \quad (-\infty < x < +\infty),$$

$$(\text{arccot} x)' = -\frac{1}{1 + x^2} \quad (-\infty < x < +\infty).$$

2.2.4　高阶导数

一般地，如果函数 $y = f(x)$ 的导函数 $y' = f'(x)$ 仍然可导，则我们把 $y' = f'(x)$ 的导数 $y' = [f'(x)]'$ 叫作函数 $y = f(x)$ 的**二阶导数**，记作 y''，$f''(x)$ 或 $\dfrac{d^2 y}{dx^2}$，即

$$y'' = (y')', \quad f''(x) = [f'(x)]' \quad \text{或} \quad \frac{d^2 y}{dx^2} = \frac{d}{dx}\left(\frac{dy}{dx}\right).$$

相应地，把 $y' = f'(x)$ 叫作函数 $y = f(x)$ 的一阶导数. 通常对一阶导数不指明它的阶数.

类似地，函数 $y = f(x)$ 的二阶导数的导数叫作 $y = f(x)$ 的三阶导数，三阶导数的导数叫作四阶导数……一般地，$y = f(x)$ 的 $(n-1)$ 阶导数的导数叫作 $y = f(x)$ 的 **n 阶导数**，分别记作

$$y''', y^{(4)}, \cdots, y^{(n)};$$

或

$$f'''(x), f^{(4)}(x), \cdots, f^{(n)}(x);$$

或

$$\frac{d^3 y}{dx^3}, \frac{d^4 y}{dx^4}, \cdots, \frac{d^n y}{dx^n}.$$

二阶及二阶以上的导数统称为**高阶导数**.

例如，若质点的运动方程 $s = s(t)$，则物体的运动速度为 $v(t) = s'(t)$，或 $v(t) = \dfrac{ds}{dt}$. 而加速度 $a(t)$ 是速度 $v(t)$ 对时间 t 的变化率，即 $a(t)$ 是速度 $v(t)$ 对时间 t 的导数：$a = a(t) = \dfrac{dv}{dt}$ $\Rightarrow a = \dfrac{d}{dt}\left(\dfrac{ds}{dt}\right)$ 或 $a = v'(t) = (s'(t))'$. 由上可见，加速度 a 是 $s(t)$ 的二阶导函数的导数.

由高阶导数的定义知，求函数 $y = f(x)$ 的高阶导数，只需多次连续地求导数即可，因此仍可应用前面的求导方法进行计算.

【例 19】 求函数 $y=ax^3+bx+c(a,b,c$ 为常数$)$ 的二阶、三阶、四阶导数.

解 对 $y=ax^3+bx+c$ 依次求导，得

$$y'=3ax^2+b$$
$$y''=6ax$$
$$y'''=6a$$
$$y^{(4)}=0$$

【例 20】 设 $y=\sin x+\cos x$，求 $y''|_{x=\pi}$.

解 $y'=\cos x-\sin x$，$y''=-\sin x-\cos x$，$y''|_{x=\pi}=-\sin\pi-\cos\pi=1$.

【例 21】 求由方程 $xe^y-y-5=0$ 所确定的隐函数 $y=f(x)$ 的二阶导数 y''.

解 方程两端对 x 求导，并注意到 y 是 x 的函数，得

$$e^y+xe^yy'-y'=0 \qquad\qquad ①$$

解得

$$y'=\frac{e^y}{1-xe^y} \qquad\qquad ②$$

①式两端同时对 x 求导，得

$$e^yy'+e^yy'+xe^y(y')^2+xe^yy''-y''=0. \qquad\qquad ③$$

从③解出二阶导数，得

$$y''=\frac{e^yy'(2+xy')}{1-xe^y}.$$

再将②代入③，得

$$y''=\frac{e^{2y}(2-xe^y)}{(1-xe^y)^3}.$$

下面介绍几个初等函数的 n 阶导数.

【例 22】 求 $y=e^{2x}$ 的 n 阶导数.

解 $y'=2e^{2x}$，$y''=2^2e^{2x}$，$y'''=2^3e^{2x}$，$y^{(4)}=2^4e^{2x}$，$\cdots$，$(e^{2x})^{(n)}=2^ne^{2x}$.

一般地，可得 $(e^{kx})^{(n)}=k^ne^{kx}$. 当 $k=1$ 时，可得 $(e^x)^{(n)}=e^x$.

【例 23】 求 $y=\cos x$ 的 n 阶导数.

解 一般地，可得 $y'=-\sin x=\cos\left(x+\frac{\pi}{2}\right)$，

$$y''=-\sin\left(x+\frac{\pi}{2}\right)=\cos\left(x+\frac{\pi}{2}+\frac{\pi}{2}\right)=\cos\left(x+2\cdot\frac{\pi}{2}\right),$$

$$y'''=\sin\left(x+2\cdot\frac{\pi}{2}\right)=\cos\left(x+3\cdot\frac{\pi}{2}\right),$$

$$y^{(n)}=\cos\left(x+n\cdot\frac{\pi}{2}\right).$$

类似，可求得 $y=\sin x$ 的 n 阶导数为 $y^{(n)}=\sin\left(x+n\cdot\frac{\pi}{2}\right)$.

【例 24】 求 $y=\ln(1+x)(x>-1)$ 的 n 阶导数.

解 $y'=\frac{1}{1+x}=(1+x)^{-1}$，

$$y''=(-1)(1+x)^{-2},$$

$$y'''=(-1)(-2)(1+x)^{-3},$$

$$y^{(4)}=(-1)(-2)(-3)(1+x)^{-4},$$

一般地,可得 $y^{(n)}=(-1)(-2)(-3)\cdots[-(n-1)](1+x)^{-n}=(-1)^{n-1}\dfrac{(n-1)!}{(1+x)^n}.$

【例 25】 求 $y=x^\alpha(\alpha$ 为任意常数)的 n 阶导数.

解 $y'=\alpha x^{\alpha-1},y''=\alpha(\alpha-1)x^{\alpha-2},y'''=\alpha(\alpha-1)(\alpha-2)x^{\alpha-3},y^{(4)}=\alpha(\alpha-1)(\alpha-2)(\alpha-3)x^{\alpha-4},$

可得

$$y^{(n)}=\alpha(\alpha-1)(\alpha-2)\cdots(\alpha-n+1)x^{\alpha-n}.$$

当 $\alpha=n(n$ 为正整数)时,得到

$$y^{(n)}=n(n-1)(n-2)\cdots3\cdot2\cdot1=n!.$$

【例 26】 已知物体作直线运动的方程 $s=v_0t+\dfrac{1}{2}gt^2(v_0,g$ 都是常数),求物体运动的加速度.

解 因为
$$s'=v_0+gt,$$
$$s''=g.$$

所以,物体运动的加速度 $a=g$.

【例 27】 已知物体的运动方程为 $s=A\sin(\omega t+\varphi)$,其中 A,ω,φ 都是常数.求物体运动的加速度.

解 因为 $s'=A[\cos(\omega t+\varphi)](\omega t+\varphi)'=A\omega\cos(\omega t+\varphi),$

所以 $s''=-A\omega[\sin(\omega t+\varphi)](\omega t+\varphi)'=-A\omega^2\sin(\omega t+\varphi).$

所以,物体运动的加速度为 $a=-A\omega^2\sin(\omega t+\varphi).$

习题 2-2

1.求下列函数的导数.

(1) $y=x^2+3\sqrt{x}+\dfrac{1}{x}$;　　(2) $y=x^3+3^x+\log_3x-\sqrt[3]{3}$;

(3) $y=x\tan x-\cot x$;　　(4) $y=\dfrac{1-\ln x}{1+\ln x}$;

(5) $y=3a^x-2e^x+e^3$;　　(6) $y=\dfrac{3x}{x^2+1}$;

(7) $y=\ln\sin x+\ln2x-\ln x^2-\ln2$;　　(8) $y=4\cos(3x-1)$;

(9) $y=\sin x^3+\sin^3x-\sin3x$;　　(10) $y=\cos^23x.$

2.求下列函数在指定点的导数.

(1) $f(x)=2x^2-3x+1$,求 $f'(0),f'(1)$;

(2) $y=\cos x\ln x$,求 $y'|_{x=\pi}$;

(3) $f(x)=\sqrt{x^2+1}$,在 $x=1$;

(4) $y=\ln\tan x$,在 $x=\dfrac{\pi}{3}$.

3.求下列隐函数的导数.

(1) $x^2+y^2+xy=1$;　　(2) $y=\ln y-3x$;

(3) $e^{xy}+y\ln x=\cos2x$;　　(4) $y=x\cdot\ln y.$

4.求下列隐函数在指定点的导数.

(1) $y=1+xe^y$,$(0,1)$;

(2) $y = \cos x + \dfrac{1}{2} \sin y, \left(\dfrac{\pi}{2}, 0\right)$.

5. 利用对数求导法求下列函数的导数：

(1) $y = (\ln x)^x$；

(2) $y = 2\sqrt{\dfrac{(x+3)(2x-4)}{(x+1)(5x+2)}}\ (x > 2)$.

6. 求下列函数的二阶导数.

(1) $y = 3x^4 - 4x^2 + 5$；

(2) $y = \sqrt{x} + \dfrac{1}{\sqrt{x}}$；

(3) $y = 3^x - x^3$；

(4) $y = \cos^2 x \ln x$；

(5) $y = \sin x^2$；

(6) $y = e^{-x^2}$.

7. 求下列函数在指定点的二阶导数.

(1) $f(x) = (x-2)^4, x = -2$；

(2) $f(x) = e^{3x}, x = 0$.

8. 求下列函数的 n 阶导数.

(1) $y = x \ln x$；

(2) $y = \sin x$.

9. 已知 $f(x) = x^7 - 5x^3 - 4x + 1$，试证 $f'(x) = f'(-x)$.

10. 以初速度 v_0 上抛的物体，其上升高度 s 与时间 t 的关系是 $s = v_0 t - \dfrac{1}{2} g t^2$，求：

(1) 该物体的速度 $v(t)$；

(2) 该物体达到最高点的时刻.

11. 在曲线 $y = 3 + x - x^2$ 上求一点，使这点的切线平行于 x 轴.

12. 求由曲线 $x^2 + xy + y^2 = 4$ 在点 $M(2, -2)$ 的切线方程.

2.3　函数的微分

2.3.1　微分的定义

设函数 $y = f(x)$ 在点 x_0 处可导，即在该点有极限

$$\lim_{\Delta x \to 0} \frac{\Delta y}{\Delta x} = f'(x_0).$$

根据有极限的函数与无穷小的关系，得

$$\frac{\Delta y}{\Delta x} = f'(x_0) + \alpha.$$

其中 α 是当 $\Delta x \to 0$ 时的无穷小. 将上式两端同乘以 Δx，得

$$\Delta y = f'(x_0)\Delta x + \alpha \Delta x.$$

上式表明，函数的增量可以表示为两项之和. 第一部分 $f'(x_0)\Delta x$ 是 Δx 的线性函数；因为 $\lim\limits_{\Delta x \to 0} \dfrac{\alpha \Delta x}{\Delta x} = \lim\limits_{\Delta x \to 0} \alpha = 0$，所以第二部分 $\alpha \Delta x$ 是当 $\Delta x \to 0$ 时比 Δx 高阶的无穷小量. 因此，当 $f'(x_0) \neq 0$，且当 $|\Delta x|$ 充分小时，第二部分可以忽略，于是第一部分就成了 Δy 的主要部分，从而有近似公式

$$\Delta y \approx f'(x_0)\Delta x.$$

我们把 $f'(x_0)\Delta x$ 称为 Δy 的线性主部，并叫作函数 $y = f(x)$ 在点 x_0 处的**微分**.

定义 2.3.1　设函数 $y = f(x)$ 在点 x_0 处可导，则 $f'(x_0)\Delta x$ 叫作函数 $y = f(x)$ 在点 x_0 处的**微分**，记作 $\mathrm{d}y|_{x=x_0}$，即

$$\mathrm{d}y|_{x=x_0} = f'(x_0)\Delta x.$$

此时,也称函数 $y=f(x)$ 在点 x_0 处可微.

例如,函数 $y=x^3$ 在点 $x=1$ 处的微分是

$$\mathrm{d}y\big|_{x=1}=(x^3)'\big|_{x=1}\Delta x=3\Delta x.$$

函数 $y=\cos x$ 的微分是

$$\mathrm{d}y=(\cos x)'\Delta x=-\sin x\cdot\Delta x.$$

很明显,函数的微分 $\mathrm{d}y=f'(x)\Delta x$ 的值由 x 和 Δx 两个独立变化的量确定.

【例 1】　求函数 $y=x^3$ 当 $x=2,\Delta x=0.01$ 时的增量及微分.

解　函数的增量为

$$\Delta y=(2+0.01)^3-2^3=0.120\ 601.$$

因为函数在点 x 的微分是

$$\mathrm{d}y=(x^3)'\Delta x=3x^2\cdot\Delta x,$$

所以,将 $x=2,\Delta x=0.01$ 代入上式,得

$$\mathrm{d}y\big|_{x=2}=3\times2^2\times0.01=0.12.$$

由上例结果可以看出,$\mathrm{d}y\big|_{x=2}\approx\Delta y\big|_{x=2}$,误差是 $0.000\ 601$.

对于函数 $y=x$,它的微分是

$$\mathrm{d}y=\mathrm{d}(x)=(x)'\cdot\Delta x=\Delta x,$$

因此,我们规定,自变量的微分 $\mathrm{d}x=\Delta x$. 于是,函数 $y=f(x)$ 的微分又可写成

$$\mathrm{d}y=f'(x)\mathrm{d}x.$$

从而有

$$\frac{\mathrm{d}y}{\mathrm{d}x}=f'(x).$$

这就是说,函数的导数 $f'(x)$ 等于函数的微分 $\mathrm{d}y$ 与自变量的微分 $\mathrm{d}x$ 的商. 因此,导数也叫作**微商**.

可以看出,如果已知函数 $y=f(x)$ 的导数 $f'(x)$,则由 $\mathrm{d}y=f'(x)\mathrm{d}x$ 可求出它的微分 $\mathrm{d}y$;反之,如果已知函数 $y=f(x)$ 的微分 $\mathrm{d}y$,则由 $\frac{\mathrm{d}y}{\mathrm{d}x}=f'(x)$ 可求得它的导数. 因此,可导与可微是等价的. 我们把求导数和求微分的方法统称为**微分法**.

　　注意　求函数的导数和微分的运算虽然可以互通,但它们的含义不同. 一般地说,导数反映了函数的变化率,微分反映了自变量微小变化时函数的改变量.

2.3.2　微分的几何意义

　　如图 2-3 所示,设曲线 $y=f(x)$ 在点 M 的坐标为 $(x_0,f(x_0))$,过点 M 作曲线的切线 MT,它的倾斜角为 α. 当自变量 x 在 x_0 有一微小的增量 Δx 时,相应的曲线的纵坐标有一增量 Δy. 从图 2-3 中可以看出

$$\mathrm{d}x=\Delta x=NQ,\quad\Delta y=QN.$$

设过点 M 的切线 MT 与 NQ 相交于点 P,则 MT 的斜率

$$\tan\alpha=f'(x_0)=\frac{QP}{MQ}.$$

所以,函数 $y=f(x)$ 在点 $x=x_0$ 的微分

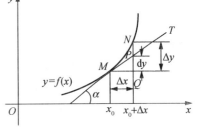

图　2-3

$$dy = f'(x_0)dx = \frac{QP}{MQ} \cdot MQ = QP.$$

因此，函数 $y = f(x)$ 在点 $x = x_0$ 的微分就是曲线 $y = f(x)$ 在点 $M(x_0, f(x_0))$ 处的切线，MT 的纵坐标对应于 Δx 的增量.

由图 2-3 还可以看出，当 $f'(x_0) \neq 0$ 且 $|\Delta x|$ 很小时，$|\Delta y - dy|$ 比 $|\Delta x|$ 小得多. 因此，在点 M 的邻近，可以用切线段来近似代替曲线段.

2.3.3　微分公式与微分运算法则

从函数微分的定义 $dy = f'(x)dx$ 可以知道，计算函数的微分，只要先求出函数的导数，然后乘以自变量的微分即可. 因此，从导数的基本公式和运算法则，就可以直接推出微分的基本公式和运算法则.

Ⅰ. 微分的基本公式

(1) $d(C) = 0$ (C 为常数).

(2) $d(x^a) = ax^{a-1}dx$.

(3) $d(a^x) = a^x \ln a \, dx$.

(4) $d(e^x) = e^x dx$.

(5) $d(\log_a x) = \dfrac{1}{x \ln a} dx$.

(6) $d(\ln x) = \dfrac{1}{x} dx$.

(7) $d(\sin x) = \cos x \, dx$.

(8) $d(\cos x) = -\sin x \, dx$.

(9) $d(\tan x) = \dfrac{1}{\cos^2 x} dx = \sec^2 x \, dx$.

(10) $d(\cot x) = -\dfrac{1}{\sin^2 x} dx = -\csc^2 x \, dx$

(11) $d(\sec x) = \sec x \tan x \, dx$.

(12) $d(\csc x) = -\csc x \cot x \, dx$.

(13) $d(\arcsin x) = \dfrac{1}{\sqrt{1-x^2}} dx$.

(14) $d(\arccos x) = -\dfrac{1}{\sqrt{1-x^2}} dx$.

(15) $d(\arctan x) = \dfrac{1}{1+x^2} dx$.

(16) $d(\text{arccot} x) = -\dfrac{1}{1+x^2} dx$.

Ⅱ. 函数和、差、积、商的微分法则

(1) $d(u \pm v) = du \pm dv$.

(2) $d(uv) = u \, dv + v \, du$.

(3) $d(Cu) = C \, du$.

(4) $d\left(\dfrac{u}{v}\right) = \dfrac{v \, du - u \, dv}{v^2}$.

其中 u, v 都是 x 的函数，C 为常数.

证明（只证明乘积的微分法则）　根据微分的定义，有

$$d(uv) = (uv)'dx = (u'v + uv')dx = u'v \, dx + uv' \, dx,$$

因为

$$u'dx = du, \quad v'dx = dv.$$

所以

$$d(uv) = v \, du + u \, dv.$$

类似地，可证明其他法则.

注意　上述公式必须记牢，对以后学习积分学很有好处，而且上述公式要从右向左背.

Ⅲ. 复合函数的微分法则

与复合函数的求导法则相应的复合函数的微分法则可推导如下：

设 $y = f(u)$ 及 $u = \varphi(x)$ 都可导，则复合函数 $y = f[\varphi(x)]$ 的微分为

$$dy = y'_x dx = f'(u)\varphi'(x)dx,$$

由于 $\varphi'(x)\mathrm{d}x=\mathrm{d}u$,所以复合函数 $y=f[\varphi(x)]$ 的微分公式也可以写成

$$\mathrm{d}y=f'(u)\mathrm{d}u \text{ 或 } \mathrm{d}y=y_u'\mathrm{d}u.$$

由此可见,无论 u 是自变量还是另一个变量的可微函数,微分形式 $\mathrm{d}y=f'(u)\mathrm{d}u$ 保持不变. 这一性质称为**微分形式不变性**. 这个性质表示,当变换自变量时(即设 u 为另一变量的任一可微函数时),微分形式 $\mathrm{d}y=f'(u)\varphi'(x)\mathrm{d}x$ 并不改变.

【例 2】 设 $y=\mathrm{e}^{3x^2+2x+1}$,求 $\mathrm{d}y$.

解法 1 利用微分的定义,得

$$\mathrm{d}y=(\mathrm{e}^{3x^2+2x+1})'\mathrm{d}x=(\mathrm{e}^{3x^2+2x+1})(3x^2+2x+1)'\mathrm{d}x=(6x+2)\mathrm{e}^{3x^2+2x+1}\mathrm{d}x.$$

解法 2 利用微分形式不变性,得

$$\mathrm{d}y=(\mathrm{e}^{3x^2+2x+1})\mathrm{d}(3x^2+2x+1)=(6x+2)\mathrm{e}^{3x^2+2x+1}\mathrm{d}x.$$

【例 3】 求函数 $y=\arctan\dfrac{1}{x}$ 的微分.

解 先求导,再微分.

$$y'=\frac{\frac{-1}{x^2}}{1+\frac{1}{x^2}}=\frac{-1}{1+x^2}$$

所以

$$\mathrm{d}y=-\frac{1}{1+x^2}\mathrm{d}x.$$

【例 4】 求函数 $y=\mathrm{e}^{\sin x}$ 的微分.

解 利用一阶微分形式不变性得

$$\mathrm{d}y=\mathrm{d}(\mathrm{e}^{\sin x})=\mathrm{e}^{\sin x}\mathrm{d}(\sin x)=\mathrm{e}^{\sin x}\cos x\mathrm{d}x.$$

【例 5】 求方程 $x^2+2xy-y^2=a^2$ 确定的隐函数 $y=f(x)$ 的微分 $\mathrm{d}y$ 及导数 $\dfrac{\mathrm{d}y}{\mathrm{d}x}$.

解 对方程两端求微分,得

$$\mathrm{d}(x^2+2xy-y^2)=\mathrm{d}(a^2).$$

应用微分的运算法则,得

$$\mathrm{d}(x^2)+\mathrm{d}(2xy)-\mathrm{d}(y^2)=0,$$
$$2x\mathrm{d}x+2(y\mathrm{d}x+x\mathrm{d}y)-2y\mathrm{d}y=0,$$
$$(x+y)\mathrm{d}x=(y-x)\mathrm{d}y.$$

于是,所求微分为

$$\mathrm{d}y=\frac{y+x}{y-x}\mathrm{d}x.$$

所求导数为

$$\frac{\mathrm{d}y}{\mathrm{d}x}=\frac{y+x}{y-x}.$$

【例 6】 在下列等式左边的括号中填入适当的函数,使等式成立.

(1) $\mathrm{d}(\quad)=5x\mathrm{d}x$;　　　　　　(2) $\mathrm{d}(\quad)=\cos 3x\mathrm{d}x$.

解 (1) 因为 $\mathrm{d}(x^2)=2x\mathrm{d}x$,所以

$$5x\mathrm{d}x=\frac{5}{2}\mathrm{d}(x^2)=\mathrm{d}\left(\frac{5}{2}x^2\right)$$

即

$$d\left(\frac{5}{2}x^2\right)=5x\mathrm{d}x.$$

一般地，有

$$d\left(\frac{5}{2}x^2+C\right)=5x\mathrm{d}x(C\text{ 为任意常数}).$$

（2）因为 $\mathrm{d}(\sin3x)=3\cos3x\mathrm{d}x$，

所以 $\cos3x\mathrm{d}x=\frac{1}{3}\mathrm{d}(\sin3x)=\mathrm{d}\left(\frac{1}{3}\sin3x\right)$，即 $\mathrm{d}\left(\frac{1}{3}\sin3x\right)=\cos3x\mathrm{d}x$.

一般地，有 $\mathrm{d}\left(\frac{1}{3}\sin3x+C\right)=\cos3x\mathrm{d}x(C\text{ 为任意常数}).$

同理可得：$\mathrm{d}(3^x+C)=3^x\ln3\mathrm{d}x(C\text{ 为任意常数}).$

$$\mathrm{d}(\ln3x+C)=\frac{1}{x}\mathrm{d}x(C\text{ 为任意常数}).$$

$$\mathrm{d}(\arctan x+C)=\frac{1}{1+x^2}\mathrm{d}x(C\text{ 为任意常数}).$$

$$\mathrm{d}\left(\frac{1}{x}+C\right)=-\frac{1}{x^2}\mathrm{d}x(C\text{ 为任意常数}).$$

习题 2-3

1. 求下列函数在给定点的微分.

（1）$y=x^4+5\sin x,x=0,\mathrm{d}x=0.01$；

（2）$y=x^2\sin x,x=\frac{\pi}{2},\mathrm{d}x=0.01$；

（3）$y=\frac{2+\ln x}{x},x=\mathrm{e},\mathrm{d}x=0.01$.

2. 将适当的函数填入下列括号，使等式成立.

（1）$\mathrm{d}(2x^3-5x-10)=(\underline{\quad\quad})\mathrm{d}x$；　　　　（2）$\mathrm{d}(\tan x^3)=(\underline{\quad\quad})\mathrm{d}x$；

（3）$\mathrm{d}(x\ln^2x)=(\underline{\quad\quad})\mathrm{d}x$；　　　　（4）$\mathrm{d}(\mathrm{e}^{-2x}\cos2x)=(\underline{\quad\quad})\mathrm{d}x$；

（5）$\mathrm{d}(\sqrt{x}\tan x)=(\underline{\quad\quad})\mathrm{d}x$；　　　　（6）$\mathrm{d}\left(\frac{2x}{1+x^3}\right)=(\underline{\quad\quad})\mathrm{d}x$；

（7）$\mathrm{d}(\quad\quad)=5\mathrm{d}x$；　　　　（8）$\mathrm{d}(\quad\quad)=3x\mathrm{d}x$；

（9）$\mathrm{d}(\quad\quad)=\sin2x\mathrm{d}x$；　　　　（10）$\mathrm{d}(\quad\quad)=x^3\mathrm{d}x$；

（11）$\mathrm{d}(\quad\quad)=\mathrm{e}^{-x}\mathrm{d}x$；　　　　（12）$\mathrm{d}(\quad\quad)=\frac{1}{\sqrt{x}}\mathrm{d}x$；

（13）$\mathrm{d}(\quad\quad)=\frac{1}{2x}\mathrm{d}x$；　　　　（14）$\mathrm{d}(\quad\quad)=\frac{1}{x^2}\mathrm{d}x$；

（15）$\mathrm{d}(\quad\quad)=\frac{1}{x^2+1}\mathrm{d}x$；　　　　（16）$\mathrm{d}(\quad\quad)=\frac{1}{x+1}\mathrm{d}x$；

（17）$\mathrm{d}(\quad\quad)=\frac{1}{\sqrt{x^2-1}}\mathrm{d}x$；　　　　（18）$\mathrm{d}(\quad\quad)=\left(\frac{1}{x}+\cos x-\mathrm{e}^2\right)\mathrm{d}x$；

（19）$\mathrm{d}\mathrm{e}^{3x}=(\quad\quad)$；　　　　（20）$\frac{\mathrm{d}\mathrm{e}^{3x}}{\mathrm{d}x}=(\quad\quad)$.

3. 求方程 $\mathrm{e}^y+xy-\mathrm{e}^x=0$ 确定的隐函数 $y=f(x)$ 的微分 $\mathrm{d}y$ 及导数 y'.

2.4　导数应用

2.4.1　洛必达法则（L'Hospital 法则）

两个无穷小量之比或两个无穷大量之比的极限,通常称之为"**未定式**",记为 $\dfrac{0}{0}$ 或 $\dfrac{\infty}{\infty}$. 还有其他一些类型的未定式,如 $0 \cdot \infty, \infty - \infty, 1^{\infty}, 0^{0}, \infty^{0}$ 等,但这些未定式一般都可以转化为 $\dfrac{0}{0}$ 或 $\dfrac{\infty}{\infty}$ 这种基本形式来计算. 其中 $0, \infty, 1$ 分别表示无穷小量、无穷大量和极限为 1 的量.

洛必达法则就是以导数为工具求未定式极限的方法.

洛必达法则 I

若函数 $f(x)$ 与 $g(x)$ 满足条件:

(1) $\lim\limits_{x \to x_0} f(x) = 0, \lim\limits_{x \to x_0} g(x) = 0$;

(2) $f(x)$ 与 $g(x)$ 在点 x_0 的某一空心邻域内可导,且 $g'(x) \neq 0$;

(3) $\lim\limits_{x \to x_0} \dfrac{f'(x)}{g'(x)} = A$(或 ∞).

则　$\lim\limits_{x \to x_0} \dfrac{f(x)}{g(x)} = \lim\limits_{x \to x_0} \dfrac{f'(x)}{g'(x)} = A$(或 ∞).

洛必达法则 II

若函数 $f(x)$ 与 $g(x)$ 满足条件:

(1) $\lim\limits_{x \to x_0} f(x) = \infty, \lim\limits_{x \to x_0} g(x) = \infty$;

(2) $f(x)$ 与 $g(x)$ 在点 x_0 的某一空心邻域内可导,且 $g'(x) \neq 0$;

(3) $\lim\limits_{x \to x_0} \dfrac{f'(x)}{g'(x)} = A$(或 ∞).

则　$\lim\limits_{x \to x_0} \dfrac{f(x)}{g(x)} = \lim\limits_{x \to x_0} \dfrac{f'(x)}{g'(x)} = A$(或 ∞).

在法则 I 和法则 II 中,把 $x \to x_0$ 改为 $x \to \infty$,仍然成立(证明略).有兴趣的读者可参阅相关书籍.

【例 1】　求 $\lim\limits_{x \to 0} \dfrac{x^2}{\sin 2x}$.

解　$\lim\limits_{x \to 0} \dfrac{x^2}{\sin 2x} \left(\dfrac{0}{0} 型 \right) = \lim\limits_{x \to 0} \dfrac{2x}{2\cos 2x} = \dfrac{0}{2 \times \cos 0} = 0.$

【例 2】　求 $\lim\limits_{x \to 0} \dfrac{x - \sin x}{x^3}$.

解　当 $x \to 0$ 时,$x - \sin x \to 0$,且 $x^3 \to 0$,所以是 $\dfrac{0}{0}$ 型. 根据法则 I,有

$$\lim\limits_{x \to 0} \dfrac{x - \sin x}{x^3} = \lim\limits_{x \to 0} \dfrac{1 - \cos x}{3x^2};$$

很明显,当 $x \to 0$ 时,上式右端的极限是 $\dfrac{0}{0}$ 型.再用法则 I,得

$$\lim\limits_{x \to 0} \dfrac{1 - \cos x}{3x^2} = \lim\limits_{x \to 0} \dfrac{\sin x}{6x} = \dfrac{1}{6}.$$

【例3】 求 $\lim\limits_{x\to 0^+}\dfrac{\ln\cot x}{\ln x}$.

解 $\lim\limits_{x\to 0^+}\dfrac{\ln\cot x}{\ln x}\left(\dfrac{\infty}{\infty}\text{型}\right)=\lim\limits_{x\to 0^+}\dfrac{\tan x\cdot(-\csc^2 x)}{\dfrac{1}{x}}$

$$=-\lim\limits_{x\to 0^+}\dfrac{x}{\sin x\cos x}=-\lim\limits_{x\to 0}\dfrac{2x}{\sin 2x}=-1.$$

【例4】 求 $\lim\limits_{x\to 0}\dfrac{\ln(1+x)}{x}$.

解 $\lim\limits_{x\to 0}\dfrac{\ln(1+x)}{x}\left(\dfrac{0}{0}\text{型}\right)=\lim\limits_{x\to 0}\dfrac{\dfrac{1}{1+x}}{1}=\lim\limits_{x\to 0}\dfrac{1}{1+x}=1.$

当 $x\to x_0$ 或 $x\to\infty$ 时，若 $\dfrac{f'(x)}{g'(x)}$ 仍是 $\dfrac{0}{0}$ 或 $\dfrac{\infty}{\infty}$ 型的未定式，且函数 $f'(x)$ 与 $g'(x)$ 还能满足洛必达法则中的条件，则可继续使用洛必达法则，即

$$\lim\limits_{\substack{x\to x_0\\(x\to\infty)}}\dfrac{f(x)}{g(x)}=\lim\limits_{\substack{x\to x_0\\(x\to\infty)}}\dfrac{f'(x)}{g'(x)}=\lim\limits_{\substack{x\to x_0\\(x\to\infty)}}\dfrac{f''(x)}{g''(x)}=\cdots$$

依次类推，直到求出所需极限为止.

【例5】 求 $\lim\limits_{x\to 0}\dfrac{\tan x-x}{x-\sin x}$.

解 $\lim\limits_{x\to 0}\dfrac{\tan x-x}{x-\sin x}\left(\dfrac{0}{0}\text{型}\right)=\lim\limits_{x\to 0}\dfrac{\sec^2 x-1}{1-\cos x}=\lim\limits_{x\to 0}\dfrac{\tan^2 x}{1-\cos x}\left(\dfrac{0}{0}\text{型}\right)$

$$=\lim\limits_{x\to 0}\dfrac{2\tan x\cdot\sec^2 x}{\sin x}=\lim\limits_{x\to 0}\dfrac{2}{\cos^3 x}=2.$$

【例6】 求 $\lim\limits_{x\to+\infty}\dfrac{x^n}{e^x}$.

解 $\lim\limits_{x\to+\infty}\dfrac{x^n}{e^x}\left(\dfrac{\infty}{\infty}\right)=\lim\limits_{x\to+\infty}\dfrac{nx^{n-1}}{e^x}\left(\dfrac{\infty}{\infty}\right)=\lim\limits_{x\to+\infty}\dfrac{n(n-1)x^{n-2}}{e^x}\left(\dfrac{\infty}{\infty}\right)$

$$=\lim\limits_{x\to+\infty}\dfrac{n(n-1)(n-2)(n-3)\cdots 3\times 2\times 1}{e^x}=0.$$

洛必达法则不仅可以用来解决 $\dfrac{0}{0}$ 型和 $\dfrac{\infty}{\infty}$ 型未定式的极限问题，还可以用来解决 $0\cdot\infty$，$\infty-\infty$，1^∞，0^0，∞^0 等类型的未定式的极限问题. 求这几种未定式极限的基本方法就是设法将它们化为 $\dfrac{0}{0}$ 或 $\dfrac{\infty}{\infty}$ 型未定式，现举例说明之.

（1）$0\cdot\infty$ 型未定式求极限.

设 $\lim f(x)=0$，$\lim g(x)=\infty$，则 $\lim f(x)\cdot g(x)$ 为 $0\cdot\infty$ 型未定式，可将其变型为

$$\lim f(x)\cdot g(x)=\lim\dfrac{f(x)}{\dfrac{1}{g(x)}}\left(\dfrac{0}{0}\text{型}\right)\text{或}\lim f(x)\cdot g(x)=\lim\dfrac{g(x)}{\dfrac{1}{f(x)}}\left(\dfrac{\infty}{\infty}\text{型}\right)$$

即可用洛必达法则求极限了.

【例7】 求 $\lim\limits_{x\to 0^+}x\ln x\,(0\cdot\infty\text{型})$.

解 $\lim\limits_{x\to 0^+}x\ln x=\lim\limits_{x\to 0^+}\dfrac{\ln x}{\dfrac{1}{x}}\left(\dfrac{\infty}{\infty}\text{型}\right)=\lim\limits_{x\to 0^+}\dfrac{\dfrac{1}{x}}{-\dfrac{1}{x^2}}=-\lim\limits_{x\to 0^+}x=0.$

(2) $\infty - \infty$ 型未定式求极限.

设 $\lim f(x) = \infty, \lim g(x) = \infty$, 则 $\lim[f(x) - g(x)]$ 为 $\infty - \infty$ 型未定式, 一般可通过代数通分即可化为 $\frac{0}{0}$ 或 $\frac{\infty}{\infty}$ 型未定式.

【例 8】 $\lim\limits_{x \to \frac{\pi}{2}} (\sec x - \tan x)\,(\infty - \infty\ 型).$

解 $\lim\limits_{x \to \frac{\pi}{2}} (\sec x - \tan x) = \lim\limits_{x \to \frac{\pi}{2}} \left(\frac{1}{\cos x} - \frac{\sin x}{\cos x} \right) = \lim\limits_{x \to \frac{\pi}{2}} \frac{1 - \sin x}{\cos x} \left(\frac{\infty}{\infty}\ 型 \right)$

$$= \lim\limits_{x \to \frac{\pi}{2}} \frac{-\cos x}{-\sin x} = \lim\limits_{x \to \frac{\pi}{2}} \cot x = 0.$$

(3) $1^\infty, 0^0, \infty^0$ 型未定式求极限.

求这三种未定式的极限, 实质上是求幂指函数 $[f(x)]^{g(x)}$ 的极限, 根据对数恒等式, 有

$$[f(x)]^{g(x)} = e^{\ln[f(x)]^{g(x)}} = e^{g(x) \cdot \ln f(x)}$$

故 $\lim[f(x)]^{g(x)} = \lim e^{g(x)\ln f(x)} = e^{\lim g(x)\ln f(x)}.$

指数位置的极限属于 $0 \cdot \infty$ 型未定式, 求出此极限后, 将其作为底数 e 的指数, 即可得到原幂指函数的极限.

【例 9】 求 $\lim\limits_{x \to +\infty} (\ln x)^{\frac{1}{x}}\,(\infty^0\ 型).$

解 利用对数恒等式化为 $0 \cdot \infty$ 型, 有 $(\ln x)^{\frac{1}{x}} = e^{\frac{1}{x}\ln(\ln x)}$, 因为

$$\lim\limits_{x \to +\infty} \frac{1}{x} \ln(\ln x)\,(0 \cdot \infty\ 型) = \lim\limits_{x \to +\infty} \frac{\ln(\ln x)}{x} \left(\frac{\infty}{\infty}\ 型 \right) = \lim\limits_{x \to +\infty} \frac{\frac{1}{\ln x} \cdot \frac{1}{x}}{1} = \lim\limits_{x \to +\infty} \frac{1}{x\ln x} = 0,$$

所以 $\lim\limits_{x \to +\infty} (\ln x)^{\frac{1}{x}} = e^0 = 1.$

【例 10】 求 $\lim\limits_{x \to +\infty} \dfrac{e^x - e^{-x}}{e^x + e^{-x}}.$

解 $\lim\limits_{x \to +\infty} \dfrac{e^x - e^{-x}}{e^x + e^{-x}} \left(\dfrac{\infty}{\infty}\ 型 \right) = \lim\limits_{x \to +\infty} \dfrac{e^x + e^{-x}}{e^x - e^{-x}} \left(\dfrac{\infty}{\infty}\ 型 \right) = \lim\limits_{x \to +\infty} \dfrac{e^x - e^{-x}}{e^x + e^{-x}}.$

此题属于 $\dfrac{\infty}{\infty}$ 型未定式的极限问题, 但两次使用洛必达法则后, 又回到了原式, 既使再使用洛必达法则, 也总是互相转化、反复出现, 无论使用多少次, 总得不到结果. 若将分子、分母分别除以 e^x, 则很容易得到结果.

$$\lim\limits_{x \to +\infty} \frac{e^x - e^{-x}}{e^x + e^{-x}} = \lim\limits_{x \to +\infty} \frac{1 - e^{-2x}}{1 + e^{-2x}} = 1.$$

【例 11】 求 $\lim\limits_{x \to \infty} \dfrac{\sin x}{1 + x}.$

解 $\lim\limits_{x \to \infty} \dfrac{\sin x}{1 + x} \left(\dfrac{\infty}{\infty}\ 型 \right) = \lim\limits_{x \to \infty} \cos x.$

等式右边振荡而无极限, 不能再用洛必达法则. 事实上, 原极限只要分子、分母分别除以 x 即可求出.

$$\lim\limits_{x \to \infty} \frac{\sin x}{1 + x} = \lim\limits_{x \to \infty} \frac{\dfrac{\sin x}{x}}{\dfrac{1}{x} + 1} = 0.$$

从上面两例可以看出, 洛必达法则虽然是求未定式极限的一种有效方法, 可以使复杂运

算化为简单运算，但它也不是万能的，有时会失效．这是因为洛必达法则仅说明了当满足条件时，其极限存在而且等于 $\lim \dfrac{f'(x)}{g'(x)}$，但并没有说明当 $\lim \dfrac{f'(x)}{g'(x)}$ 不存在时，$\lim \dfrac{f(x)}{g(x)}$ 是否存在．

2.4.2 函数单调性的判别法

在第 1 章中讨论了函数单调性的概念，现在利用导数来判别函数的单调性．

观察图 2-4(1)，可以看出：单调增加的函数的图像是一条沿 x 轴正向向上升的曲线，且曲线上各点切线的倾斜角都是锐角，因此切线的斜率都是正的，即 $f'(x)>0$．

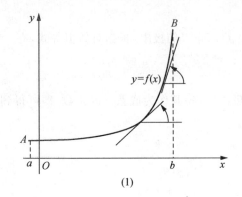 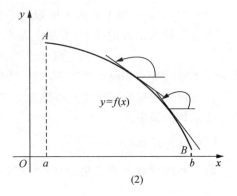

(1)   (2)

图   2-4

观察图 2-4(2)，可以看出：单调减少的函数的图像是一条沿 x 轴正向向下降的曲线，且曲线上各点切线的倾斜角都是钝角，因此切线的斜率都是负的，即 $f'(x)<0$．

由此启发我们，是否可以用导数的符号来判定函数的单调性？通过论证可以用下面的调性的判定定理判断函数单调性．

定理 2.4.1   设函数 $y=f(x)$ 在区间 (a,b) 内可导，(1) 若在区间 (a,b) 内，$f'(x)>0$，那么函数 $f(x)$ 在 (a,b) 内单调增加；(2) 若在区间 (a,b) 内，$f'(x)<0$，那么函数 $f(x)$ 在 (a,b) 内单调减少．

证明   设 x_1 和 x_2 是区间 (a,b) 内的任意两点，且 $x_1<x_2$．因为 $f(x)$ 在 (a,b) 内可导，所以 $f(x)$ 在闭区间 $[x_1,x_2]$ 上连续，在开区间 (x_1,x_2) 内可导，满足拉格朗日定理条件，因此有

$$f(x_2)-f(x_1)=f'(\xi)(x_2-x_1)   (x_1<\xi<x_2).$$

由假设 $x_1<x_2$ 知 $x_2-x_1>0$，

若 $f'(\xi)>0$，则 $f(x_2)-f(x_1)>0$，即 $f(x_2)>f(x_1)$．由单调性定义知，函数 $f(x)$ 在 (a,b) 内单调增加；

若 $f'(\xi)<0$，则 $f(x_2)-f(x_1)<0$，即 $f(x_2)<f(x_1)$．由单调性定义知，函数 $f(x)$ 在 (a,b) 内单调减少．

需要注意的是：该判定定理只是函数在区间内单调增加（或减少）的充分而不必要条件．因为在区间 (a,b) 内的个别点处可能有 $f'(x)=0$（驻点），但这并不影响函数的单调性．

【例 12】   判定函数 $y=x-\sin x$ 的单调性．

解   函数 $y=x-\sin x$ 的定义域为 $(-\infty,+\infty)$．且 $y'=1-\cos x$，令 $y'=0$，解得驻点 $x=2k\pi(k\in Z)$，除这些孤立的驻点外，$y'>0$．因此，函数 $y=x-\sin x$ 在 $(-\infty,+\infty)$ 内单调

增加.

若设函数为 $y=f(x)$,定义域为 $[a,b]$,如图 2-5 所示,函数在 $[a,x_1]$、$[x_2,x_3]$ 上单调增加,在 $[x_1,x_2]$、$[x_3,b]$ 上单调减少.显然单调区间分间点为 x_1,x_2,x_3 且 $f'(x_1)=0,f'(x_2)=0,f'(x_3)$ 不存在.

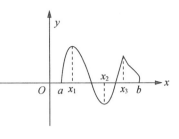

图 2-5

由此,可得出求函数单调区间的一般方法:

(1) 确定函数 $f(x)$ 的定义域;

(2) 求出 $f(x)$ 的全部驻点(即求出 $f'(x)=0$ 的实根)和尖点(导数 $f'(x)$ 不存在的点),并用这两种点按从小到大的顺序把定义域分成若干个子区间;

(3) 列表,用 $f'(x)$ 的正、负号来判断各子区间内函数的单调性.

【例 13】 讨论函数 $f(x)=x^3-3x$ 的单调性.

解 函数 $f(x)=x^3-3x$ 在其定义域 $(-\infty,+\infty)$ 内连续,且
$$y'=3x^2-3=3(x+1)(x-1)$$

令 $y'=0$,得驻点 $x_1=-1,x_2=1$,函数没有导数不存在的点.点 x_1,x_2 把函数的定义域分成 $(-\infty,-1),(-1,1),(1,+\infty)$ 三个子区间,列表:

x	$(-\infty,-1)$	-1	$(-1,1)$	1	$(1,+\infty)$
$f'(x)$	$+$	0	$-$	0	$+$
$f(x)$	↗		↘		↗

从表中容易看到,$f(x)$ 在区间 $(-\infty,-1)$ 和 $(1,+\infty)$ 内单调增加;在区间 $(-1,1)$ 内单调减少.

【例 14】 讨论函数 $y=\dfrac{x^2}{1+x}$ 的单调性.

解 函数 $y=\dfrac{x^2}{1+x}$ 是初等函数,在其定义域 $(-\infty,-1)\bigcup(-1,+\infty)$ 内连续.且
$$f'(x)=\frac{2x(1+x)-x^2}{(1+x)^2}=\frac{x(2+x)}{(1+x)^2}$$

令 $f'(x)=0$,解得 $x_1=0,x_2=-2$;而当 $x_3=-1$ 时,$f'(x)$ 不存在.点 $x_1=0,x_2=-2$ 和 $x_3=-1$ 把函数的定义域分成 $(-\infty,-2),(-2,-1),(-1,0),(0,+\infty)$ 四个子区间.列表:

x	$(-\infty,-2)$	-2	$(-2,-1)$	-1	$(-1,0)$	0	$(0,+\infty)$
$f'(x)$	$+$	0	$-$	不存在	$-$	0	$+$
$f(x)$	↗	×	↘		↘		↗

从表中容易看到,$f(x)$ 在区间 $(-\infty,-2)$ 和 $(0,+\infty)$ 内单调减增;在区间 $(-2,-1)$ 和 $(-1,0)$ 内单调减.

2.4.3 函数的极值

如图 2-6 所示,可以看到函数 $y=f(x)$ 在点 c_1,c_4 处的函数值 $f(c_1),f(c_4)$ 比它们左右邻近各点的函数值大,而在点 c_2,c_5 处的函数值 $f(c_2),f(c_5)$ 比它们左右邻近各点的函数值都

小. 而在点 c_3 处的左边函数值比右边函数值小.

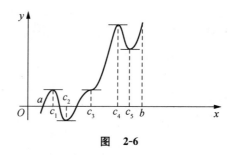

图 2-6

定义 2.4.1   设函数 $f(x)$ 在 x_0 的某个邻域内有定义.

（1）如果对于该邻域内的任意点 $x(x\neq x_0)$，都有 $f(x)<f(x_0)$，则称 $f(x_0)$ 为函数 $f(x)$ 的**极大值**，并且称点 x_0 是 $f(x)$ 的**极大值点**；

（2）如果对于该邻域内的任意点 $x(x\neq x_0)$，都有 $f(x)>f(x_0)$，则称 $f(x_0)$ 为函数 $f(x)$ 的极小值，并且称点 x_0 是 $f(x)$ 的**极小值点**.

函数的极大值与极小值统称为函数的**极值**. 使函数取得极值的点称为函数的**极值点**.

注意   由定义知，函数的极值概念是局部性的.

从图 2-6 还可以看出，曲线上对应于极值点处的切线都是水平的，即函数在极值点处的导数为零. 但有水平切线的点不一定是极值点. 如图 2-6 中点 c_3 处的切线是水平的，点 c_3 却不是极值点. 因此得出：

定理 2.4.2（必要条件）   设函数 $f(x)$ 在点 x_0 可导，且在点 x_0 取得极值，则函数在点 x_0 的导数 $f'(x_0)=0$.

证明   如果 $f(x_0)$ 为极大值，则存在 x_0 的某个邻域，在此邻域内有 $f(x_0)\geqslant f(x_0+\Delta x)$. 于是，

当 $\Delta x<0$ 时，$\dfrac{f(x_0+\Delta x)-f(x_0)}{\Delta x}\geqslant 0$，因此 $f'(x_0)=\lim\limits_{\Delta x\to 0-0}\dfrac{f(x_0+\Delta x)-f(x_0)}{\Delta x}\geqslant 0$；

当 $\Delta x>0$ 时，$\dfrac{f(x_0+\Delta x)-f(x_0)}{\Delta x}\leqslant 0$，因此 $f'(x_0)=\lim\limits_{\Delta x\to 0+0}\dfrac{f(x_0+\Delta x)-f(x_0)}{\Delta x}\leqslant 0$；

从而得到
$$f'(x_0)=0.$$
同理可证极小值情形.

上述定理说明，可导函数的极值点必定是它的驻点，但定理反过来是不成立的，即可导函数的驻点不一定是它的极值点. 例如，函数 $y=x^3$ 的导数为 $y'=3x^2$，很明显，$x=0$ 是函数的驻点但不是极值点. 因此，上述定理通常叫作**极值存在的必要条件**.

注意   定理 2.4.2 表明，函数 $f(x)$ 在 $f'(x_0)=0$ 的点 x_0 处可能取极值，但是，在导数不存在的点，函数也可能有极值. 例如，函数 $y=|x|$ 在 $x=0$ 点的导数不存在，但在该点处有极小值 $f(0)=0$（见图 2-7）；而 $f(x)=x^{\frac{1}{3}}$ 在 $x=0$ 不可导，在该点没有极值（见图 2-8）.

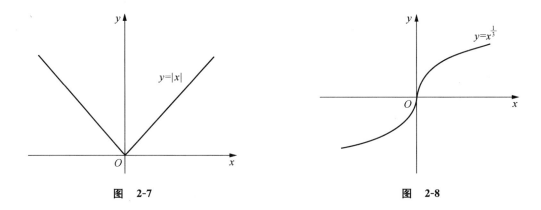

图　2-7　　　　　　　　　　　　　图　2-8

综上所述,函数的极值只可能在驻点或导数不存在的点取得. 因此,求函数的极值时,可以先求出函数的所有驻点和导数不存在的点,再判别这些点中哪些是极值点.

下面研究极值存在的充分条件.

如图 2-9 所示,函数 $f(x)$ 在点 x_0 取得极大值,在 x_0 的左侧单调增加,在 x_0 的右侧单调减少. 这就是说,在点 x_0 的左侧有 $f'(x)>0$,在点 x_0 的右侧有 $f'(x)<0$. 对于 $f(x)$ 取得极小值的情形,可类似地讨论(见图 2-10).

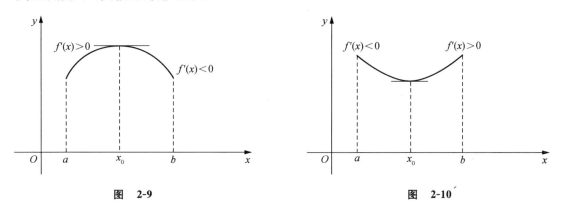

图　2-9　　　　　　　　　　　　　图　2-10

定理 2.4.3(第一充分条件)　设函数 $f(x)$ 在点 x_0 处连续,在点 x_0 的某个去心邻域内可导(但 $f'(x_0)$ 可以不存在).

(1) 如果在 x_0 的邻域内,当 $x<x_0$ 时,$f'(x)>0$;当 $x>x_0$ 时,$f'(x)<0$,则函数 $f(x)$ 在点 x_0 取得极大值 $f(x_0)$.

(2) 如果在 x_0 的邻域内,当 $x<x_0$ 时,$f'(x)<0$;当 $x>x_0$ 时,$f'(x)>0$,则函数 $f(x)$ 在点 x_0 取得极小值 $f(x_0)$.

(3) 如果在 x_0 的去心邻域内,$f'(x)$ 不改变符号,则 $f(x_0)$ 不是函数 $f(x)$ 的极值.

证明　当 x 取 x_0 左侧邻域的值时,$f'(x)>0$,根据函数单调性的判定法,函数 $f(x)$ 在 x_0 左侧邻域内是单调增加的,所以 $f(x)<f(x_0)$;当 x 取 x_0 右侧邻域的值时,$f'(x)<0$,函数 $f(x)$ 在 x_0 右侧邻域内是单调减少的,所以 $f(x_0)>f(x)$. 因此 $f(x_0)$ 是 $f(x)$ 的一个极大值.

类似地,可证明定理 2.4.3 的(2)和(3).

综合上面两个定理,得到求函数极值的一般步骤如下:

(1) 求函数的定义域;

(2) 求导数 $f'(x)$；

(3) 求函数的全部驻点或导数不存在的点；

(4) 讨论各驻点或导数不存在的点是否为极值点，是极大值点还是极小值点；

(5) 求各极值点的函数值，得到函数的全部极值.

【例 15】 求函数 $f(x)=(x^2-1)^3-1$ 的极值.

解 函数 $f(x)$ 的定义域为 $(-\infty,+\infty)$，

$$f'(x)=3(x^2-1)^2(x^2-1)'=6x(x^2-1)^2=6x(x-1)^2(x+1)^2.$$

令 $f'(x)=0$，解得 $x_1=-1,x_2=0,x_3=1$，函数没有导数不存在的点.

三个驻点将函数的定义域分成 $(-\infty,-1),(-1,0),(0,1),(1,+\infty)$ 四个子区间，列表分析：

x	$(-\infty,-1)$	-1	$(-1,0)$	0	$(0,1)$	1	$(1,+\infty)$
$f'(x)$	$-$	0	$-$	0	$+$	0	$+$
$f(x)$	↘	无极值	↗	极小值 -1	↗	无极值	↗

由表可知，函数的极小值为 $f(0)=-1$.

【例 16】 求函数 $f(x)=\dfrac{2}{3}x-x^{\frac{2}{3}}$ 的极值.

解 函数 $f(x)$ 的定义域为 $(-\infty,+\infty)$，

$$f'(x)=\frac{2}{3}-\frac{2}{3}x^{-\frac{1}{3}}=\frac{2}{3}\left(1-\frac{1}{\sqrt[3]{x}}\right)=\frac{2}{3}\cdot\frac{\sqrt[3]{x}-1}{\sqrt[3]{x}}.$$

令 $f'(x)=0$，解得 $x=1$. 而当 $x=0$ 时，$f'(x)$ 不存在.

驻点 $x=1$ 和尖点 $x=0$ 将 $f(x)$ 的定义域分成 $(-\infty,0),(0,1),(1,+\infty)$ 三个子区间，列表分析：

x	$(-\infty,0)$	0	$(0,1)$	1	$(1,+\infty)$
$f'(x)$	$+$	$\times$	$-$	0	$+$
$f(x)$	↗	极大值 0	↘	极小值 $-\dfrac{1}{3}$	↗

函数的极大值为 $f(0)=0$，极小值为 $f(1)=-\dfrac{1}{3}$.

极值存在的第一充分条件既适用于函数 $f(x)$ 在点 x_0 处可导，也适用于在点 x_0 处不可导. 如果函数 $f(x)$ 在驻点处的二阶导数存在且不为零时，也可利用下面的定理来判定极值.

定理 2.4.4（第二充分条件） 设函数 $f(x)$ 在点 x_0 处具有二阶导数且 $f'(x_0)=0$，$f''(x)\neq 0$.

(1) 如果 $f''(x_0)>0$，则函数 $f(x)$ 在 x_0 处取得极小值.

(2) 如果 $f''(x_0)<0$，则函数 $f(x)$ 在 x_0 处取得极大值.

证明 由导数定义及 $f'(x_0)=0, f''(x_0)>0$, 得

$$0<f''(x_0)=\lim_{\Delta x \to 0}\frac{f'(x_0+\Delta x)-f'(x_0)}{\Delta x}=\lim_{\Delta x \to 0}\frac{f'(x_0+\Delta x)}{\Delta x}.$$

令 $x_0+\Delta x=x$, 则 $\Delta x=x-x_0$, 上式可表示为

$$0<f''(x_0)=\lim_{x \to x_0}\frac{f'(x)}{x-x_0}.$$

根据函数极限的性质, 存在点 x_0 的某个邻域, 使在该邻域内恒有

$$0<\frac{f'(x)}{x-x_0}.$$

所以, 当 $x<x_0$ 时, $f'(x)<0$; 当 $x>x_0$ 时, $f'(x)>0$. 根据定理 2.4.4, 函数 $f(x)$ 在 x_0 处取得极小值.

类似地可证明定理 2.4.4 的(2).

注意 当 $f'(x_0)=0$, 且 $f''(x_0)=0$ 时, 则定理 2.4.4 失效, 这时仍用第一充分条件来判定. 例如, 函数 $f(x)=x^2, g(x)=x^3$ 在 $x=0$ 点处的一阶导数和二阶导数都为零, 但 $f(x)$ 在 $x=0$ 点处取得极小值, $g(x)$ 在 $x=0$ 点处不取得极值.

【例 17】 求函数 $f(x)=x-\dfrac{1}{3}x^3$ 的极值.

解 函数 $f(x)$ 的定义域为 $(-\infty,+\infty)$,

$$f'(x)=1-x^2.$$

令 $f'(x)=0$, 解得驻点 $x=\pm 1$,

$$f''(x)=-2x.$$

因为 $f'(-1)=0, f''(-1)=2>0$, 所以 $f(x)$ 在 $x=-1$ 处取得极小值 $f(-1)=-\dfrac{2}{3}$;

因为 $f'(1)=0, f''(1)=-2<0$, 所以 $f(x)$ 在 $x=1$ 处取得极大值 $f(-1)=\dfrac{2}{3}$.

一般来说, 利用定理 2.4.4 判断极值方法要比利用定理 2.4.3 判断极值的方法简便得多, 但是定理 2.4.3 在应用上要比定理 2.4.4 广泛得多. 这是因为当二阶导数 $f''(x_0)=0$ 或不存在时, 就不能用定理 2.4.4 来判断极值. 例如, 函数 $f(x)=x^4, g(x)=x^3, h(x)=-x^2$, 在点 $x=0$ 处均有 $f'(x)=f''(x)=0$, 但 $f(x)=x^4$ 在 $x=0$ 处取得极小值, $h(x)=-x^2$ 在 $x=0$ 处取得极大值, 而 $g(x)=x^3$ 在点 $x=0$ 处没有极值.

2.4.4 函数的最大值和最小值

在生产实际中, 往往遇到求在一定条件下怎样使"成本最低""利润最高""投资最少""效益最多""材料最省"等方面的问题. 在数学上它们都可以归结为求函数的最大值和最小值问题.

在闭区间 $[a,b]$ 上连续的函数 $f(x)$, 一定存在最大值和最小值. 很明显, 函数的最大值和最小值只可能在闭区间 $[a,b]$ 的端点或者在开区间 (a,b) 内部的极值点取得, 而极值点只可能发生在驻点或导数不存在的点处. 因此, 求函数 $f(x)$ 在闭区间 $[a,b]$ 上的最大值与最小值的方法, 可按如下步骤进行:

(1) 求函数 $f(x)$ 的导数, 并求出所有的驻点和导数不存在的点;

(2) 求各驻点、导数不存在的点及各端点的函数值;

（3）比较上述各函数值的大小，其中最大的就是 $f(x)$ 在闭区间 $[a,b]$ 上的最大值，最小的就是 $f(x)$ 在闭区间 $[a,b]$ 上的最小值.

【例 18】　求函数 $f(x)=2x^3+3x^2-12x+13$ 在 $[-4,3]$ 上的最值.

解　求导，得 $f'(x)=6x^2+6x-12=6(x-1)(x+2)$

令 $f'(x)=0$，解得驻点 $x_1=-2$，$x_2=1$.

计算驻点及端点的函数值，有

$$f(-2)=33,\quad f(1)=6,\quad f(-4)=-19,\quad f(3)=58.$$

所以函数 $f(x)=2x^3+3x^2-12x+13$ 在 $[-4,3]$ 上的最大值为 $f(3)=58$，最小值为 $f(-4)=-19$.

注意　在实际问题中，如果函数 $f(x)$ 在开区间 (a,b) 上可导，且只有一个驻点 x_0，又由实际问题本身可判断，$f(x)$ 的最大值（或最小值）肯定在区间 (a,b) 内取得，则 $f(x_0)$ 就是所要求的最大值（或最小值）（见图 2-11）.

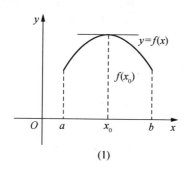
(1)

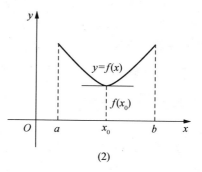
(2)

图　2-11

【例 19】　用一块边长为 24 cm 的正方形铁皮，在其四角各截去一块面积相等的小正方形，做成无盖的铁盒（见图 2-12）. 问截去的小正方形边长为多少时，做出的铁盒容积最大？

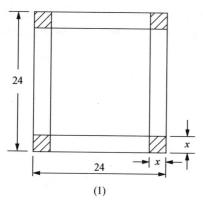
(1)

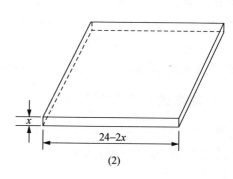
(2)

图　2-12

解　设截去的小正方形的边长为 x cm，铁盒的容积为 V cm³. 根据题意，得

$$V=x(24-2x)^2 \quad (0<x<12)$$

于是，问题归结为：求 x 为何值时，函数 V 在区间 $(0,12)$ 内取得最大值.

$$V'=(24-2x)^2+x\cdot 2(24-2x)(-2)$$
$$=(24-2x)(24-6x)=12(12-x)(4-x)$$

令 $V'=0$,解得 $x_1=12$,$x_2=4$. 因此,在区间 $(0,12)$ 内函数只有一个驻点 $x=4$. 又由问题的实际意义知,函数 V 的最大值在 $(0,12)$ 内取得,所以,当 $x=4$ 时,函数 V 取得最大值. 即当所截去的正方形边长为 4 cm 时,铁盒的容积为最大.

【例 20】 要设计一个容积为 V 的有盖的圆柱体储油桶,已知侧面单位面积的造价是底面单位面积的造价的一半,而盖的单位面积的造价又是侧面的单位面积的造价的一半. 试问当油桶半径 r 为何值时造价最省?

解 设该圆桶造价为 F,建立 F 与 r 的函数关系.

设盖单位面积的造价为 a 元 $/\mathrm{m}^2$,则侧面单位面积的造价为 $2a$ 元 $/\mathrm{m}^2$

底面单位面积的造价为 $4a$ 元 $/\mathrm{m}^2$

$F=$ 盖的造价 $+$ 侧面造价 $+$ 底面的造价 $=a\pi r^2+2a(2\pi r)h+4a\pi r^2$

因为 $V=\pi r^2 h$,即 $h=\dfrac{V}{\pi r^2}$

所以 $F=5a\pi r^2+4\pi ra\cdot\dfrac{V}{\pi r^2}=5a\pi r^2+\dfrac{4aV}{r}$

$$F'(r)=10a\pi r-\frac{4aV}{r^2}=\frac{2a}{r^2}(5r^3\pi-2V)$$

所以,驻点 $r=\sqrt[3]{\dfrac{2V}{5\pi}}$.

由于驻点 $r=\sqrt[3]{\dfrac{2V}{5\pi}}$ 是 F 在 $r\gg 0$ 取最值唯一点,而 F 在 $r\gg 0$ 上存在最值,所以当 $r=\sqrt[3]{\dfrac{2V}{5\pi}}$ 时 F 取最小值,即此时造价最省.

【例 21】 某产品生产 x 单位的总成本为

$$C(x)=\frac{1}{12}x^3-5x^2+170x+300,$$

每单位产品的价格是 134 元,求使利润最大的产量.

解 生产 x 个单位的利润为

$$L(x)=R(x)-C(x)$$
$$=134x-\left(\frac{1}{12}x^3-5x^2+170x+300\right)$$
$$=-\frac{1}{12}x^3+5x^2-36x-300$$

于是,问题归结为:求 x 为何值时,函数在区间 $[0,+\infty)$ 内取得最大值.

$$L'(x)=-\frac{1}{4}x^2+10x-36=-\frac{1}{4}(x-36)(x-4)$$
$$L''(x)=-\frac{1}{2}x+10$$

令 $L'(x)=0$,解得 $x_1=36$,$x_2=4$. 因为 $L''(36)=-8<0$,

所以 $L(x)$ 在 $x=36$ 有极大值;又因为 $L''(4)=8>0$,

所以 $L(x)$ 在 $x=4$ 有极小值. 由于 $L(0)=-300$,且当 $x>36$ 时,$L'(x)<0$,即函数 $L(x)$ 单调减少,因此 $L(36)=996$ 是 $L(x)$ 的最大值. 所以,当生产 36 个单位时,有最大利润 996 元.

习题 2-4

1.用洛必达法则求下列极限.

(1) $\lim\limits_{x\to 0}\dfrac{\ln(1+x)}{x}$；

(2) $\lim\limits_{x\to 0}\dfrac{x}{e^x-e^{-x}}$；

(3) $\lim\limits_{x\to 1}\dfrac{x-1}{x^n-1}$；

(4) $\lim\limits_{x\to a}\dfrac{\sin x-\sin a}{x-a}$；

(5) $\lim\limits_{x\to \pi}\dfrac{\sin 2x}{\tan 3x}$；

(6) $\lim\limits_{x\to 0^+}\dfrac{\ln\tan 3x}{\ln\tan 7x}$；

(7) $\lim\limits_{x\to +\infty}\dfrac{x+\ln x}{x\ln x}$；

(8) $\lim\limits_{x\to +\infty}\dfrac{x^n}{e^{ax}}(a>0,n\in Z)$；

(9) $\lim\limits_{x\to 0}x\cot 3x$；

(10) $\lim\limits_{x\to 1}\left(\dfrac{x}{x-1}-\dfrac{1}{\ln x}\right)$；

(11) $\lim\limits_{x\to 0^+}x^x$；

(12) $\lim\limits_{x\to 0^+}x^{\sin x}$.

2.验证极限 $\lim\limits_{x\to 0}\dfrac{x^2\sin\frac{1}{x}}{\sin x}$ 存在,但不能用洛必达法则得出.

3.验证极限 $\lim\limits_{x\to +\infty}\dfrac{\sqrt{1+x^2}}{x}$ 存在,但不能用洛必达法则得出.

4.判断下列函数的单调性.

(1) $y=x^2+2x-1,(-1,+\infty)$；

(2) $y=2x+\dfrac{8}{x}(x>0)$；

(3) $y=\cot x-\tan x,\left(0,\dfrac{\pi}{2}\right)$；

(4) $y=\ln x-x,(1,+\infty)$.

5.求下列函数的单调区间.

(1) $y=e^{-x^2}$；

(2) $y=x-e^x$；

(3) $y=2x^2-\ln x$；

(4) $y=x-\arctan x$.

6.求下列函数的极值点和极值.

(1) $y=2x^2-x^4$；

(2) $y=3-(x-2)^{\frac{2}{3}}$；

(3) $y=x-e^x$；

(4) $y=e^x+e^{-x}$.

7.利用二阶导数,判断下列函数的极值.

(1) $y=2x-\ln(4x)^2$；

(2) $y=2-(x-3)^2$；

(3) $y=\dfrac{1}{3}x^3-2x^2+3x+1$；

(4) $y=\sin x+\cos x$ 在区间 $[0,2\pi]$ 上.

8.求下列函数在指定区间上的最大值和最小值.

(1) $y=x^3-3x^2+7,[-1,3]$；

(2) $y=x+\sqrt{1-x},[-5,1]$；

(3) $f(x)=x^4-2x^2+5,[-2,2]$；

(4) $f(x)=x+2\sqrt{x},[0,4]$.

9.函数 $y=x^2-\dfrac{54}{x}(x<0)$ 在何处取得最小值?

10.函数 $y=\dfrac{x}{x^2+1}(x\geq 0)$ 在何处取得最大值?

11.设两正数之和为定值 c,求其积的最大值.

12.要围一矩形场地,一边利用房屋的一堵墙,其他三边用长为 20 m 的篱笆围成.问怎样围才能使场地的面积最大? 最大面积是多少?

13.某厂每批生产某种产品每个单位的费用为 $C(x)=5x+200$(元),得到的收入是 $R(x)=10x-0.01x^2$(元).

问：每批生产多少单位时,才能使利润最大?

14.某仓库门的截面图如下,截面的面积为 5 m²,门框由钢材构建,问底宽 x 为多少时使钢材用量最少?

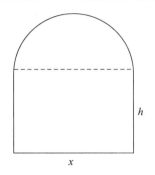

本 章 小 结

【主要内容】

导数和微分的概念,导数的意义,导数的四则运算法则,导数及隐函数的求导法则,以及导数的应用。

【学习要求】

1.掌握导数与微分概念.

2.熟练掌握基本初等函数的求导公式.

(1) $(C)' = 0$(C 为常数).

(2) $(x^{\alpha})' = \alpha x^{\alpha-1}$.

(3) $(a^{x})' = a^{x}\ln a$.

(4) $(\mathrm{e}^{x})' = \mathrm{e}^{x}$.

(5) $(\log_{a}x)' = \dfrac{1}{x\ln a}$.

(6) $(\ln x)' = \dfrac{1}{x}$.

(7) $(\sin x)' = \cos x$.

(8) $(\cos x)' = -\sin x$.

(9) $(\tan x)' = \dfrac{1}{\cos^{2}x} = \sec^{2}x$.

(10) $(\cot x)' = -\dfrac{1}{\sin^{2}x} = -\csc^{2}x$.

(11) $(\sec x)' = \sec x\tan x$.

(12) $(\csc x)' = -\csc x\cot x$.

(13) $(\arcsin x)' = \dfrac{1}{\sqrt{1-x^{2}}}$.

(14) $(\arccos x)' = -\dfrac{1}{\sqrt{1-x^{2}}}$.

(15) $(\arctan x)' = \dfrac{1}{1+x^{2}}$.

(16) $(\operatorname{arccot}x)' = -\dfrac{1}{1+x^{2}}$.

3.熟练掌握复合函数和隐函数的求导法则,了解高阶导数及隐函数的概念.

4.能利用导数的应用研究函数单调性和函数极值与最值的判定,能用洛必达法则求简单未定式的极限.

【重点】　基本初等函数的求导和应用导数研究函数性质.

【难点】　复合函数求导以及把实际问题归结为求导问题.

复 习 题 二

1.选择题.

(1) 函数 $f(x)$ 连续但不可导的点(　　).

A. 一定是极值点　　　B. 一定不是极值点　　　C. 一定是驻点　　　D. 一定不是驻点

(2) 设 $y=x\sin x$ 则 $f'\left(\dfrac{\pi}{2}\right)=$（　　）.

A. -1　　　　　B. 1　　　　　C. $\dfrac{\pi}{2}$　　　　　D. $-\dfrac{\pi}{2}$

(3) 已知 $f'(3)=2$，则 $\lim\limits_{h\to 0}\dfrac{f(3-h)-f(3)}{2h}=$（　　）.

A. $\dfrac{3}{2}$　　　　　B. $-\dfrac{3}{2}$　　　　　C. 1　　　　　D. -1

(4) 设 $f(0)=0$ 且 $f'(0)$ 存在，则 $\lim\limits_{x\to 0}\dfrac{f(x)}{x}=$（　　）.

A. $f'(x)$　　　　　B. $f'(0)$　　　　　C. $f(x)$　　　　　D. $f(x)$

2. 判断题.

(1) $(\ln 2x)'=\dfrac{1}{2x}$.　　　　　　　　　　　　　　　　　　　　（　　）

(2) 函数 $f(x)$ 有 $f'(x_0)=0$，则点 x_0 是极值点.　　　　　　　　（　　）

(3) 函数 $f(x)=x+\sin x$ 在定义域内无最值.　　　　　　　　　　（　　）

(4) 函数 $f(x)$ 在点 x_0 处有 $f'(x_0)=0$ 且 $f''(x_0)>0$，则 $f(x_0)$ 是极大值.　　（　　）

3. 求下列函数的导数.

(1) $y=3x^2-\dfrac{2}{x^2}+5$；　　　　　　　　　(2) $y=x^2\cos x$；

(3) $y=e^x(x^2-3x+1)$；　　　　　　　　　(4) $y=\dfrac{\sin x}{x}+\dfrac{x}{\sin x}$；

(5) $y=\log_a(1+x^2)$；　　　　　　　　　(6) $y=\dfrac{10^x-1}{10^x+1}$；

(7) $s=\dfrac{1+\sin t}{1-\cos t}$；　　　　　　　　　(8) $y=(\sqrt{x}+1)\left(\dfrac{1}{\sqrt{x}}-1\right)$.

4. 设 $f(x)$ 为偶函数，且在 $x=0$ 处可导，证明：$f'(0)=0$.

5. 求下列函数的各阶导数.

(1) $y=x\ln^2 x$，求 y'''；　　　　　　　　　(2) $y=(1+x^2)\sin x$，求 y''；

(3) $y=\sin\sqrt{x}$，求 y'''；　　　　　　　　　(4) $y=\sqrt{\cos x}$，求 $y^{(4)}$.

6. 求下列隐函数的导数.

(1) $\dfrac{x^2}{4}+\dfrac{y^2}{9}=1$；　　　　　　　　　(2) $y=x+e^y$；

(3) $x^2-y^2-xy=1$；　　　　　　　　　(4) $y^2-2ax+b=0$.

7. 利用对数求导法求下列函数的导数.

(1) $y=\ln\text{tg}\,\dfrac{x}{2}$；　　　　　　　　　(2) $y=\sqrt{1+\ln^2 x}$；

(3) $y=(x-1)(x-1)^2(x-1)^3\cdots(x-n)^n$.

8. 已知函数 $y=x^2+x$，求 x 由 2 变到 1.99 时，函数的增量与微分.

9. 求下列函数的微分.

(1) $y=(2x^4-x^2+3)\left(\sqrt{x}-\dfrac{1}{x}\right)$；　　　　　(2) $y=\dfrac{x^2-2}{x^2+2}$；

(3) $y=5^{\ln x}$；　　　　　　　　　(4) $y=\ln(x+\sqrt{x^2+a^2})$.

10. 求过曲线 $y=\cos x$ 上点 $P\left(\dfrac{\pi}{3},\dfrac{1}{2}\right)$ 且与过这点的切线垂直的直线方程.

11. 设曲线 $y=\dfrac{1}{x^2}$ 和曲线 $y=\dfrac{1}{x}$ 在它们的交点处的两切线的夹角为 α，求 $\tan\alpha$ 的值.

12. 设函数 $f(x)=\begin{cases}x^3, & x\leqslant 0\\ ax+b, & x>0\end{cases}$，在 $x=0$ 处可导，求 a,b 的值.

13.已知曲线 $y=f(x)$ 在 $x=1$ 处的切线方程是 $2x-y+1=0$,求函数在 $x=1$ 处的微分.

14.求下列函数在指定点的微分(取 $\mathrm{d}x=0.01$).

(1) $y=\sqrt{x}$,$x=4$;

(2) $y=\sin^2 x$,$x=\dfrac{\pi}{4}$.

15.求下列函数的微分.

(1) $y=2^{\arccos x}$;

(2) $xy=16$.

16.用洛必达法则求下列极限.

(1) $\lim\limits_{x\to 1}\dfrac{x^3-3x+2}{x^3-x^2-x+1}$;

(2) $\lim\limits_{x\to+\infty}\dfrac{(\ln x)^2}{x}$;

(3) $\lim\limits_{x\to+\infty}\left(\dfrac{\pi}{2}-\arctan x\right)x$;

(4) $\lim\limits_{x\to 0}\left(\dfrac{1}{x}-\dfrac{1}{\mathrm{e}^x-1}\right)$;

(5) $\lim\limits_{x\to+\infty}x^{\frac{1}{x}}$;

(6) $\lim\limits_{x\to 0}(1+\sin x)^{\frac{1}{x}}$.

17.求下列函数的单调区间和极值.

(1) $y=2+x-x^2$;

(2) $y=2x^3-6x^2-18$;

(3) $y=2x-\mathrm{e}^{2x}$;

(4) $y=x^2-\dfrac{2}{x}$.

18.求下列函数在指定区间的最大值与最小值.

(1) $y=2x^3+3x^2-12x+14$,$[-3,4]$;

(2) $y=\ln(x^2+2)$,$[-1,2]$;

(3) $y=\dfrac{x^2}{1+x}$,$\left[-\dfrac{1}{2},1\right]$.

19.设用 t 表示时间,u 表示某物体的温度,V 表示该物体的体积.温度 u 随时间 t 变化,变化规律为 $u=1+2t$;体积 V 随温度 u 变化,变化规律为 $V=10+\sqrt{u-1}$.试求当 $t=5$ 时,物体的体积增加的变化率.

20.要做一个底面为长方形的带盖的箱子,其体积为 $72\ \mathrm{cm}^3$,底边边长成 $1:2$ 的关系.问各边长为多少时,才能使表面积最小?

21.设价格函数为 $P=15\mathrm{e}^{-\frac{x}{3}}$($x$ 为产量),求最大收益时的产量、价格和收益.

22.在一条河的同旁有甲、乙两城,甲城位于河岸边,乙城离岸 $40\ \mathrm{km}$,乙城到岸的垂足与甲城相距 $50\ \mathrm{km}$(见右图).两城在此河边合建一水厂取水,从水厂到甲城和乙城的水管费用分别为 3 万元/km 和 5 万元/km.问此水厂应设在河边的何处才能使水管费用最省?

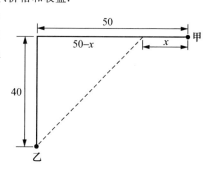

第3章 不定积分

前面讨论了一元函数微分学,本章和下一章将讨论一元函数积分学.在一元函数积分学中,有两个主要内容,不定积分与定积分.本章讲述不定积分.

3.1 不定积分的概念

3.1.1 原函数的概念

在第 2 章中,常常已知一个函数求其导函数,而现实生活中还存在与之相反的问题:已知一个函数的导函数,求原来这个函数.解决这个问题不仅是数学理论本身的需要,更主要的是解决许多实际问题的需要.例如,已知速度 $v(t)$,求路程 $s(t)$;已知加速度 $\alpha(t)$,求速度 $v(t)$;已知曲线上任一点处的切线的斜率,求曲线的方程等.为解决这些问题,引进原函数的概念.

定义 3.1.1 设 $f(x)$ 是定义在某区间上的函数,如果存在一个函数 $F(x)$,使得对于该区间上任一点 x 都有

$$F'(x)=f(x) \text{ 或 } \mathrm{d}F(x)=f(x)\mathrm{d}x,$$

那么函数 $F(x)$ 就称为函数 $f(x)$ 在该区间上的一个原函数.

例如,在区间 $(-\infty,+\infty)$ 内,因为 $(\sin x)'=\cos x$,所以 $\sin x$ 是 $\cos x$ 的一个原函数.

又如,在区间 $(-\infty,+\infty)$ 内,因为

$$(x^3)'=3x^2,$$
$$(x^3+5)'=3x^2,$$
$$(x^3-\sqrt{2})'=3x^2,$$
$$(x^3+C)'=3x^2(C \text{ 为任意实数}),$$

所以 $x^3,x^3+5,x^3-\sqrt{2},x^3+C$ 都是 $3x^2$ 的原函数.

3.1.2 原函数的性质

关于原函数,首先研究一个问题,即函数 $f(x)$ 应具备什么条件,才能保证它的原函数存在? 对这个问题有下面的定理.

定理 3.1.1 如果函数 $f(x)$ 在某区间上连续,那么 $f(x)$ 在该区间上的原函数存在.

本定理将在第 4 章中加以证明.

由于初等函数在其定义区间上连续,所以初等函数在其定义区间上都有原函数.

由前面的例子知道,$3x^2$ 的原函数存在,而且不止一个,因此需研究第二个问题,即如果函数 $f(x)$ 有原函数,那么原函数一共有多少个? 对这个问题有下面的定理.

定理 3.1.2 如果函数 $f(x)$ 有原函数,那么它就有无数多个原函数.

证明 设函数 $F(x)$ 是函数 $f(x)$ 的一个原函数,即,$F'(x)=f(x)$,并设 C 为任意常数.因为

$$[F(x)+C]'=[F(x)]'+(C)'=f(x),$$

所以 $F(x)+C$ 也是 $f(x)$ 的原函数. 又因为 C 为任意常数,即 C 可以取无数多个值,所以, $f(x)$ 有无数多个原函数.

对于 $f(x)$ 的无数多个原函数来说,还需研究第三个问题,即 $f(x)$ 的任意两个原函数之间有什么关系? 对这个问题有下面的定理.

定理 3.1.3 函数 $f(x)$ 的任意两个原函数的差是一个常数.

证明 设 $F(x)$ 和 $G(x)$ 都是 $f(x)$ 的原函数,即

$$F'(x)=f(x), \quad G'(x)=f(x)$$

于是

$$[G(x)-F(x)]'=G'(x)-F'(x)=f(x)-f(x)=0.$$

根据导数恒为零的函数必为常数,可知

$$G(x)-F(x)=C(C \text{ 为任意常数}),$$

即

$$G(x)=F(x)+C.$$

上述定理表明,如果 $F(x)$ 是 $f(x)$ 的一个原函数,那么 $f(x)$ 就有无数多个原函数,并且任意一个原函数都可以表示为 $F(x)+C(C$ 为任意常数)的形式. 也就是说,$F(x)+C(C$ 为任意常数)就是函数 $f(x)$ 的全部原函数.

3.1.3 不定积分的定义

定义 3.1.2 函数 $f(x)$ 的全部原函数叫作 $f(x)$ 的不定积分,记作

$$\int f(x)\mathrm{d}x.$$

其中"$\int$"称为**积分号**,$f(x)$ 称为**被积函数**,$f(x)\mathrm{d}x$ 称为**被积表达式**,x 称为**积分变量**.

由上面的讨论可知,如果 $F(x)$ 是 $f(x)$ 的一个原函数,则有

$$\int f(x)\mathrm{d}x = F(x)+C.$$

其中 C 是任意常数,称为**积分常数**.

例如,由前面可知,x^3 是 $3x^2$ 的一个原函数,那么 x^3+C 就是 $3x^2$ 的不定积分,即

$$\int 3x^2\mathrm{d}x = x^3+C.$$

又如,因为 $(-\cos x)'=\sin x$,即 $(-\cos x)$ 是 $\sin x$ 的一个原函数,那么 $-\cos x+C$ 是 $\sin x$ 的不定积分,即

$$\int \sin x\mathrm{d}x =- \cos x+C.$$

由原函数和不定积分的定义,可用微分法验证不定积分结果是否正确.

【例 1】 用微分法证明: (1) $\int (x\pm3)^3\mathrm{d}x = \dfrac{1}{4}(x\pm3)^4+C$;

(2) $\int \sin^2 2x\mathrm{d}x = \dfrac{1}{2}x - \dfrac{1}{8}\sin 4x + C.$

证明 (1) 因为 $\left[\dfrac{1}{4}(x\pm3)^4\right]'=(x\pm3)^3$,即 $\dfrac{1}{4}(x\pm3)^4$ 是 $(x\pm3)^3$ 的一个原函数,所以

$$\int (x+3)^3 \mathrm{d}x = \frac{1}{4}(x+3)^4 + C.$$

（2）因为 $\left(\frac{1}{2}x - \frac{1}{8}\sin 4x\right)' = \frac{1}{2} - \frac{1}{2}\cos 4x = \sin^2 2x$，即 $\frac{1}{2}x - \frac{1}{8}\sin 4x$ 是 $\sin^2 2x$ 的一个原函数，所以

$$\int \sin^2 2x \mathrm{d}x = \frac{1}{2}x - \frac{1}{8}\sin 4x + C.$$

为简便起见，在不致发生混淆的情况下，不定积分也简称为积分．把求不定积分的运算和方法分别称为积分运算和积分法．

3.1.4　不定积分的几何意义

请看下面的例子．

【例 2】　已知某曲线经过点 $A(1,1)$，且其上任意一点处的切线的斜率等于 $2x$，求此曲线的方程．

　　解　设所求曲线的方程为 $y = f(x)$，依题意可得
$$f'(x) = 2x.$$
这就是说 $f(x)$ 是 $2x$ 的一个原函数．

又因为 $(x^2)' = 2x$，所以 x^2 也是 $2x$ 的一个原函数，因而 $2x$ 的全部原函数即 $2x$ 的不定积分 $\int 2x \mathrm{d}x = x^2 + C$，而 $f(x)$ 只是 $x^2 + C$ 中的某一个，也就是说，所求曲线 $y = f(x)$ 只是曲线族 $y = x^2 + C$ 中的某一条，即经过点 A 的那一条．

把 $x = 1$，$y = 1$ 代入 $y = x^2 + C$ 中，得 $C = 0$．于是所求曲线的方程是
$$y = x^2. \text{（见图 3-1）}$$

由例 2 可知，若把函数 $f(x)$ 的一个原函数 $F(x)$ 的图像叫作函数 $f(x)$ 的积分曲线，则不定积分 $\int f(x)\mathrm{d}x$ 在几何上表示由积分曲线 $y = F(x)$ 沿 y 轴上下平移而得到的一族曲线（称为积分曲线族），且积分曲线族上横坐标相同的点处的切线的斜率都相等，即切线都平行（见图 3-2）．

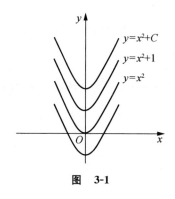

图　3-1

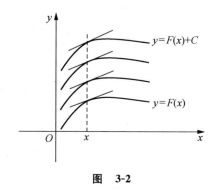

图　3-2

习题 3-1

1．求下列函数的一个原函数．

（1）$f(x) = x^3$；

（2）$f(x) = \mathrm{e}^{-x}$；

(3) $f(x)=3\cos x$； (4) $f(x)=1+\sin x$.

2.用微分法验证下列各等式.

(1) $\int \dfrac{1}{\sqrt{x}}\mathrm{d}x = 2\sqrt{x}+C$；

(2) $\int (x^2+2x-1)\mathrm{d}x = \dfrac{1}{3}x^3+x^2-x+C$；

(3) $\int \dfrac{x}{3+x^2}\mathrm{d}x = \dfrac{1}{2}\ln(3+x^2)+C$.

3.用不定积分的定义求下列不定积分.

(1) $\int \dfrac{1}{1+x^2}\mathrm{d}x$； (2) $\int \csc^2 x\mathrm{d}x$；

(3) $\int \dfrac{1}{x^5}\mathrm{d}x$； (4) $\int (\mathrm{e}^x+\cos x)\mathrm{d}x$.

3.2 不定积分的性质与基本积分公式

3.2.1 不定积分的性质

由不定积分的定义与导数的运算法则,可得不定积分性质如下.

性质 1 微分运算与积分运算互为逆运算

因为 $\int f(x)\mathrm{d}x$ 是 $f(x)$ 的原函数,所以,根据不定积分的定义,有

(1) $\left[\int f(x)\mathrm{d}x\right]' = f(x)$,或 $\mathrm{d}\left[\int f(x)\mathrm{d}x\right] = f(x)\mathrm{d}x$；

又因为 $F(x)$ 是 $F'(x)$ 的原函数,所以,有

(2) $\int F'(x)\mathrm{d}x = F(x)+C$,或 $\int \mathrm{d}F(x) = F(x)+C$.

性质 2 被积函数中不为零的常数因子可以提到积分符号外面,即

$$\int kf(x)\mathrm{d}x = k\int f(x)\mathrm{d}x(k\neq 0).$$

证明 因为

$$\left[k\int f(x)\mathrm{d}x\right]' = k\left[\int f(x)\mathrm{d}x\right]' = kf(x),$$

所以 $k\int f(x)\mathrm{d}x$ 是 $kf(x)$ 的一个原函数.

于是

$$\int kf(x)\mathrm{d}x = k\int f(x)\mathrm{d}x + C.$$

因为等号右边的积分中含有任意常数,所以后面的 C 可以省写,所以

$$\int kf(x)\mathrm{d}x = k\int f(x)\mathrm{d}x.$$

性质 3 两个函数代数和的不定积分等于各个函数不定积分的代数和,即

$$\int [f(x)\pm g(x)]\mathrm{d}x = \int f(x)\mathrm{d}x \pm \int g(x)\mathrm{d}x.$$

证明 因为

$$\left[\int f(x)\,\mathrm{d}x \pm \int g(x)\,\mathrm{d}x\right]' = \left[\int f(x)\,\mathrm{d}x\right]' \pm \left[\int g(x)\,\mathrm{d}x\right]'$$
$$= f(x) \pm g(x),$$

所以 $\int f(x)\,\mathrm{d}x \pm \int g(x)\,\mathrm{d}x$ 是 $f(x) \pm g(x)$ 的一个原函数，于是

$$\int [f(x) \pm g(x)]\,\mathrm{d}x = \int f(x)\,\mathrm{d}x \pm \int g(x)\,\mathrm{d}x + C.$$

因为等号右边的积分中含有任意常数，所以后面的 C 可以省写，所以

$$\int [f(x) \pm g(x)]\,\mathrm{d}x = \int f(x)\,\mathrm{d}x \pm \int g(x)\,\mathrm{d}x.$$

此性质对有限个函数代数和的情形也是成立的．

3.2.2　不定积分的基本公式

由于积分运算是微分运算的逆运算，因此由一个导数公式可以相应地写出一个不定积分公式．

例如，因为 $(\sin x)' = \cos x$，所以 $\int \cos x\,\mathrm{d}x = \sin x + C.$

因为 $(\ln|x|)' = \begin{cases} (\ln x)' = \dfrac{1}{x} & (x > 0) \\[2mm] [\ln(-x)]' = \dfrac{1}{-x}(-x)' = \dfrac{1}{x} & (x < 0) \end{cases}$，所以 $\int \dfrac{1}{x}\,\mathrm{d}x = \ln|x| + C.$

类似地，可以推导出其他基本积分公式．列表如下：

序号	$F'(x) = f(x)$	$\int f(x)\,\mathrm{d}x = F(x) + C$
1	$(kx + C)' = k$	$\int k\,\mathrm{d}x = kx + C$
2	$\left(\dfrac{1}{\alpha+1}x^{\alpha+1}\right)' = x^{\alpha}$	$\int x^{\alpha}\,\mathrm{d}x = \dfrac{1}{\alpha+1}x^{\alpha+1} + C\,(\alpha \neq -1)$
3	$(\ln|x|)' = \dfrac{1}{x}$	$\int \dfrac{1}{x}\,\mathrm{d}x = \ln|x| + C$
4	$\left(\dfrac{a^x}{\ln a}\right)' = a^x$	$\int a^x\,\mathrm{d}x = \dfrac{a^x}{\ln a} + C$
5	$(\mathrm{e}^x)' = \mathrm{e}^x$	$\int \mathrm{e}^x\,\mathrm{d}x = \mathrm{e}^x + C$
6	$(\sin x)' = \cos x$	$\int \cos x\,\mathrm{d}x = \sin x + C$
7	$(-\cos x)' = \sin x$	$\int \sin x\,\mathrm{d}x = -\cos x + C$
8	$(\tan x)' = \sec^2 x$	$\int \sec^2 x\,\mathrm{d}x = \tan x + C$
9	$(-\cot x)' = \csc^2 x$	$\int \csc^2 x\,\mathrm{d}x = -\cot x + C$
10	$(\arcsin x)' = \dfrac{1}{\sqrt{1-x^2}}$	$\int \dfrac{1}{\sqrt{1-x^2}}\,\mathrm{d}x = \arcsin x + C$
11	$(\arctan x)'\,\dfrac{1}{1+x^2}$	$\int \dfrac{1}{1+x^2}\,\mathrm{d}x = \arctan x + C$

以上 11 个基本积分公式是求不定积分的基础,必须熟记.

【例 1】　求下列导数与微分.

(1) $\left(\displaystyle\int \frac{2+\cos x}{\sqrt{7+(\tan x)^2}}\mathrm{d}x\right)'$；　　　　　(2) $\mathrm{d}\left(\displaystyle\int \frac{\ln x}{1+\sin^2 x}\mathrm{d}x\right)$.

解　由性质 1,得

(1) $\left(\displaystyle\int \frac{2+\cos x}{\sqrt{7+(\tan x)^2}}\mathrm{d}x\right)' = \dfrac{2+\cos x}{\sqrt{7+(\tan x)^2}}$.

(2) $\mathrm{d}\left(\displaystyle\int \frac{\ln x}{1+\sin^2 x}\mathrm{d}x\right) = \dfrac{\ln x}{1+\sin^2 x}\mathrm{d}x$.

【例 2】　求下列积分.

(1) $\displaystyle\int \left[3x^2 a^x(\sin^2 x+\cos x)\right]'\mathrm{d}x$；　　　(2) $\displaystyle\int \mathrm{d}\left(5^x+\frac{\cos x^2}{1+(x^3\sin x)^3}\right)$.

解　由性质 1,得

(1) $\displaystyle\int \left[3x^2 a^x(\sin^2 x+\cos x)\right]'\mathrm{d}x = 3x^2 a^x(\sin^2 x+\cos x)+C$.

(2) $\displaystyle\int \mathrm{d}\left(5^x+\frac{\cos x^2}{1+(x^3\sin x)^3}\right) = 5^x+\frac{\cos x^2}{1+(x^3\sin x)^3}+C$.

【例 3】　求下列积分.

(1) $\displaystyle\int \mathrm{d}x$；　　　　(2) $\displaystyle\int x^3\,\mathrm{d}x$；　　　　(3) $\displaystyle\int \frac{1}{\sqrt{x}}\mathrm{d}x$.

解　由基本积分公式,得

(1) $\displaystyle\int \mathrm{d}x = \int 1\,\mathrm{d}x = 1\cdot x+C = x+C$.

(2) $\displaystyle\int x^3\,\mathrm{d}x = \frac{1}{3+1}x^{3+1}+C = \frac{1}{4}x^4+C$.

(3) $\displaystyle\int \frac{1}{\sqrt{x}}\mathrm{d}x = \int x^{-\frac{1}{2}}\mathrm{d}x = \frac{1}{-\frac{1}{2}+1}x^{-\frac{1}{2}+1}+C = 2x^{\frac{1}{2}}+C = 2\sqrt{x}+C$.

【例 4】　求不定积分 $\displaystyle\int (\mathrm{e}^x-3\cos x+2)\mathrm{d}x$.

解　由基本积分公式与性质 2、3,得

$$\int (\mathrm{e}^x-3\cos x+2)\mathrm{d}x = \int \mathrm{e}^x\mathrm{d}x - 3\int\cos x\mathrm{d}x + \int 2\mathrm{d}x$$
$$= \mathrm{e}^x - 3\sin x + 2x + C.$$

注意　在分项积分后,每个不定积分的结果都应有一个积分常数,但任意常数之和仍是任意常数,因此最后结果只要写一个任意常数即可.

习题 3-2

1. 写出下列各式的结果.

(1) $\left(\displaystyle\int \frac{\ln(2+x^2)}{\sqrt{1+\sin^2 x}}\mathrm{d}x\right)'$；　　　　　(2) $\displaystyle\int \left[\frac{1}{8}x^3\mathrm{e}^x(\sin x-\cos x)\right]'\mathrm{d}x$；

(3) $\displaystyle\int \mathrm{d}(a^x+\cos x^2)$；　　　　　(4) $\mathrm{d}\left(\displaystyle\int \frac{\cos x}{1+\sin^2 x}\mathrm{d}x\right)$.

2. 已知某曲线上任意一点 (x,y) 处的切线的斜率为 e^x,且曲线通过点 $A(0,3)$,求曲线的方程.

3. 证明函数 $y = \ln\left(\dfrac{1}{k}x\right)$ 与函数 $y = \ln x$ 是同一函数的原函数（其中 k 为不等于 0 的常数）.

4. 求下列不定积分.

(1) $\displaystyle\int x^7 \mathrm{d}x$；

(2) $\displaystyle\int \frac{x\sqrt[3]{x}}{\sqrt{x}}\mathrm{d}x$；

(3) $\displaystyle\int (x^3 - 2x + 1)\mathrm{d}x$；

(4) $\displaystyle\int \left(\frac{2}{5}x + \mathrm{e}^x - 3\cos x\right)\mathrm{d}x$.

3.3 不定积分的计算

3.3.1 直接积分法

直接用不定积分的基本公式与性质求不定积分，或者对被积函数进行适当的恒等变形（包括代数变形与三角变形），再利用不定积分基本公式与性质求不定积分的方法叫作**直接积分法**.

实际上，3.2.2 中的例 3、例 4 就用的是直接积分法. 直接积分法是求不定积分最基本的方法，是求不定积分的基础，必须熟练掌握.

【**例 1**】 求下列不定积分.

(1) $\displaystyle\int \frac{3\sqrt{x}}{x^4}\mathrm{d}x$；

(2) $\displaystyle\int \left(\frac{2}{5}x - 2\right)\sqrt{x}\,\mathrm{d}x$.

解 (1) $\displaystyle\int \frac{3\sqrt{x}}{x^4}\mathrm{d}x = \int 3x^{\frac{1}{2}-4}\mathrm{d}x = \int 3x^{-\frac{7}{2}}\mathrm{d}x = \frac{3}{-\frac{7}{2}+1}x^{-\frac{7}{2}+1} + C$

$$= -\frac{6}{5}x^{-\frac{5}{2}} + C = -\frac{6}{5\sqrt{x^5}} + C.$$

(2) $\displaystyle\int \left(\frac{2}{5}x - 2\right)\sqrt{x}\,\mathrm{d}x = \int \frac{2}{5}x\sqrt{x}\,\mathrm{d}x - \int 2\sqrt{x}\,\mathrm{d}x$

$$= \frac{2}{5}\int x^{\frac{3}{2}}\mathrm{d}x - 2\int x^{\frac{1}{2}}\mathrm{d}x$$

$$= \frac{4}{25}x^{\frac{5}{2}} - \frac{4}{3}x^{\frac{3}{2}} + C.$$

【**例 2**】 求 $\displaystyle\int \frac{(x+3)^2}{x}\mathrm{d}x$.

解 本题不能直接用基本公式和性质求解，可先把被积函数变形，然后再积分.

$$\int \frac{(x+3)^2}{x}\mathrm{d}x = \int \frac{x^2 + 6x + 9}{x}\mathrm{d}x = \int \left(x + 6 + \frac{9}{x}\right)\mathrm{d}x = \frac{1}{2}x^2 + 6x + 9\ln|x| + C.$$

【**例 3**】 求 $\displaystyle\int \cot^2 x\,\mathrm{d}x$.

解 此题也不能直接用基本公式和性质求解，可先进行三角变形，利用同角三角函数平方关系式 $\cot^2 x = \csc^2 x - 1$，将 $\cot^2 x$ 的不定积分转化为 $\csc^2 x$ 与 1 的不定积分之差，然后利用基本积分公式与性质求解.

$$\int \cot^2 x\,\mathrm{d}x = \int (\csc^2 x - 1)\mathrm{d}x = \int \csc^2 x\,\mathrm{d}x - \int \mathrm{d}x = -\cot x - x + C.$$

【**例 4**】 求 $\displaystyle\int \cos^2\frac{x}{2}\mathrm{d}x$.

解 同例 3 一样,此题也需先进行三角变换,利用二倍角公式将 $\cos^2\dfrac{x}{2}$ 变形为 $\dfrac{1+\cos x}{2}$ 再利用基本积分公式与性质求解.

$$\int \cos^2\frac{x}{2}\mathrm{d}x = \int \frac{1+\cos x}{2}\mathrm{d}x = \frac{1}{2}\int(1+\cos x)\mathrm{d}x = \frac{1}{2}(x+\sin x)+C.$$

【**例 5**】 求不定积分.

(1) $\displaystyle\int \frac{x^4}{1+x^2}\mathrm{d}x$;   (2) $\displaystyle\int \frac{1+2x^2}{x^2(1+x^2)}\mathrm{d}x$.

解 显然,基本积分表中没有这种类型的积分,需对被积函数进行恒等变形.变形时要结合基本积分公式,选用恰当的变形技巧,如拆项法、添项法等.

(1) $\displaystyle\int \frac{x^4}{1+x^2}\mathrm{d}x = \int \frac{(x^4-1)+1}{1+x^2}\mathrm{d}x = \int\left[(x^2-1)+\frac{1}{1+x^2}\right]\mathrm{d}x$

$$= \frac{1}{3}x^3 - x + \arctan x + C.$$

(2) $\displaystyle\int \frac{1+2x^2}{x^2(1+x^2)}\mathrm{d}x = \int \frac{(1+x^2)+x^2}{x^2(1+x^2)}\mathrm{d}x = \int\left(\frac{1}{x^2}+\frac{1}{1+x^2}\right)\mathrm{d}x$

$$= -\frac{1}{x} + \arctan x + C.$$

3.3.2 换元积分法

能用直接积分法计算的不定积分是非常有限的,必须进一步学习新的积分方法,以求解决更多的不定积分问题.本节将学习利用变量代换求不定积分的方法——换元积分法.换元积分法按照换元的不同方式,通常分为两类,下面分别介绍.

1. 第一类换元积分法

看下面的例子.

求 $\displaystyle\int \mathrm{e}^{2x}\mathrm{d}x$.

在基本积分公式表中有公式 $\displaystyle\int \mathrm{e}^x\mathrm{d}x = \mathrm{e}^x + C$,能否利用公式直接得 $\displaystyle\int \mathrm{e}^{2x}\mathrm{d}x = \mathrm{e}^{2x} + C$?

显然不行,因为 $(\mathrm{e}^{2x}+C)' = 2\mathrm{e}^{2x} \neq \mathrm{e}^{2x}$. 错误的原因在于积分公式中积分变量与 e 的指数都是 x,而 $\displaystyle\int \mathrm{e}^{2x}\mathrm{d}x$ 中 e 的指数是 $2x$ 与积分变量不同.

正确的方法是:

先作如下变形,然后进行计算. 即

$$\int \mathrm{e}^{2x}\mathrm{d}x = \frac{1}{2}\int \mathrm{e}^{2x}\cdot 2\mathrm{d}x = \frac{1}{2}\int \mathrm{e}^{2x}\mathrm{d}(2x)$$

$$\xrightarrow{\text{令}\,2x=u} \frac{1}{2}\int \mathrm{e}^u\mathrm{d}u = \frac{1}{2}\mathrm{e}^u + C$$

$$\xrightarrow{\text{回代}\,u=2x} \frac{1}{2}\mathrm{e}^{2x} + C$$

验证:因为 $\left(\dfrac{1}{2}\mathrm{e}^{2x}+C\right)' = \mathrm{e}^{2x}$,所以,$\dfrac{1}{2}\mathrm{e}^{2x}+C$ 是 e^{2x} 的原函数,这说明上面的计算是正

确的.

上例解法的特点是引入新变量 $u=\varphi(x)$，从而把原积分化为关于 u 的一个简单积分，再套用基本积分公式求解. 现在的问题是，在公式 $\int e^x dx = e^x + C$ 中，将 x 换成了 x 的复合函数 $u=\varphi(x)$，对应得到的公式 $\int e^u dx = e^u + C$ 是否成立？回答是肯定的，有下面的定理.

定理 3.3.1　如果 $\int f(x)dx = F(x) + C$，则

$$\int f(u)du = F(u) + C$$

其中 $u=\varphi(x)$ 是 x 的任一个可微函数.

证明　由于 $\int f(x)dx = F(x) + C$，所以 $dF(x) = f(x)dx$. 根据微分形式不变性，则有 $dF(u) = f(u)du$，其中 $u=\varphi(x)$ 是 x 的可微函数，由此得

$$\int f(u)du = \int dF(u) = F(u) + C.$$

此定理表明，在基本积分公式中，自变量 x 换成任一可微函数 $u=\varphi(x)$ 后公式仍成立. 这就大大扩大了基本积分公式的使用范围，故今后在求某个不定积分 $\int g(x)dx$ 时，如 $g(x)$ 的原函数不易获得，而此时若能把被积函数 $g(x)$ 配制成 $f[\varphi(x)]\varphi'(x)$ 的形式，使得换元后 $\int f(u)du$ 比较容易求出，那么就可应用上述公式求积分. 其计算步骤如下：

$$\int g(x)dx \xrightarrow{\text{恒等变形}} \int f[\varphi(x)]\varphi'(x)dx$$

$$\xrightarrow{\text{凑微分}} \int f[\varphi(x)]d\varphi(x)$$

$$\xrightarrow{\text{换元 令 }\varphi(x)=u} \int f(u)du$$

$$\xrightarrow{\text{积分}} F(u) + C$$

$$\xrightarrow{\text{回代}} F[\varphi(x)] + C.$$

这种求不定积分的方法叫**第一类换元积分法**. 上述步骤中，关键是怎样选择适当的变量代换 $u=\varphi(x)$，将 $g(x)dx$ 凑成 $f[\varphi(x)]d[\varphi(x)]$，因此第一类换元法又叫**凑微分法**. 实质上凑微分法是复合函数求导法则的反应用.

【例 6】　求 $\int (3x+1)^7 dx$.

解　$\int (3x+1)^7 dx \xrightarrow{\text{恒等变形}} \dfrac{1}{3}\int (3x+1)^7 \cdot 3dx$

$$\xrightarrow{\text{凑微分}} \dfrac{1}{3}\int (3x+1)^7 d(3x+1)$$

$$\xrightarrow{\text{令 }3x+1=u} \dfrac{1}{3}\int u^7 du$$

$$\xrightarrow{\text{积分}} \dfrac{1}{24}u^8 + C$$

$$\xrightarrow{\text{回代 }u=3x+1} \dfrac{1}{24}(3x+1)^8 + C.$$

【例 7】　求 $\int 2x\mathrm{e}^{x^2}\mathrm{d}x$.

解　$\int 2x\mathrm{e}^{x^2}\mathrm{d}x \xlongequal{\text{恒等变形}} \int \mathrm{e}^{x^2}\cdot 2x\mathrm{d}x$

$\xlongequal{\text{凑微分}} \int \mathrm{e}^{x^2}\mathrm{d}(x^2)$

$\xlongequal{\text{令 } x^2=u} \int \mathrm{e}^u\mathrm{d}u$

$\xlongequal{\text{积分}} \mathrm{e}^u+C$

$\xlongequal{\text{回代 } u=x^2} \mathrm{e}^{x^2}+C.$

【例 8】　求 $\int \dfrac{\ln^3 x}{2x}\mathrm{d}x$.

解　$\int \dfrac{\ln^3 x}{2x}\mathrm{d}x \xlongequal{\text{凑微分}} \dfrac{1}{2}\int \ln^3 x\mathrm{d}(\ln x)$

$\xlongequal{\text{令 } \ln x=u} \dfrac{1}{2}\int u^3\mathrm{d}u$

$\xlongequal{\text{积分}} \dfrac{1}{8}u^4+C$

$\xlongequal{\text{回代 } u=\ln x} \dfrac{1}{8}\ln^4 x+C.$

当运算比较熟练以后,不必写出每步依据与所选新变量 $u=\varphi(x)$,可直接计算下去.

【例 9】　求 $\int \dfrac{1}{\sqrt{3x-7}}\mathrm{d}x$.

解　$\int \dfrac{1}{\sqrt{3x-7}}\mathrm{d}x = \dfrac{1}{3}\int \dfrac{1}{\sqrt{3x-7}}\mathrm{d}(3x-7) = \dfrac{1}{3}\int (3x-7)^{-\frac{1}{2}}\mathrm{d}(3x-7)$

$\qquad = \dfrac{2}{3}(3x-7)^{\frac{1}{2}}+C = \dfrac{2}{3}\sqrt{3x-7}+C.$

【例 10】　求 $\int \dfrac{1}{ax+b}\mathrm{d}x\,(a\neq 0)$.

解　$\int \dfrac{1}{ax+b}\mathrm{d}x = \dfrac{1}{a}\int \dfrac{1}{ax+b}\mathrm{d}(ax+b) = \dfrac{1}{a}\ln|ax+b|+C.$

【例 11】　求 $\int \cot x\mathrm{d}x$.

解　$\int \cot x\mathrm{d}x = \int \dfrac{\cos x}{\sin x}\mathrm{d}x = \int \dfrac{\mathrm{d}(\sin x)}{\sin x} = \ln|\sin x|+C.$

类似地可得 $\int \tan x\mathrm{d}x = -\ln|\cos x|+C.$

【例 12】　求 $\int \dfrac{1}{a^2+x^2}\mathrm{d}x\,(a\neq 0)$.

解　$\int \dfrac{1}{a^2+x^2}\mathrm{d}x = \dfrac{1}{a^2}\int \dfrac{\mathrm{d}x}{1+\left(\dfrac{x}{a}\right)^2} = \dfrac{1}{a}\int \dfrac{\mathrm{d}\left(\dfrac{x}{a}\right)}{1+\left(\dfrac{x}{a}\right)^2} = \dfrac{1}{a}\arctan \dfrac{x}{a}+C.$

【例 13】 求 $\int \dfrac{1}{x^2-a^2}\mathrm{d}x\,(a\neq 0)$.

解 因为 $\dfrac{1}{x^2-a^2}=\dfrac{1}{2a}\left(\dfrac{1}{x-a}-\dfrac{1}{x+a}\right)$,

所以

$$\int \dfrac{1}{x^2-a^2}\mathrm{d}x=\dfrac{1}{2a}\int\left(\dfrac{1}{x-a}-\dfrac{1}{x+a}\right)\mathrm{d}x$$

$$=\dfrac{1}{2a}\left[\int\dfrac{\mathrm{d}(x-a)}{x-a}-\int\dfrac{\mathrm{d}(x+a)}{x+a}\right]$$

$$=\dfrac{1}{2a}(\ln|x-a|-\ln|x+a|)+C=\dfrac{1}{2a}\ln\left|\dfrac{x-a}{x+a}\right|+C.$$

【例 14】 求 $\int \dfrac{1}{\sqrt{a^2-x^2}}\mathrm{d}x\,(a>0)$.

解 $\displaystyle\int \dfrac{1}{\sqrt{a^2-x^2}}\mathrm{d}x=\int\dfrac{\mathrm{d}x}{a\sqrt{1-\left(\frac{x}{a}\right)^2}}=\int\dfrac{\mathrm{d}\left(\frac{x}{a}\right)}{\sqrt{1-\left(\frac{x}{a}\right)^2}}=\arcsin\dfrac{x}{a}+C.$

【例 15】 求 $\int\csc x\,\mathrm{d}x$.

解法 1 $\displaystyle\int\csc x\,\mathrm{d}x=\int\dfrac{\mathrm{d}x}{\sin x}=\int\dfrac{\mathrm{d}x}{2\sin\frac{x}{2}\cos\frac{x}{2}}=\int\dfrac{\mathrm{d}\left(\frac{x}{2}\right)}{\tan\frac{x}{2}\cos^2\frac{x}{2}}$

$$=\int\dfrac{\sec^2\frac{x}{2}\,\mathrm{d}\left(\frac{x}{2}\right)}{\tan\frac{x}{2}}=\int\dfrac{\mathrm{d}\left(\tan\frac{x}{2}\right)}{\tan\frac{x}{2}}=\ln\left|\tan\dfrac{x}{2}\right|+C.$$

解法 2 $\displaystyle\int\csc x\,\mathrm{d}x=\int\dfrac{\sin x}{\sin x^2}\mathrm{d}x=-\int\dfrac{\mathrm{d}(\cos x)}{1-\cos x^2}=\int\dfrac{\mathrm{d}(\cos x)}{\cos x^2-1}$

$$=\dfrac{1}{2}\ln\left|\dfrac{\cos x-1}{\cos x+1}\right|+C \quad(\text{利用例 13 的结论})$$

$$=\dfrac{1}{2}\ln\left|\dfrac{1-\cos x}{\sin x}\right|^2+C=\ln|\csc x-\cot x|+C.$$

从形式上看解法 1 与解法 2 的结果不同,而实际上由于

$$\tan\dfrac{x}{2}=\dfrac{\sin\frac{x}{2}}{\cos\frac{x}{2}}=\dfrac{2\sin^2\frac{x}{2}}{\sin x}=\dfrac{1-\cos x}{\sin x}=\csc x-\cot x$$

有 $\ln\left|\tan\dfrac{x}{2}\right|+C=\ln|\csc x-\cot x|+C$,即两种解法的结果本质相同.

一般来说,在求不定积分时,采用不同的方法可能求得的结果形式不一样,这是由不定积分的表达式中含有一个任意常数所致,只要用微分法验证是正确的即可.

类似地可得

$$\int\sec x\,\mathrm{d}x=\ln|\sec x+\tan x|+C.$$

从以上例子可看出,第一类换元积分法的关键是恰当的凑微分,要掌握好这种方法,需熟记一些凑微分公式,例如:

$$\mathrm{d}x = \frac{1}{a}\mathrm{d}(ax+k)(a\text{、}k\text{ 为常数且 }a\neq0)$$

$$x^a\mathrm{d}x = \frac{1}{a+1}\mathrm{d}(x^{a+1}+k)(a\text{、}k\text{ 为常数且 }a\neq-1)$$

$$\frac{1}{x}\mathrm{d}x = \mathrm{d}(\ln|x|)$$

$$\cos x\mathrm{d}x = \mathrm{d}(\sin x)\quad \sin x\mathrm{d}x = \mathrm{d}(-\cos x)$$

$$\mathrm{e}^x\mathrm{d}x = \mathrm{d}(\mathrm{e}^x)$$

2. 第二类换元积分法

第一类换元积分法是通过选择形如 $u=\varphi(x)$ 的变量代换,将 $\int f[\varphi(x)]\varphi'(x)\mathrm{d}x$ 化为容易求出的 $\int f(u)\mathrm{d}u$ 而求出结果. 但对另一些积分,则需适当地选取相反的变量代换 $x=\psi(t)$,将 $\int f(x)\mathrm{d}x$ 化为容易求出的 $\int f[\psi(t)]\psi'(t)\mathrm{d}t$ 而求出结果. 这种积分法的代换过程如下:

$$\int f(x)\mathrm{d}x \xrightarrow{\ \diamondsuit\ x=\psi(t)\ } \int f[\psi(t)]\psi'(t)\mathrm{d}t$$

$$\xrightarrow{\ \text{积分}\ } F(t)+C$$

$$\xrightarrow{\ \text{回代}\ t=\psi^{-1}(x)\ } F[\psi^{-1}(x)]+C.$$

其中 $\psi(t)$ 单调可微,且 $\psi'(t)\neq0$.

通常把这样的积分方法称为第二类换元积分法.

【例 16】　求 $\displaystyle\int\frac{1}{2+\sqrt{x}}\mathrm{d}x$.

解　此题的困难在于被积函数中含有根号,如果消去根号,则可能得以解决.

为此,令 $\sqrt{x}=t$,则 $x=t^2$,$\mathrm{d}x=\mathrm{d}(t^2)=(t^2)'\mathrm{d}t=2t\mathrm{d}t$. 于是

$$\int\frac{1}{2+\sqrt{x}}\mathrm{d}x = \int\frac{1}{2+t}\cdot 2t\mathrm{d}t = 2\int\frac{2+t-2}{2+t}\mathrm{d}t = 2\int\left(1-\frac{2}{2+t}\right)\mathrm{d}t$$

$$= 2(t-2\ln|2+t|)+C$$

$$= 2[\sqrt{x}-2\ln(2+\sqrt{x})]+C.$$

【例 17】　求 $\displaystyle\int\frac{1}{1+\sqrt[3]{x+5}}\mathrm{d}x$.

解　令 $\sqrt[3]{x+5}=t$,则 $x=t^3-5$,$\mathrm{d}x=\mathrm{d}(t^3-5)=3t^2\mathrm{d}t$,于是

$$\int\frac{1}{1+\sqrt[3]{x+5}}\mathrm{d}x = \int\frac{1}{1+t}\cdot 3t^2\mathrm{d}t = 3\int\frac{t^2}{t+1}\mathrm{d}t$$

$$= 3\int\frac{(t^2-1)+1}{t+1}\mathrm{d}t = 3\int\left(t-1+\frac{1}{1+t}\right)\mathrm{d}t$$

$$= 3\left(\frac{t^2}{2}-t-\ln|1+t|\right)+C$$

$$= \frac{3}{2}(\sqrt[3]{x+5})^2 - 3\sqrt[3]{x+5} - 3\ln\left|1+\sqrt[3]{x+5}\right|+C.$$

由以上两例可知,当被积函数中含有根式 $\sqrt[n]{ax+b}$ 时,设 $t=\sqrt[n]{ax+b}$ 则可消去根号,从而

可求出积分.

【例 18】　求 $\int \sqrt{a^2 - x^2}\,dx\,(a > 0)$.

解　此题的被积函数中含有根号,且根号内是二次式,不能用前面的方法消去根号.联想到三角恒等式 $1 - \sin^2 t = \cos^2 t$,可利用它来消除根号.

令 $x = a\sin t\left(-\dfrac{\pi}{2} \leqslant t \leqslant \dfrac{\pi}{2}\right)$,

则 $t = \arcsin \dfrac{x}{a}$, $dx = a\cos t\,dt$, $\sqrt{a^2 - x^2} = a\sqrt{1 - \sin^2 t} = a\cos t$

于是 $\int \sqrt{a^2 - x^2}\,dx = \int a\cos t \cdot a\cos t\,dt = a^2\int \cos^2 t\,dt$

$$= a^2 \int \frac{1 + \cos 2t}{2}\,dt = \frac{a^2}{2}\left(t + \frac{1}{2}\sin 2t\right) + C$$

$$= \frac{1}{2}a^2 t + \frac{1}{2}a^2 \sin t\cos t + C$$

$$= \frac{1}{2}a^2 \arcsin \frac{x}{a} + \frac{1}{2}a^2 \cdot \frac{x}{a} \cdot \frac{\sqrt{a^2 - x^2}}{a} + C$$

$$= \frac{1}{2}a^2 \arcsin \frac{x}{a} + \frac{x}{2}\sqrt{a^2 - x^2} + C.$$

在上述结果中,为了把变量 t 还原为 x,必须求 $t, \sin t, \cos t$.

t 与 $\sin t$ 可由前面直接得出,而 $\cos t$ 可根据 $\sin t = \dfrac{x}{a}$ 作辅助直角三角形(见图 3-3)求得.

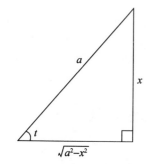

图　3-3

【例 19】　求 $\int \dfrac{1}{\sqrt{x^2 + a^2}}\,dx\,(a > 0)$.

解　令 $x = a\tan t\left(-\dfrac{\pi}{2} < t < \dfrac{\pi}{2}\right)$,则

$$\sqrt{x^2 + a^2} = \sqrt{a^2(\tan^2 t + 1)} = a\sec t, \quad dx = a\sec^2 t\,dt.$$

于是

$$\int \frac{1}{\sqrt{x^2 + a^2}}\,dx = \int \frac{a\sec^2 t}{a\sec t}\,dt = \int \sec t\,dt = \ln|\sec t + \tan t| + C_1$$

$$= \ln\left|\frac{\sqrt{x^2 + a^2}}{a} + \frac{x}{a}\right| + C_1 = \ln(\sqrt{x^2 + a^2} + x) - \ln a + C_1$$

$$= \ln(\sqrt{x^2 + a^2} + x) + C\,(C = C_1 - \ln a)$$

其中, $\sec t$ 根据 $\tan t = \dfrac{x}{a}$ 作辅助直角三角形求得.

【例 20】　求 $\int \dfrac{1}{\sqrt{x^2 - a^2}}\,dx\,(a > 0)$.

解　令 $x = a\sec t\left(0 < t < \dfrac{\pi}{2}\right)$,则 $dx = a\sec t\tan t\,dt$.

于是　$\int \dfrac{1}{\sqrt{x^2 - a^2}}\,dx = \int \dfrac{a\sec t\tan t}{a\tan t}\,dt = \int \sec t\,dt == \ln|\sec t + \tan t| + C_1$

$$= \ln\left|\frac{x}{a} + \frac{\sqrt{x^2 - a^2}}{a}\right| + C_1 = \ln(\sqrt{x^2 - a^2} + x) - \ln a + C_1$$

$$= \ln(\sqrt{x^2 - a^2} + x) + C \quad (C = C_1 - \ln a)$$

其中, $\tan t$ 根据 $\sec t = \dfrac{x}{a}$ 作辅助直角三角形求得.

综上所述, 当被积函数含有形如 $\sqrt{a^2 - x^2}$ 或 $\sqrt{x^2 \pm a^2}$ 的根式时, 可作如下变换消去根号:

(1) 对 $\sqrt{a^2 - x^2}$, 令 $x = a\sin t$;

(2) 对 $\sqrt{x^2 + a^2}$, 令 $x = a\tan t$;

(3) 对 $\sqrt{x^2 - a^2}$, 令 $x = a\sec t$.

上述三种变量代换统称为**三角代换**.

上面分别讨论了用第一、第二换元积分法求积分的问题. 有时, 需要两种换元积分法综合使用.

【例 21】 求 $\displaystyle\int \frac{1}{x^2 \sqrt{1 + x^2}} dx$.

解 令 $x = \dfrac{1}{t}$, 则 $dx = -\dfrac{1}{t^2} dt$. 因此

$$\int \frac{1}{x^2 \sqrt{1 + x^2}} dx = \int \frac{-\dfrac{1}{t^2}}{\dfrac{1}{t^2} \sqrt{1 + \dfrac{1}{t^2}}} dt = -\int \frac{t}{\sqrt{1 + t^2}} dt$$

$$= -\frac{1}{2} \int \frac{1}{\sqrt{1 + t^2}} d(1 + t^2) = -\sqrt{1 + t^2} + C = -\sqrt{1 + \frac{1}{x^2}} + C$$

$$= -\frac{\sqrt{1 + x^2}}{x} + C.$$

本节例题中的某些积分, 以后在求其他积分时常常会遇到, 可以作为公式使用, 现列出如下公式(编号接基本积分公式表):

(12) $\displaystyle\int \tan x \, dx = -\ln|\cos x| + C$;

(13) $\displaystyle\int \cot x \, dx = \ln|\sin x| + C$;

(14) $\displaystyle\int \sec x \, dx = \ln|\sec x + \tan x| + C$;

(15) $\displaystyle\int \csc x \, dx = \ln|\csc x - \cot x| + C$;

(16) $\displaystyle\int \frac{1}{x^2 + a^2} dx = \frac{1}{a}\arctan\frac{x}{a} + C$;

(17) $\displaystyle\int \frac{1}{x^2 - a^2} dx = \frac{1}{2a}\ln\left|\frac{x - a}{x + a}\right| + C$;

(18) $\displaystyle\int \frac{1}{\sqrt{a^2 - x^2}} dx = \arcsin\frac{x}{a} + C \,(a > 0)$;

(19) $\displaystyle\int \sqrt{a^2 - x^2}\, dx = \frac{a^2}{2}\arcsin\frac{x}{a} + \frac{1}{2}x\sqrt{a^2 - x^2} + C \,(a > 0)$;

(20) $\int \dfrac{1}{\sqrt{x^2 \pm a^2}}dx = \ln\left| x + \sqrt{x^2 \pm a^2} \right| + C(a>0).$

【例 22】 求 $\int \dfrac{1}{x^2+4x+1}dx.$

解 $\quad \int \dfrac{1}{x^2+4x+1}dx = \int \dfrac{1}{(x+2)^2-(\sqrt{3})^2}d(x+2)$

$$= \dfrac{1}{2\sqrt{3}}\ln\left| \dfrac{x+2-\sqrt{3}}{x+2+\sqrt{3}} \right| + C. \quad （利用公式(17)）$$

3.3.3 分部积分法

直接积分法与换元积分法能够求一些不定积分，但对于某些不定积分仍然求不出来，如 $\int xe^x dx, \int x\cos x dx$ 等。为了解决这类不定积分问题，本节学习求不定积分的另一种方法——**分部积分法**。

定理 3.3.2 设函数 $u=u(x)$ 与 $v=v(x)$ 具有连续导数，则有分部积分公式

$$\int u(x)v'(x)dx = u(x)v(x) - \int v(x)u'(x)dx$$

或简写为

$$\int u dv = uv - \int v du$$

证明 由两个函数乘积的导数公式，得

$$(uv)' = u'v + uv'$$

移项，得

$$uv' = (uv)' - u'v.$$

两边积分，得

$$\int uv'dx = \int (uv)'dx - \int vu'dx = uv - \int vu'dx.$$

即

$$\int uv'dx = uv - \int vu'dx.$$

因为 $du=u'dx, dv=v'dx$，所以分部积分公式又可写成下面的形式：

$$\int u dv = uv - \int v du.$$

利用分部积分公式，可将积分 $\int uv'dx$ 转化成积分 $\int vu'dx$，如果求 $\int uv'dx$ 比较困难，而求 $\int vu'dx$ 比较容易，则利用分部积分公式往往可以起到化难为易的作用。利用分部积分公式积分的方法叫作**分部积分法**。应用分部积分法时，可按下述步骤计算：

$$\int f(x)dx \xrightarrow{\text{定出 } u(x) \text{、} v(x)} \int u(x)v'(x)dx$$

$$\xrightarrow{\text{凑微分}} \int u(x)d(v(x))$$

$$\xrightarrow{\text{分部}} u(x)v(x) - \int v(x)d(u(x))$$

$$\xrightarrow{\text{积分}} u(x)v(x) - \int v(x)u'(x)\mathrm{d}x$$

【例 23】　求 $\int x\sin x\mathrm{d}x$.

解　此例用直接积分法与换元积分法求不出来,考虑用分部积分法.

首先确定 u、v. 因为 $\sin x\mathrm{d}x = \mathrm{d}(-\cos x)$,所以可设 $u=x$,$v=-\cos x$.

根据公式 $\int u\mathrm{d}v = uv - \int v\mathrm{d}u$,得

$$\int x\sin x\mathrm{d}x = \int x\mathrm{d}(-\cos x)$$
$$= -x\cos x + \int \cos x\mathrm{d}x = -x\cos x + \sin x + C.$$

在上例中,如令 $u=\sin x$,则 $\mathrm{d}v = x\mathrm{d}x$,即 $v = \dfrac{1}{2}x^2$,那么

$$\int x\sin x\mathrm{d}x = \int \sin x\mathrm{d}\left(\frac{x^2}{2}\right) = \sin x \cdot \frac{x^2}{2} - \int \frac{x^2}{2}\mathrm{d}(\sin x)$$
$$= \frac{x^2}{2}\sin x - \frac{1}{2}\int x^2\cos x\mathrm{d}x.$$

显然积分 $\int x^2\cos x\mathrm{d}x$ 比 $\int x\sin x\mathrm{d}x$ 更复杂,更不容易求出. 因此这样选取 u 和 v 是不恰当的. 由此可知,用分部积分法求积分时,关键在于恰当选取 u 与 v. 一般地,选取 u 和 v 要考虑以下两点:

(1) v 要容易求解;

(2) $\int v\mathrm{d}u$ 要比 $\int u\mathrm{d}v$ 容易积出.

【例 24】　求 $\int x^2\mathrm{e}^x\mathrm{d}x$.

解　$\displaystyle\int x^2\mathrm{e}^x\mathrm{d}x = \int x^2\mathrm{d}(\mathrm{e}^x) = x^2\mathrm{e}^x - \int \mathrm{e}^x\mathrm{d}(x^2) = x^2\mathrm{e}^x - 2\int x\mathrm{e}^x\mathrm{d}x$

$$= x^2\mathrm{e}^x - 2\int x\mathrm{d}(\mathrm{e}^x) = x^2\mathrm{e}^x - 2\left(x\mathrm{e}^x - \int \mathrm{e}^x\mathrm{d}x\right)$$
$$= x^2\mathrm{e}^x - 2x\mathrm{e}^x + 2\mathrm{e}^x + C = \mathrm{e}^x(x^2 - 2x + 2) + C.$$

由此例可知,对某些积分,需连续应用分部积分公式而求得.

【例 25】　求 $\displaystyle\int \frac{x\arctan x}{2}\mathrm{d}x$.

解　$\displaystyle\int \frac{x\arctan x}{2}\mathrm{d}x = \frac{1}{2}\int \arctan x \cdot x\mathrm{d}x = \frac{1}{2}\int \arctan x\mathrm{d}\left(\frac{x^2}{2}\right)$

$$= \frac{x^2}{4}\arctan x - \int \frac{x^2}{4}\mathrm{d}(\arctan x) = \frac{x^2}{4}\arctan x - \frac{1}{4}\int \frac{x^2}{1+x^2}\mathrm{d}x$$
$$= \frac{x^2}{4}\arctan x - \frac{1}{4}\int\left(1 - \frac{1}{1+x^2}\right)\mathrm{d}x$$
$$= \frac{x^2}{4}\arctan x - \frac{x}{4} + \frac{1}{4}\arctan x + C.$$

【例 26】　求 $\displaystyle\int \frac{\ln x}{x^2}\mathrm{d}x$.

解
$$\int \frac{\ln x}{x^2}\mathrm{d}x = \int \ln x\,\mathrm{d}\left(-\frac{1}{x}\right) = -\frac{1}{x}\ln x + \int \frac{1}{x}\mathrm{d}(\ln x)$$

$$= -\frac{1}{x}\ln x + \int \frac{1}{x}\cdot\frac{1}{x}\mathrm{d}x = -\frac{1}{x}\ln x + \int \frac{1}{x^2}\mathrm{d}x$$

$$= -\frac{1}{x}\ln x - \frac{1}{x} + C.$$

【**例 27**】 求 $\int \arccos x\,\mathrm{d}x$.

解 被积函数只有一项，但可看作 $\arccos x$ 与 1 的乘积，即

$$\int \arccos x\,\mathrm{d}x = \int \arccos x\cdot 1\,\mathrm{d}x = \int \arccos x\,\mathrm{d}(x)$$

$$= x\arccos x - \int x\,\mathrm{d}(\arccos x) = x\arccos x + \int \frac{x}{\sqrt{1-x^2}}\mathrm{d}x$$

$$= x\arccos x - \frac{1}{2}\int (1-x^2)^{-\frac{1}{2}}\mathrm{d}(1-x^2) = x\arccos x - (1-x^2)^{\frac{1}{2}} + C$$

$$= x\arccos x - \sqrt{1-x^2} + C.$$

【**例 28**】 求 $\int \mathrm{e}^x\sin x\,\mathrm{d}x$.

解
$$\int \mathrm{e}^x\sin x\,\mathrm{d}x = \int \sin x\,\mathrm{d}(\mathrm{e}^x) = \mathrm{e}^x\sin x - \int \mathrm{e}^x\,\mathrm{d}(\sin x)$$

$$= \mathrm{e}^x\sin x - \int \mathrm{e}^x\cos x\,\mathrm{d}x = \mathrm{e}^x\sin x - \int \cos x\,\mathrm{d}(\mathrm{e}^x)$$

$$= \mathrm{e}^x\sin x - \mathrm{e}^x\cos x + \int \mathrm{e}^x\,\mathrm{d}(\cos x)$$

$$= \mathrm{e}^x\sin x - \mathrm{e}^x\cos x - \int \mathrm{e}^x\sin x\,\mathrm{d}x.$$

把等式右边的 $-\int \mathrm{e}^x\sin x\,\mathrm{d}x$ 移到等式的左边，得

$$2\int \mathrm{e}^x\sin x\,\mathrm{d}x = \mathrm{e}^x(\sin x - \cos x) + C_1,$$

（因为等式右边已没有积分号，所以必须加上任意常数 C_1.）

所以 $\int \mathrm{e}^x\sin x\,\mathrm{d}x = \dfrac{1}{2}\mathrm{e}^x(\sin x - \cos x) + C\left(C = \dfrac{1}{2}C_1\right)$.

上题中，经两次分部积分后，出现了"循环现象"，这时可通过解方程的方法求得积分. 这在分部积分中是一种常用的技巧.

一般来说，下述几种类型的不定积分，均可用分部积分公式求解.

(1) $\int x^n\mathrm{e}^{ax}\,\mathrm{d}x, \int x^n\sin ax\,\mathrm{d}x, \int x^n\cos ax\,\mathrm{d}x$ （可设 $u = x^n$）

(2) $\int x^n\ln x\,\mathrm{d}x, \int x^n\arcsin x\,\mathrm{d}x, \int x^n\arctan x\,\mathrm{d}x$ （可设 $u = \ln x, \arcsin x, \arctan x$）

(3) $\int \mathrm{e}^{ax}\sin bx\,\mathrm{d}x, \int \mathrm{e}^{ax}\cos bx\,\mathrm{d}x$ （可设 $u = \sin bx, \cos bx$ 或 $u = \mathrm{e}^{ax}$）

前面分别介绍了直接积分法、换元积分法、分部积分法，在具体的积分过程中，直接积分法是基础，换元积分法与分部积分法最终都需通过直接积分法求得结果. 对换元积分法与分部积分法而言，各有其适用范围，但两种积分法不能截然分开，有时需要综合使用.

【例 29】 求 $\int \sin\sqrt{x}\,dx$.

解　令 $\sqrt{x}=t$, 即 $x=t^2$. 则 $dx=2t\,dt$.

于是　$\int \sin\sqrt{x}\,dx = 2\int t\sin t\,dt = 2\int t\,d(-\cos t) = 2\left(-t\cos t + \int \cos t\,dt\right)$

$$= 2(-t\cos t + \sin t) + C = 2\sin\sqrt{x} - 2\sqrt{x}\cos\sqrt{x} + C.$$

在此例中, 先用换元积分法消去根号, 再用分部积分法求得最终结果.

习题 3-3

1.求下列不定积分.

(1) $\int 5^x e^x\,dx$;

(2) $\int \dfrac{\cos 2t}{\cos t - \sin t}\,dt$;

(3) $\int \tan^2 t\,dt$;

(4) $\int \sin^2 \dfrac{x}{2}\,dx$;

(5) $\int \dfrac{x^2}{1+x^2}\,dx$;

(6) $\int \dfrac{x-4}{\sqrt{x}-2}\,dx$;

(7) $\int \left(\dfrac{2t+1}{t}\right)^2\,dt$;

(8) $\int \dfrac{10^x - 2^x}{5^x}\,dx$.

2.已知函数 $f(x)$ 的导数为 $f'(x)=1+3x^2$, 且 $f(1)=4$, 求函数 $f(x)$.

3.在下列各等式右端的空格线上填入适当的常数, 使等式成立.

(1) $dx = \underline{\qquad} d(1-x)$;

(2) $x^2\,dx = \underline{\qquad} d(x^3)$;

(3) $e^{-\frac{1}{2}x}\,dx = \underline{\qquad} d(e^{-\frac{1}{2}x})$;

(4) $3^x\,dx = \underline{\qquad} d(3^x)$;

(5) $\sin\dfrac{2}{5}x\,dx = \underline{\qquad} d\left(\cos\dfrac{2}{5}x\right)$;

(6) $\dfrac{1}{x}\,dx = \underline{\qquad} d(\ln|2x|)$.

4.下列计算是否正确? 若不正确, 试改正.

(1) $\int e^{-x}\,dx = e^{-x} + C$;

(2) $\int \dfrac{1}{1+\sqrt{x}}\,dx \xrightarrow{\text{令}\sqrt{x}=t} \int \dfrac{1}{1+t}\,dt = \ln|1+t| + C = \ln|1+\sqrt{x}| + C$;

(3) $\int \sin^3 x\,dx = \dfrac{1}{4}\sin^4 x + C$.

5.用第一类换元积分法求下列不定积分.

(1) $\int \sin 3x\,dx$;

(2) $\int \dfrac{1}{e^x}\,dx$;

(3) $\int (3x-1)^3\,dx$;

(4) $\int \dfrac{1}{(1-2x)^2}\,dx$;

(5) $\int 7^{-4x}\,dx$;

(6) $\int x e^{-x^2}\,dx$;

(7) $\int \dfrac{x}{\sqrt{x^2-a^2}}\,dx$;

(8) $\int \dfrac{\sin x\,dx}{a-b\cos x}\,(b\neq 0)$;

(9) $\int \dfrac{\sqrt{\ln x}}{x}\,dx$;

(10) $\int \dfrac{e^x}{1+e^x}\,dx$;

(11) $\int \dfrac{(\arctan x)^3}{1+x^2}\,dx$;

(12) $\int \dfrac{1}{x^2-4}\,dx$.

6.用第二类换元积分法求下列不定积分.

(1) $\int \dfrac{\sqrt{x}}{1+x}\,dx$;

(2) $\int \dfrac{2+x}{\sqrt[3]{x+1}}\,dx$;

(3) $\displaystyle\int \frac{\sqrt{x-1}}{x}\mathrm{d}x$;

(4) $\displaystyle\int \sqrt{\mathrm{e}^x-1}\,\mathrm{d}x$;

(5) $\displaystyle\int \frac{\sqrt{a^2-x^2}}{x^4}\mathrm{d}x$.

7. 求下列不定积分.

(1) $\displaystyle\int x\cos x\,\mathrm{d}x$;

(2) $\displaystyle\int x\ln 2x\,\mathrm{d}x$;

(3) $\displaystyle\int 3te^{-2t}\,\mathrm{d}t$;

(4) $\displaystyle\int \arcsin x\,\mathrm{d}x$;

(5) $\displaystyle\int x^2\sin x\,\mathrm{d}x$;

(6) $\displaystyle\int (x-2)\sin 3x\,\mathrm{d}x$;

(7) $\displaystyle\int x^2\ln x\,\mathrm{d}x$;

(8) $\displaystyle\int \mathrm{e}^{-x}\cos x\,\mathrm{d}x$;

(9) $\displaystyle\int \ln(1+x^2)\,\mathrm{d}x$;

(10) $\displaystyle\int x\sin \frac{3x}{2}\cos \frac{3x}{2}\,\mathrm{d}x$.

3.4　不定积分的应用

【例1】　一物体以速度 $v=3t^2+1(\mathrm{m/s})$ 作直线运动, 当 $t=1\,\mathrm{s}$ 时, 物体经过的路程 $s=2$ m, 求物体的运动方程.

解　设物体的运动方程为

$$s=s(t)$$

依题意有

$$s'(t)=v(t)=3t^2+1$$

所以

$$s(t)=\int (3t^2+1)\,\mathrm{d}t=t^3+t+C.$$

依题意, 当 $t=1$ 时, $s=2$, 代入上式, 得 $C=0$. 于是可得物体的运动方程为

$$s(t)=t^3+t.$$

【例2】　列车进站时必须制动减速, 若列车制动后的速度为 $v(t)=1-\dfrac{1}{3}t(\mathrm{km/min})$, 问列车应该在离站台停靠点多远的地方开始制动?

解　设列车制动后的运动方程为

$$s=s(t).$$

依题意有

$$s'(t)=v(t)=1-\frac{1}{3}t,$$

所以

$$s(t)=\int \left(1-\frac{1}{3}t\right)\mathrm{d}t=t-\frac{1}{6}t^2+C.$$

依题意, 当 $t=0$ 时, $s=0$, 代入上式, 得 $C=0$. 于是可得制动后的运动方程为

$$s(t)=t-\frac{1}{6}t^2.$$

由于列车到达停靠点速度必须为 0, 故由 $v(t)=1-\dfrac{1}{3}t=0$, 可得 $t=3$.

将 $t=3$，代入 $s(t)=t-\dfrac{1}{6}t^2$，得 $s=1.5$. 即列车在离停靠点 $1.5\,\text{km}$ 处开始制动.

【例 3】 设某函数的图像上有一拐点 $P(2,4)$，在拐点 P 处曲线的切线的斜率为 -3，又知这个函数的二阶导数具有形状 $y''=6x+c$，求此函数.

解 由于函数在拐点处的二阶导数为 0，故有 $0=6\times2+c$，得 $c=-12$.

于是
$$y'=\int(6x-12)\mathrm{d}x=3x^2-12x+C_1$$

又因为在拐点 P 处曲线的切线的斜率为 -3，则有
$$-3=3\times2^2-12\times2+C_1,\ 得\ C_1=9$$

于是
$$y=\int(3x^2-12x+9)\mathrm{d}x=x^3-6x^2+9x+C_2$$

又因为函数的图像上有一拐点 $P(2,4)$，代入上式，得 $C_2=2$.

故所求函数为
$$y=x^3-6x^2+9x+2.$$

【例 4】 某工厂生产某种产品的边际成本为 $C'(x)=x^2-8x+100$（元/件），其中 x 为产量. 又已知固定成本为 2000 元，求总成本函数.

解 由导数的经济意义知道，经济函数的导数叫作边际函数. 因此对已知的边际函数求不定积分，就得到原来的经济函数.

例如，如果已知边际成本 $C'(x)$，则总成本函数
$$C(x)=\int C'(x)\mathrm{d}x;$$

如果已知边际收入 $R'(x)$，则总收入函数
$$R(x)=\int R'(x)\mathrm{d}x;$$

等等.

此题已知边际成本为 $C'(x)=x^2-8x+100$，则总成本函数为
$$C(x)=\int C'(x)\mathrm{d}x=\int(x^2-8x+100)\mathrm{d}x=\frac{1}{3}x^3-4x^2+100x+C_0.$$

因为固定成本是不随产量的变化而变化的，所以对于总成本函数 $C(x)$，应有 $C(0)=2000$ 元. 由此可定出积分常数 $C_0=2000$ 元，于是所求的总成本函数为
$$C(x)=\frac{1}{3}x^3-4x^2+100x+2000.$$

【例 5】 某商场销售某种商品的边际收入为 $R'(x)=78-1.2x$，试求总收入函数及需求函数.

解 此题已知边际收入为 $R'(x)=78-1.2x$，则总收入函数为
$$R(x)=\int R'(x)\mathrm{d}x=\int(78-1.2x)\mathrm{d}x=78x-0.6x^2+R_0.$$

虽然题目中未明确给出确定积分常数的条件，但实际上，当销售量为 0 时，总收入值也应为 0，即 $R(0)=0$，由此可定出积分常数 $R_0=0$，于是所求的总收入函数为
$$R(x)=78x-0.6x^2$$

而单价
$$p=\frac{R(x)}{x}=\frac{78-0.6x^2}{x}=78-0.6x,$$

于是，需求函数

$$x = f(p) = \frac{78-p}{0.6} = 130 - \frac{5p}{3}.$$

【例6】　已知某种商品的需求函数 $x=100-5p$，其中 x 为需求量（单位件），p 为单价（单位：元/件）. 又已知此种商品的边际成本为 $C'(x)=10-0.2x$，且 $C(0)=10$. 试确定当销售单价为多少时，总利润为最大，并求出最大总利润.

解　总成本函数为

$$C(x) = \int C'(x)\,dx = \int (10-0.2x)\,dx = 10x - 0.1x^2 + C_0.$$

由 $C(0)=10$，定出积分常数 $C_0=10$（即为固定成本），得总成本函数

$$C(x) = 10 + 10x - 0.1x^2.$$

将 $x=100-5p$ 代入上式，得

$$C(p) = 10 + 10(100-5p) - 0.1(100-5p)^2 = 10 + 50p - 2.5p^2.$$

又总收入函数应为 $R(x)=px$，将 $x=100-5p$ 代入，得

$$R(p) = p(100-5p) = 100p - 5p^2.$$

故总利润函数为

$$L(p) = R(p) - C(p) = (100p-5p^2) - (10+50p-2.5p^2) = -10 + 50p - 2.5p^2$$

于是 $L'(p)=50-5p$，令 $L'(p)=0$，得驻点 $p=10$. 又 $L''(p)=-5<0$，所以当销售单价 $p=10$ 元时（此时销售量 $x=50$ 件），总利润为最大，最大利润为 240 元.

习题 3-4

1. 一物体以速度 $v=3t^2+1$(m/s) 作直线运动，当 $t=1\,\text{s}$ 时，物体经过的路程 $s=2\,\text{m}$，求物体的运动方程.

2. 一曲线过点 $(0,1)$，且曲线上任意一点处的切线的斜率都等于该点横坐标减1. 求该曲线的方程.

3. 已知某产品的边际成本函数 $C'(x)=2x-3x^2$，且当 $x=10$ 时，总成本 $C(10)=100$. 试求总成本函数 $C(x)$.

4. 已知某产品的边际产量函数 $q'(x)=6x^2-4x+2$，且 $x=1$ 时，总产量 $q(1)=0$，试求总产量函数 $q(x)$.

5. 已知某产品生产 x 个单位的边际成本是 $C'(x)=4+0.002x$，且固定成本为 2 000 元，试求总成本函数 $C(x)$.

6. 已知某产品的边际收入函数 $R'(x)=a-bx$，且 $R(0)=0$，试求总收入函数及需求函数.

7. 设某种产品的需求量 x 是价格 P 的函数，该商品的最大需求量为 1000（即 $p=0$ 时，$x=0$），已知边际需求为 $x'(p)=-1000\ln3\left(\frac{1}{3}\right)^p$，试求需求函数 $x=f(p)$.

8. 某种产品在日产量为 x 件时的边际成本为 $0.4x+1$(元/件)，且固定成本为 375 元，每件售价为 21 元. 假设产品可以全部售出，试求该产品的日产量为多少时可获最大利润，并求此时的利润值.

本 章 小 结

【主要内容】　原函数的概念与性质、不定积分的概念与性质、基本积分公式、直接积分法、换元积分法、分部积分法，不定积分的应用

【学习要求】
1. 理解原函数的概念与性质.

2. 理解不定积分的概念与性质.

3. 了解不定积分的几何意义.

4. 掌握基本积分公式与直接积分法.

5. 理解换元积分法的基本思路,熟练掌握凑微分法,能够进行根式代换.

6. 理解分部积分法的基本思路,掌握分部积分法.

7. 能够应用不定积分解决一些实际问题.

【重点】　直接积分法、第一换元积分法(凑微分法)、分部积分法.

【难点】　凑微分法、根式代换、几种积分法的综合应用及实际应用.

复 习 题 三

1. 填空题.

(1) 若 $\int f(x)\mathrm{d}x = F(x) + C$,则 $\int \mathrm{e}^{-x}f(\mathrm{e}^{-x})\mathrm{d}x = $ ＿＿＿＿＿＿.

(2) 若函数 $\varphi(x)$ 具有一阶连续导数,则 $\int \varphi'(x)\sin\varphi(x)\mathrm{d}x = $ ＿＿＿＿＿＿.

(3) 函数 $f(x) = 3x^2$ 的积分曲线族为＿＿＿＿＿＿＿;该积分曲线族中,横坐标为 2 的点处的切线的斜率为＿＿＿＿＿＿.

(4) 已知函数 $f(x)$ 可导,$F(x)$ 是 $f(x)$ 的一个原函数,则 $\int xf'(x)\mathrm{d}x = $ ＿＿＿＿＿＿.

2. 求下列不定积分.

(1) $\int \dfrac{(1+\ln x)^3}{x}\mathrm{d}x$;　　　　　　(2) $\int \dfrac{\sqrt{x}+\cos\sqrt{x}}{\sqrt{x}}\mathrm{d}x$;

(3) $\int \dfrac{\sqrt[3]{1+\tan x}}{\cos^2 x}\mathrm{d}x$;　　　　　(4) $\int \dfrac{1}{4-9x^2}\mathrm{d}x$;

(5) $\int \dfrac{1}{\sqrt{2}+\sqrt{x+2}}\mathrm{d}x$;　　　　(6) $\int x\sqrt{k-x}\,\mathrm{d}x$ (k 为常数);

(7) $\int \sin^2 2x\cos^2 2x\mathrm{d}x$;　　　　　(8) $\int \dfrac{x^2}{\sqrt{x^3+4}}\mathrm{d}x$;

(9) $\int \cos 2\sqrt{x}\,\mathrm{d}x$;　　　　　　　(10) $\int \dfrac{1}{x^2+6x+6}\mathrm{d}x$.

3. 已知某曲线上每点的切线的斜率 $k = \dfrac{1}{a}(\mathrm{e}^{\frac{x}{a}}+\cos ax)$($a$ 为不等于 0 的常数),又知曲线经过点 $M(0,a)$,求曲线的方程.

4. 物体由静止开始运动,在任意时刻 t 的加速度为 $\alpha = t(\mathrm{m/s}^2)$,求:

(1) 在第 2 秒末时物体运动的速度;

(2) 需要多少时间,物体离开出发点 288 m.

第 4 章　定积分及其应用

定积分是微积分的又一个重要的基本概念.它与导数的概念一样,也是在分析、解决实际问题的过程中逐渐形成并发展起来的. 我们将从实际问题引出定积分的概念,然后介绍定积分的性质,揭示定积分与不定积分间的关系,并给出定积分的计算方法,特别是微积分的基本公式,最后介绍定积分在几何及物理等问题中的有关应用.

4.1　定积分的概念和性质

4.1.1　引例

【例 1】　求曲边梯形的面积.

在初等数学中,对于一些规则图形,如三角形、矩形、梯形等,给出了计算公式,但现实中还存在着许多以曲线为边缘的平面图形,这类图形的面积计算就需要引入新的方法加以解决.

首先,从平面图形中较为简单的曲边梯形的面积问题来加以考虑. 所谓**曲边梯形**,是指如图 4-1 所示的图形 $ABCD$,它是由三条直线(其中两条互相平行且与第三条垂直)与一条连续曲线所围成的封闭图形.

如图 4-2 所示,求由连续曲线 $y=f(x)(f(x)\geqslant0)$ 与三条直线 $x=a,x=b,y=0$ 所围成的曲边梯形的面积 A.

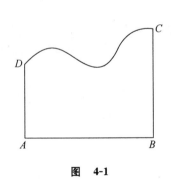

图　4-1

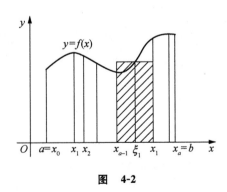

图　4-2

如果 $y=f(x)=C$ 为常数,则所围图形为矩形,它的面积可按公式:矩形面积=高×宽来计算.但是,曲边梯形在底边上各点处的高 $f(x)$ 是变动的,因此它的面积不能直接用上述公式来计算. 为此,需要研究新的计算方法. 可用细分、近似代替、求和、取极限的思想来解决.其具体步骤详述如下.

1. 细分

用分点 $a=x_0<x_1<x_2<\cdots<x_{i-1}<x_i<\cdots<x_{n-1}<x_n=b$ 把区间 $[a,b]$ 分成 n 个小区间

$$[x_0, x_1], [x_1, x_2], \cdots, [x_{i-1}, x_i], \cdots, [x_{n-1}, x_n],$$

第 i 个小区间的长度记为 $\Delta x_i (i=1,2,\cdots,n)$，即

$$\Delta x_i = x_i - x_{i-1} (i=1,2,\cdots,n).$$

过各个分点作垂直于 x 轴的直线，把曲边梯形分成 n 个小曲边梯形．第 i 个小曲边梯形的面积记为 $\Delta A_i (i=1,2,\cdots,n)$，则

$$A = \Delta A_1 + \Delta A_2 + \cdots + \Delta A_n = \sum_{i=1}^{n} \Delta A_i.$$

2. 近似替代

在第 i 个小区间 $[x_{i-1}, x_i] (i=1,2,\cdots,n)$ 上任取一点 $\xi_i (x_{i-1} \leqslant \xi_i \leqslant x_i)$，用以 Δx_i 为宽，$f(\xi_i)$ 为高的小矩形的面积 $f(\xi_i)\Delta x_i$ 近似代替相应的小曲边梯形的面积 ΔA_i，即

$$\Delta A_i \approx f(\xi_i)\Delta x_i (i=1,2,\cdots,n).$$

3. 求和

将每个小矩形的面积相加，所得的和就是整个曲边梯形面积的近似值，即

$$A = \sum_{i=1}^{n} \Delta A_i \approx \sum_{i=1}^{n} f(\xi_i)\Delta x_i.$$

4. 取极限

当分点个数 n 无限增大，且使得这些小区间长度的最大值 $\lambda = \max\{\Delta x_1, \Delta x_2, \cdots, \Delta x_n\}$ 趋向于零时，和式 $\sum_{i=1}^{n} f(\xi_i)\Delta x_i$ 的极限就是曲边梯形的面积，即

$$A = \lim_{\lambda \to 0} \sum_{i=1}^{n} f(\xi_i)\Delta x_i.$$

由此，把求曲边梯形的面积归结为求一个和式的极限问题．

【例 2】　求变速直线运动的路程．

设某物体作直线运动，已知速度 $v=v(t)$ 是时间区间 $[a,b]$ 上 t 的连续函数，且 $v(t) \geqslant 0$，求物体在这段时间内所走的路程 s．

在物理学中，对于匀速直线运动，有公式：路程＝速度×时间．

对于变速直线运动，不能用上述公式来求路程，采用与求曲边梯形面积类似的方法求解．

第一步：分割，用分点．

$$a = t_0 < t_1 < t_2 < \cdots < t_{i-1} < t_i < \cdots < t_{n-1} < t_n = b$$

把时间区间 $[a,b]$ 分成 n 个小区间

$$[t_0, t_1], [t_1, t_2], \cdots, [t_{i-1}, t_i], \cdots, [t_{n-1}, t_n]$$

第 i 个小区间的长度记作

$$\Delta t_i = t_i - t_{i-1} (i=1,2,\cdots,n).$$

物体在第 i 个小区间 $[t_{i-1}, t_i]$ 内所走的路程记作 $\Delta s_i (i=1,2,\cdots,n)$，则

$$s = \sum_{i=1}^{n} \Delta s_i.$$

第二步：近似．在第 i 个小区间 $[t_{i-1}, t_i]$ 上任取一点 ξ_i，将 $[t_{i-1}, t_i] (i=1,2,\cdots,n)$ 内的变速运动近似地看作速度为 $v(\xi_i)$ 的匀速运动，得到路程 Δs_i 的近似值，即

$$\Delta s_i \approx v(\xi_i)\Delta t_i (i=1,2,\cdots,n).$$

第三步：求和．把 n 个小区间内的路程相加，得到整个区间上的路程 s 的近似值，即

$$s = \sum_{i=1}^{n} \Delta s_i \approx \sum_{i=1}^{n} v(\xi_i) \Delta t_i.$$

第四步：求极限. 当分点个数 n 无限增大，且使得这些小区间长度的最大值 $\lambda = s =$ $\lim\limits_{\lambda \to 0} \sum\limits_{i=1}^{n} v(\xi_i) \Delta t_i . \max\{\Delta t_1, \Delta t_2, \cdots, \Delta t_n\}$ 趋向于零时，和式 $\sum\limits_{i=1}^{n} v(\xi_i) \Delta t_i$ 的极限就是物体所走的路程，即

$$s = \lim_{\lambda \to 0} \sum_{i=1}^{n} v(\xi_i) \Delta t_i.$$

因此，变速直线运动的路程也是一个和式的极限.

4.1.2 定积分的定义

上面两例中，虽然一个是几何问题，一个是物理问题，所计算的量具有不同的实际意义，但解决问题的思想方法与步骤却是相同的，并且最终具有完全相同的数学模式——归结为求和式的极限. 一般地，有：

定义 4.1.1 设函数 $f(x)$ 在区间 $[a, b]$ 上有定义，任取分点

$$a = x_0 < x_1 < x_2 < \cdots < x_{i-1} < x_i < \cdots < x_{n-1} < x_n = b$$

将区间 $[a, b]$ 分成 n 个子区间 $[x_{i-1}, x_i](i = 1, 2, \cdots, n)$，记 $\Delta x_i = x_i - x_{i-1}$ 为第 i 个子区间的长度. 在每个子区间上任取一点 $\xi_i (x_{i-1} \leqslant \xi_1 \leqslant x_i)$，作函数值与相应子区间长度 Δx_i 的积 $f(\xi_i) \Delta x (i = 1, 2, \cdots, n)$，并作和式（称为**积分和式**）

$$\sum_{i=1}^{n} f(\xi_i) \Delta x_i.$$

记 $\lambda = \max\{\Delta x_i\}(i = 1, 2, \cdots, n)$，如果不论对 $[a, b]$ 怎样分法，也不论在子区间 $[x_{i-1}, x_i]$ 上点 ξ_i 怎样取法，极限

$$A = \lim_{\lambda \to 0} \sum_{i=1}^{n} f(\xi_i) \Delta x_i$$

存在，则称函数 $f(x)$ 在 $[a, b]$ 上可积，且称这个极限值为 $f(x)$ 在 $[a, b]$ 上的**定积分（简称积分）**，记为

$$\int_a^b f(x) \mathrm{d}x,$$

即

$$\int_a^b f(x) \mathrm{d}x = \lim_{\lambda \to 0} \sum_{i=1}^{n} f(\xi_1) \Delta x_i.$$

其中 $f(x)$ 称为**被积函数**，称为**被积表达式**，x 称为**积分变量**，$[a, b]$ 称为**积分区间**，a 称为**积分下限**，b 称为**积分上限**.

由定积分定义可知，上面引例中的两个问题可以用定积分来描述：

（1）曲边梯形的面积 A 是函数 $f(x)$ 在区间 $[a, b]$ 上的定积分，即

$$A = \int_a^b f(x) \mathrm{d}x.$$

（2）物体以变速 $v = v(t)(v(t) \geqslant 0)$ 作变速直线运动，从时刻 a 到时刻 b 所走过的路程 s 等于其速度函数 $v = v(t)$ 在时间区间 $[a, b]$ 上的定积分，即

$$s = \int_a^b v(t) \mathrm{d}t.$$

关于定积分的概念,注意以下几点:

(1) 定积分 $\int_a^b f(x)\mathrm{d}x$ 是积分和式的极限,是一个数值,大小与被积函数 $f(x)$ 和积分区间 $[a,b]$ 有关,而与积分变量的记号无关,即

$$\int_a^b f(x)\mathrm{d}x = \int_a^b f(t)\mathrm{d}t = \int_a^b f(u)\mathrm{d}u.$$

(2) 在定积分的定义中,我们假定 $a<b$,即积分下限小于积分上限. 如果 $a>b$,我们规定

$$\int_a^b f(x)\mathrm{d}x = -\int_b^a f(x)\mathrm{d}x,$$

即定积分上下限互换时,积分值仅改变符号.

(3) 若 $a=b$ 时,规定

$$\int_a^b f(x)\mathrm{d}x = 0.$$

如果 $f(x)$ 在 $[a,b]$ 上的定积分存在,我们就说 $f(x)$ 在 $[a,b]$ 上可积. 函数在区间 $[a,b]$ 上满足怎样的条件,才是可积的呢? 下面的定理回答了这个问题.

定理 4.1.1　设函数 $f(x)$ 在区间 $[a,b]$ 上连续,则 $f(x)$ 在 $[a,b]$ 上可积.

定理 4.1.2　设函数 $f(x)$ 在区间 $[a,b]$ 上只有有限个第一类间断点,则 $f(x)$ 在 $[a,b]$ 上可积.

【例 3】　根据定积分的定义,求 $\int_0^1 x^2\,\mathrm{d}x$.

解　因为函数 $f(x)=x^2$ 在区间 $[0,1]$ 上连续,

所以 $f(x)$ 在 $[0,1]$ 上一定可积,

因为积分值与区间 $[0,1]$ 的分法及点 ξ_i 的取法无关,

所以可把区间 $[0,1]$ n 等分,分点为 $x_i=\dfrac{i}{n}(i=1,2,\cdots,n-1)$,

因为每个小区间的长度为 $\Delta x_i=\dfrac{1}{n}(i=1,2,\cdots,n)$,

所以可取每个小区间的右端点为 $\xi_i,\xi_i=\dfrac{i}{n}(i=1,2,\cdots,n-1)$,

于是积分和式为 $\displaystyle\sum_{i=1}^n f(\xi_i)\Delta x_i = \sum_{i=1}^n \xi_i^2 \Delta x_i = \sum_{i=1}^n \left(\dfrac{i}{n}\right)^2 \dfrac{1}{n}$

$$= \dfrac{1}{n^3}\sum_{i=1}^n i^2 = \dfrac{1}{n^3}\cdot\dfrac{1}{6}n(n+1)(2n+1)$$

$$= \dfrac{1}{6}\left(1+\dfrac{1}{n}\right)\left(2+\dfrac{1}{n}\right).$$

因为 $\lambda=\max\left\{\dfrac{1}{n},\dfrac{1}{n},\cdots,\dfrac{1}{n}\right\}=\dfrac{1}{n}$,

所以当 $\lambda\to0$ 时,$n\to\infty$,有

$$\int_0^1 x^2\,\mathrm{d}x = \lim_{\lambda\to0}\sum_{i=1}^n f(\xi_i)\Delta x_i = \lim_{n\to\infty}\dfrac{1}{6}\left(1+\dfrac{1}{n}\right)\left(2+\dfrac{1}{n}\right) = \dfrac{1}{3}.$$

4.1.3　定积分的几何意义

由以上讨论可知：

（1）若函数 $f(x)$ 在 $[a,b]$ 上连续，且 $f(x)\geqslant 0$，那么定积分 $\int_a^b f(x)\mathrm{d}x$ 在几何上表示由曲线 $y=f(x)$ 与直线 $x=a,x=b,y=0$ 所围成的曲边梯形的面积（见图 4-2）.

（2）若 $f(x)$ 在 $[a,b]$ 上连续，且 $f(x)\leqslant 0$，那么 $-f(x)\geqslant 0$，因而由曲线 $y=f(x)$ 与直线 $x=a,x=b,y=0$ 所围成的曲边梯形的面积 A 为

$$A=\lim_{\lambda\to 0}\sum_{i=1}^n \left[-f(\xi_i)\right]\Delta x_i =-\lim_{\lambda\to 0}\sum_{i=1}^n f(\xi_i)\Delta x_i =-\int_a^b f(x)\mathrm{d}x.$$

因此

$$\int_a^b f(x)\mathrm{d}x =-A.$$

这就是说，当 $f(x)\leqslant 0$ 时，定积分 $\int_a^b f(x)\mathrm{d}x$ 等于曲边梯形面积的负值（见图 4-3）.

（3）若 $f(x)$ 在 $[a,b]$ 上连续，且有时取正值，有时取负值（见图 4-4），则有

$$\int_a^b f(x)\mathrm{d}x =A_1-A_2+A_3.$$

前面讨论表明，尽管定积分 $\int_a^b f(x)\mathrm{d}x$ 在各种实际问题中的意义各不相同，但它的值在几何上都可以用曲边梯形的面积来表示.

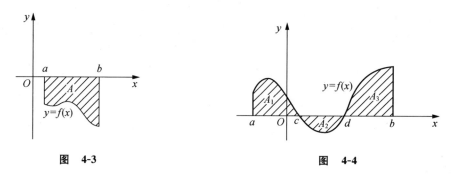

图　4-3　　　　　　　　　　　　　　　图　4-4

【例 4】　用定积分表示图 4-5 中各图形阴影部分的面积，并根据定积分的几何意义求出其值.

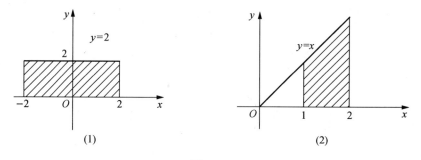

（1）　　　　　　　　　　　　　　　　（2）

图　4-5

解　在图 4-5(1)中,被积函数 $f(x)=2$ 在区间$[-2,2]$上连续,且 $f(x)>0$,根据定积分的几何意义,阴影部分的面积为

$$A = \int_{-2}^{2} 2\mathrm{d}x = 2 \times 4 = 8.$$

在图 4-5(2)中,被积函数 $f(x)=x$ 在区间$[1,2]$上连续,且 $f(x)>0$,根据定积分的几何意义,图中阴影部分的面积为

$$\int_{1}^{2} x\mathrm{d}x = \frac{(1+2) \times 1}{2} = \frac{3}{2}.$$

4.1.4　定积分的性质

设 $f(x),g(x)$ 在区间$[a,b]$上可积,由定积分定义和极限的运算性质等相关知识,可得以下性质.

性质 1　两个函数和或差的定积分等于各个函数定积分的和或差,即

$$\int_{a}^{b}[f(x) \pm g(x)]\mathrm{d}x = \int_{a}^{b} f(x)\mathrm{d}x \pm \int_{a}^{b} g(x)\mathrm{d}x.$$

证明　
$$\begin{aligned}
\int_{a}^{b}[f(x) \pm g(x)]\mathrm{d}x &= \lim_{\lambda \to 0} \sum_{i=1}^{n}[f(\xi_i) \pm g(\xi_i)]\Delta x_i \\
&= \lim_{\lambda \to 0} \sum_{i=1}^{n} f(\xi_i)\Delta x_i \pm \lim_{\lambda \to 0} \sum_{i=1}^{n} g(\xi_i)\Delta x_i \\
&= \int_{a}^{b} f(x)\mathrm{d}x \pm \int_{a}^{b} g(x)\mathrm{d}x.
\end{aligned}$$

性质 1 可以推广到有限多个函数的代数和的情形.

性质 2　被积函数中的常数因子可以提到积分号外面,即

$$\int_{a}^{b} kf(x)\mathrm{d}x = k\int_{a}^{b} f(x)\mathrm{d}x.$$

证明　
$$\int_{a}^{b} kf(x)\mathrm{d}x = \lim_{\lambda \to 0} \sum_{i=1}^{n} kf(\xi_i)\Delta x_i = k\lim_{\lambda \to 0} \sum_{i=1}^{n} f(\xi_i)\Delta x_i = k\int_{a}^{b} f(x)\mathrm{d}x.$$

性质 1、2 可写为(**线性性质**)：$\int_{a}^{b}[\alpha f(x) + \beta g(x)]\mathrm{d}x = \alpha\int_{a}^{b} f(x)\mathrm{d}x + \beta\int_{a}^{b} g(x)\mathrm{d}x$

性质 3(定积分对积分区间的可加性)　对于任意三个数 a,b,c,总有

$$\int_{a}^{b} f(x)\mathrm{d}x = \int_{a}^{c} f(x)\mathrm{d}x + \int_{c}^{b} f(x)\mathrm{d}x.$$

下面根据定积分的几何意义对这一条性质加以说明.

在图 4-6(1)中,有 $\int_{a}^{b} f(x)\mathrm{d}x = A_1 + A_2 = \int_{a}^{c} f(x)\mathrm{d}x + \int_{c}^{b} f(x)\mathrm{d}x$.

在图 4-6(2)中,因为

$$\int_{a}^{c} f(x)\mathrm{d}x = A_1 + A_2 = \int_{a}^{b} f(x)\mathrm{d}x + \int_{b}^{c} f(x)\mathrm{d}x.$$

所以

$$\begin{aligned}
\int_{a}^{b} f(x)\mathrm{d}x &= \int_{a}^{c} f(x)\mathrm{d}x - \int_{b}^{c} f(x)\mathrm{d}x \\
&= \int_{a}^{c} f(x)\mathrm{d}x + \int_{c}^{b} f(x)\mathrm{d}x.
\end{aligned}$$

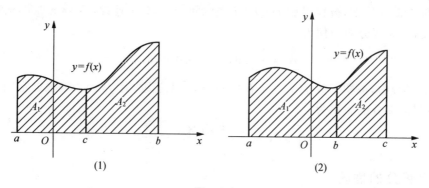

图 4-6

推广：$\displaystyle\int_a^b f(x)\mathrm{d}x = \int_a^{c_1} f(x)\mathrm{d}x + \int_{c_1}^{c_2} f(x)\mathrm{d}x + \int_{c_2}^{c_3} f(x)\mathrm{d}x + \int_{c_3}^b f(x)\mathrm{d}x$

性质 4（保号性）　如果在区间 $[a,b]$ 上 $f(x)\geqslant 0$，则 $\displaystyle\int_a^b f(x)\mathrm{d}x\geqslant 0$.

证明　由 $f(x)\geqslant 0$ 及 $\Delta x_i = x_i - x_{i-1} > 0$，得 $\displaystyle\sum_{i=1}^n f(\xi_i)\Delta x\geqslant 0$. 根据极限的保号性，有

$$\int_a^b f(x)\mathrm{d}x = \lim_{\lambda\to 0}\sum_{i=1}^n f(\xi_i)\Delta x_i\geqslant 0.$$

推论（比较性质）：如果在区间 $[a,b]$ 上 $f(x)\geqslant g(x)$，则 $\displaystyle\int_a^b f(x)\mathrm{d}x\geqslant\int_a^b g(x)\mathrm{d}x$.

令 $F(x)=f(x)-g(x)$，再利用性质 4 及性质 1 即可得证.

性质 5（估值性质）　设 M 和 m 分别是 $f(x)$ 在区间 $[a,b]$ 上的最大值和最小值，则

$$m(b-a)\leqslant\int_a^b f(x)\mathrm{d}x\leqslant M(b-a).$$

证明　因为 $m\leqslant f(x)\leqslant M$，由性质 5，得

$$\int_a^b m\,\mathrm{d}x\leqslant\int_a^b f(x)\mathrm{d}x\leqslant\int_a^b M\,\mathrm{d}x.$$

由几何意义得 $\displaystyle\int_a^b m\,\mathrm{d}x = m(b-a),\int_a^b M\,\mathrm{d}x = M(b-a)$，代入上式即得所证.

性质 6（积分中值定理）　如果函数 $f(x)$ 在闭区间 $[a,b]$ 上连续，那么在区间 $[a,b]$ 上至少存在一点 ξ，使得

$$\int_a^b f(x)\mathrm{d}x = f(\xi)(b-a),(a\leqslant\xi\leqslant b).$$

证明　因为函数 $f(x)$ 在闭区间 $[a,b]$ 上连续，由闭区间上连续函数的最大值和最小值定理，存在数 M 和 m，使 $m\leqslant f(x)\leqslant M$. 根据性质 5，有

$$m(b-a)\leqslant\int_a^b f(x)\mathrm{d}x\leqslant M(b-a).$$

上述不等式各式除以 $b-a$，得

$$m\leqslant\frac{1}{b-a}\int_a^b f(x)\mathrm{d}x\leqslant M.$$

设 $C=\dfrac{1}{b-a}\displaystyle\int_a^b f(x)\mathrm{d}x$，则

$$m\leqslant C\leqslant M.$$

即 $C = \dfrac{1}{b-a}\displaystyle\int_a^b f(x)\mathrm{d}x$ 是介于 m 与 M 之间的一个数. 根据闭区间上连续函数的介值定理, 在闭区间 $[a,b]$ 上至少存在一点 ξ, 使 $f(\xi)=C$, 即

$$f(\xi) = \frac{1}{b-a}\int_a^b f(x)\mathrm{d}x,(a \leqslant \xi \leqslant b),$$

亦即

$$\int_a^b f(x)\mathrm{d}x = f(\xi)(b-a),(a \leqslant \xi \leqslant b).$$

定积分中值定理的几何意义是显然的. 如图 4-7 所示, 设 $f(x) \geqslant 0 (a \leqslant x \leqslant b)$, 对于以区间 $[a,b]$ 为底, $y=f(x)$ 为曲边的曲边梯形, 则必存在一个同一底边而高为 $f(\xi)$ 的一个矩形与它的面积相等.

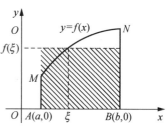

图　4-7

$$f(\xi) = \frac{1}{b-a}\int_a^b f(x)\mathrm{d}x$$

叫作函数 $f(x)$ 在区间 $[a,b]$ 上的平均值. 这是有限个数的平均值概念的拓广.

习题 4-1

1. 填空题

(1) 定积分 $\displaystyle\int_2^5 \cos(2-x)\mathrm{d}x$ 中, 积分上限是_____, 积分下限是_____, 积分区间是_____.

(2) 由曲线与 $y=x^2+1$, 直线 $x=0$, $x=3$ 及 x 轴围成的曲边梯形的面积, 用定积分表示为_____.

(3) 定积分 $\displaystyle\int_3^3 \ln(1+x)\mathrm{d}x =$ _____.

2. 利用定积分表示下列各图中阴影部分的面积.

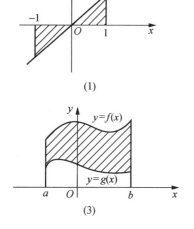

(1)

(2)

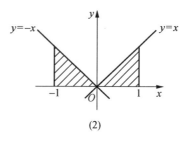

(3)

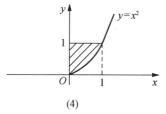

(4)

3. 利用定积分的几何意义说明下列各式成立.

(1) $\displaystyle\int_a^b k\,\mathrm{d}x = k(b-a)$（$k$ 为常数）;

(2) $\displaystyle\int_0^1 2x\,\mathrm{d}x = 1$;

(3) $\int_{-\pi}^{\pi} \sin \mathrm{d}x = 0.$

4. 根据定积分的几何意义，判断下列积分值的正负号.

(1) $\int_{0}^{\frac{\pi}{2}} \sin x \mathrm{d}x$；

(2) $\int_{\frac{\pi}{2}}^{0} \sin x \mathrm{d}x$；

(3) $\int_{-1}^{2} x \mathrm{d}x$；

(4) $\int_{1}^{2} (1-x) \mathrm{d}x.$

5. 不经计算比较下列积分的大小.

(1) $\int_{0}^{1} x \mathrm{d}x , \int_{0}^{1} x^2 \mathrm{d}x$；

(2) $\int_{1}^{2} x \mathrm{d}x , \int_{1}^{2} x^2 \mathrm{d}x$；

(3) $\int_{1}^{e} \ln x \mathrm{d}x , \int_{1}^{e} \ln t \mathrm{d}t.$

6. 估计下列定积分值的范围.

(1) $\int_{0}^{1} (1+x^2) \mathrm{d}x$；

(2) $\int_{-\frac{\pi}{4}}^{\frac{\pi}{4}} (1+x^2) \mathrm{d}x$；

(3) $\int_{-1}^{1} \mathrm{e}^{-x^2} \mathrm{d}x.$

7. 若 $f(x)$ 在 $[-1,1]$ 上连续，其平均值为 2，求 $\int_{-1}^{1} f(x) \mathrm{d}x.$

4.2　微积分基本公式

前面我们学习了定积分的定义，定积分作为一种特定的和式极限，直接按定义来计算是一件十分繁杂的事，从第一节的例 3 就可以看出. 本节将通过对定积分与原函数关系的讨论，导出一种计算定积分的简便而有效的方法，这就是牛顿-莱布尼茨公式.

4.2.1　积分上限的函数及其导数

设函数 $f(x)$ 在 $[a,b]$ 上连续，若取定 $x \in [a,b]$，则 $f(x)$ 在子区间 $[a,b]$ 上也连续，所以定积分

$$\int_{a}^{x} f(x) \mathrm{d}x$$

是一个定数，这里积分上限是 x，积分变量也是 x，但它们的意义是不同的. 由于定积分的值与积分变量的记号无关，为避免混淆，我们把积分变量 x 换写成 t，即得

$$\int_{a}^{x} f(t) \mathrm{d}t.$$

显然，当 x 在 $[a,b]$ 上变动时，对应于每一个 x 值，积分 $\int_{a}^{x} f(t) \mathrm{d}t$ 都有唯一确定的值，因此 $\int_{a}^{x} f(t) \mathrm{d}t$ 是变上限 x 的一个函数，称它为**积分上限的函数**，也叫**变上限定积分**. 记作 $\Phi(x)$，即

$$\Phi(x) = \int_{a}^{x} f(t) \mathrm{d}t.$$

根据定积分的几何意义，在图 4-8 中，$\Phi(x)$ 表示阴影部分的面积.

定理 4.2.1　若函数 $f(x)$ 在区间 $[a,b]$ 上连续，则函数

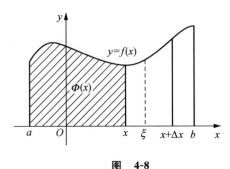

图　4-8

$$\Phi(x) = \int_a^x f(t)\,\mathrm{d}t$$

在区间 $[a,b]$ 上可导,且它的导数就是 $f(x)$,即

$$\Phi'(x) = \frac{\mathrm{d}}{\mathrm{d}x}\int_a^x f(t)\,\mathrm{d}t = f(x)\,(a \leqslant x \leqslant b).$$

证明　根据导数的定义来求 $\Phi(x)$ 的导数,分以下三个步骤.

1. 求增量

若取 $|\Delta x|$ 充分小,且使 $x+\Delta x \in [a,b]$,那么 $\Phi(x)$ 的增量为

$$\Delta \Phi(x) = \Phi(x+\Delta x) - \Phi(x)$$
$$= \int_a^{x+\Delta x} f(t)\,\mathrm{d}t - \int_a^x f(t)\,\mathrm{d}t = \int_x^{x+\Delta x} f(t)\,\mathrm{d}t.$$

因为 $f(x)$ 连续,由积分中值定理,有

$$\int_x^{x+\Delta x} f(t)\,\mathrm{d}t = f(\xi)[(x+\Delta x)x] = f(\xi)\Delta x.$$

其中 ξ 介于 x 与 $x+\Delta x$ 之间. 于是

$$\Delta \Phi(x) = \int_x^{x+\Delta x} f(t)\,\mathrm{d}t = f(\xi)\Delta x.$$

2. 求比值

$$\frac{\Delta \Phi(x)}{\Delta x} = \frac{f(\xi)\Delta x}{\Delta x}$$

3. 求极限

由 $f(x)$ 的连续性,并注意到当 $\Delta x \to 0$ 时,有 $\xi \to x$,得

$$\Phi'(x) = \lim_{\Delta x \to 0}\frac{\Delta \Phi(x)}{\Delta x} = \lim_{\Delta x \to 0}\frac{f(\xi)\Delta x}{\Delta x} = \lim_{\Delta x \to 0} f(\xi) = \lim_{\xi \to x} f(\xi) = f(x).$$

$\Phi'(x) = f(x)$,表示变上限积分 $\int_a^x f(t)\,\mathrm{d}t$ 是 $f(x)$ 的一个原函数.

因为 $\Phi(x)$ 是连续函数 $f(x)$ 的原函数. 所以有以下结论.

推论(原函数存在定理)　连续函数的一定存在原函数.

这样就解决了上一章留下来的原函数的存在问题.

【例 1】　已知 $F(x) = \int_0^x \cos 3t\,\mathrm{d}t$,求 $F'(x)$.

解　根据定理 4.2.1,得

$$F'(x) = \frac{\mathrm{d}}{\mathrm{d}x}\int_0^x \cos 3t\,\mathrm{d}t = \cos 3x.$$

【例 2】　已知 $F(x) = \int_x^0 \sin(2t-1)\,\mathrm{d}t$,求 $F'(x)$.

解　因为变量 x 为下限,所以不能直接用定理求,可变形后再求导:

$$F'(x) = \frac{\mathrm{d}}{\mathrm{d}x}\int_x^0 \sin(2t-1)\,\mathrm{d}t = \frac{\mathrm{d}}{\mathrm{d}x}\left[-\int_0^x \sin(2t-1)\,\mathrm{d}t\right] = -\sin(2x-1).$$

【例 3】　设 $\Phi(x) = \int_0^{\sqrt{x}} \mathrm{e}^{t^2}\,\mathrm{d}t$,求 $\Phi'(x)$.

解　积分上限 $\sqrt{x}$,它是 x 的函数,所以变上限定积分是 x 的复合函数,由复合函数求导法则,得

$$\Phi'(x) = \frac{\mathrm{d}}{\mathrm{d}x} \int_0^{\sqrt{x}} e^{t^2} \mathrm{d}t = e^{(\sqrt{x})^2} (\sqrt{x})' = \frac{1}{2\sqrt{x}} e^x.$$

【例 4】　设 $y = \int_x^{x^2} \sqrt{1+t^3} \, \mathrm{d}t$，求 $\dfrac{\mathrm{d}y}{\mathrm{d}x}$.

解　因为积分的上、下限都是变量，先把它拆成两个积分之和，然后再求导，即

$$\frac{\mathrm{d}y}{\mathrm{d}x} = \left(\int_x^{x^2} \sqrt{1+t^3} \, \mathrm{d}t \right)' = \left(\int_x^a \sqrt{1+t^3} \, \mathrm{d}t + \int_a^{x^2} \sqrt{1+t^3} \, \mathrm{d}t \right)'$$

$$= - \left(\int_a^x \sqrt{1+t^3} \, \mathrm{d}t \right)' + \left(\int_a^{x^2} \sqrt{1+t^3} \, \mathrm{d}t \right)'$$

$$= - \sqrt{1+x^3} + \sqrt{1+(x^2)^3} (x^2)'$$

$$= - \sqrt{1+x^3} + 2x\sqrt{1+x^6}.$$

4.2.2　微积分基本公式

定理 4.2.2　设函数 $f(x)$ 在 $[a,b]$ 上连续，且 $F(x)$ 是 $f(x)$ 在 $[a,b]$ 上的一个原函数，则

$$\int_a^b f(x) \mathrm{d}x = F(b) - F(a).$$

证明　因为 $F(x)$ 是 $f(x)$ 的一个原函数，又由定理 4.2.1 可知，函数

$$\Phi(x) = \int_a^x f(t) \mathrm{d}t$$

也是 $f(x)$ 的一个原函数，所以，根据前面第 3 章定理 3.1.3 可知，这两个原函数至多相差一个常数 C_0，即

$$\int_a^x f(t) \mathrm{d}t = F(x) + C_0.$$

在上式中，令 $x=a$，得

$$\int_a^a f(t) \mathrm{d}t = F(a) + C_0.$$

因为 $\int_a^a f(t) \mathrm{d}t = 0$，所以 $C_0 = -F(a)$. 于是，得

$$\int_a^x f(t) \mathrm{d}t = F(x) - F(a).$$

在上式中，令 $x=b$，即得

$$\int_a^b f(t) \mathrm{d}t = F(b) - F(a).$$

由于定积分的值与积分变量的记号无关，仍用 x 表示积分变量，即得

$$\int_a^b f(x) \mathrm{d}x = F(b) - F(a). \tag{N-L}$$

上式称为**牛顿(Newton)-莱布尼茨(Leibniz)公式**，也叫**微积分基本公式**.

为书写方便，公式中的 $F(b) - F(a)$ 通常记为 $\left[F(x) \right]_a^b$ 或 $F(x) \big|_a^b$. 因此上述公式也可以写成

$$\int_a^b f(x) \mathrm{d}x = \left[F(x) \right]_a^b \text{ 或} \int_a^b f(x) \mathrm{d}x = F(x) \big|_a^b,$$

简记为 N-L 公式. 由牛顿-莱布尼茨公式可知，求 $f(x)$ 在区间 $[a,b]$ 上的定积分，只需求出 $f(x)$ 在区间 $[a,b]$ 上的任一个原函数 $F(x)$，并计算它在两端点处的函数值之差 $F(b) - F(a)$

即可,为计算连续函数的定积分计算找到了一条简捷的途径.它是整个积分学最重要的公式.

【例 5】 计算 $\int_0^1 x^2 \mathrm{d}x$.

解 因为 $\int x^2 \mathrm{d}x = \frac{1}{3}x^3 + C$,所以 $\frac{1}{3}x^3$ 是 x^2 的一个原函数,所以

$$\int_0^1 x^2 \mathrm{d}x = \left[\frac{1}{3}x^3\right]_0^1 = \frac{1}{3} \times (1^3 - 0^3) = \frac{1}{3}.$$

将本题与 4.1 节的例 3 比较,可看出计算的简洁性.

【例 6】 求定积分.

(1) $\int_{-1}^1 \sqrt{x^2}\,\mathrm{d}x$;　　(2) $\int_0^1 \frac{x^2}{1+x^2}\mathrm{d}x$;　　(3) $\int_1^2 \left(x + \frac{1}{x}\right)^2 \mathrm{d}x$.

解 (1) $\sqrt{x^2} = |x|$ 在 $[-1,1]$ 上写成分段函数的形式

$$f(x) = \begin{cases} -x, & -1 \leqslant x < 0 \\ x, & 0 \leqslant x \leqslant 1 \end{cases}$$

于是 $\int_{-1}^1 \sqrt{x^2}\,\mathrm{d}x = \int_{-1}^0 (-x)\mathrm{d}x + \int_0^1 x\mathrm{d}x = \left[\frac{x^2}{2}\right]_{-1}^0 + \left[\frac{x^2}{2}\right]_0^1 = 1$.

(2) $\int_0^1 \frac{x^2}{1+x^2}\mathrm{d}x = \int_0^1 \left(1 - \frac{1}{1+x^2}\right)\mathrm{d}x = \int_0^1 1\mathrm{d}x - \int_0^1 \frac{1}{1+x^2}\mathrm{d}x$

$$= [x]_0^1 - [\arctan x]_0^1 = 1 - \frac{\pi}{4}.$$

(3) $\int_1^2 \left(x + \frac{1}{x}\right)^2 \mathrm{d}x = \int_1^2 \left(x^2 + 2 + \frac{1}{x^2}\right)\mathrm{d}x = \left[\frac{x^3}{3} + 2x - \frac{1}{x}\right]_1^2 = 4\frac{5}{6}$.

【例 7】 一个小球从某高处由静止开始自由下落,由于重力的作用,t 秒后小球的速度为 $v = gt$,试求在时间区间 $[0,4]$ 上小球下落的距离.

解 设 t 秒时小球下落的距离为 $s = s(t)$,则有 $s'(t) = v$.由牛顿—莱布尼茨公式可知,在时间区间 $[0,4]$ 上小球下落的距离 $s(4)$ 就是函数 $v = gt$ 在 $[0,4]$ 上的定积分,即

$$s(4) = \int_0^4 gt\,\mathrm{d}t = \left[\frac{1}{2}gt^2\right]_0^4 = 8g.$$

习题 4-2

1.求下列函数的导数.

(1) $y = \int_0^x \sin(3t - t^2)\mathrm{d}t$;　　　　　　(2) $y = \int_x^0 \tan(1 - t^3)\mathrm{d}t$;

(3) $y = \int_0^{x^3} \ln(1+t)\mathrm{d}t$;　　　　　　(4) $y = \int_{\sin x}^{\cos x} \mathrm{e}^t \mathrm{d}t$.

2.已知函数 $F(x) = \int_0^x \mathrm{e}^{t^2}\mathrm{d}t$,求 $F'(x)$,$F'(0)$.

3.计算下列定积分.

(1) $\int_0^1 (3x^2 + 1)\mathrm{d}x$;　　　　　　(2) $\int_0^{\frac{\pi}{4}} (\sin x + x)\mathrm{d}x$;

(3) $\int_0^{\frac{\pi}{4}} (2x + \pi\cos x)\mathrm{d}x$;　　　　(4) $\int_0^1 (\mathrm{e}^x + 2x)\mathrm{d}x$;

(5) $\int_0^1 (5x+1)^2 \mathrm{d}x$;
　　　　　　　　　　　(6) $\int_{-1}^1 |x-1| \mathrm{d}x$;

(7) $\int_1^0 \mathrm{e}^{2x} \mathrm{d}x$;
　　　　　　　　　　　(8) $\int_0^{\frac{\pi}{4}} \cos 2x \mathrm{d}x$.

4. 画出函数 $f(x) = \begin{cases} x^2, & 0 \leqslant x \leqslant 1 \\ 1, & 1 < x \leqslant 2 \end{cases}$ 的图形, 并计算定积分 $\int_1^2 f(x) \mathrm{d}x$.

4.3　定积分的积分法

与不定积分的基本积分方法相对应, 定积分也有换元积分法和分部积分法. 重提两种方法, 目的在于简化定积分的计算, 最终计算总是离不开牛顿-莱布尼茨公式.

4.3.1　定积分的换元积分法

定理 4.3.1　若函数 $f(x)$ 在区间 $[a,b]$ 上连续, 函数 $x = \varphi(t)$ 在区间 $[\alpha, \beta]$ 上单调且有连续而不为零的导函数 $\varphi'(t)$, 又 $\varphi(\alpha) = a, \varphi(\beta) = b$, 则

$$\int_a^b f(x) \mathrm{d}x = \int_\alpha^\beta f[\varphi(t)] \varphi'(t) \mathrm{d}t.$$

这就是**定积分的换元积分公式**.

证明　由于两端的被积函数都是连续的, 因此这两个定积分都存在. 现在只要证明两者相等就可以了.

设 $F(x)$ 是 $f(x)$ 的一个原函数, 则

$$\int_a^b f(x) \mathrm{d}x = F(b) - F(a).$$

根据复合函数的求导法则, 有

$$\frac{\mathrm{d}}{\mathrm{d}t} F[\varphi(t)] = \frac{\mathrm{d}F}{\mathrm{d}x} \cdot \frac{\mathrm{d}x}{\mathrm{d}t} = f(x) \varphi'(t) = f[\varphi(t)] \varphi'(t).$$

这就是说, $F[\varphi(t)]$ 是 $f[\varphi(t)] \varphi'(t)$ 的一个原函数. 因此, 有

$$\int_\alpha^\beta f[\varphi(t)] \varphi'(t) \mathrm{d}t = F[\varphi(t)] \Big|_\alpha^\beta = F[\varphi(\beta)] - F[\varphi(\alpha)] = F(b) - F(a).$$

所以

$$\int_a^b f(x) \mathrm{d}x = \int_\alpha^\beta f[\varphi(t)] \varphi'(t) \mathrm{d}t.$$

应用公式时应注意, 对新变量 t 的积分来说, 一定是 x 的下限 a 对应 t 的值 α 作为下限, x 的上限 b 对应 t 的值 β 作为上限.

【例 1】　计算 $\int_0^4 \frac{1}{1+\sqrt{x}} \mathrm{d}x$.

解　令 $\sqrt{x} = t$, 即 $x = t^2 (t \geqslant 0)$, 则 $\mathrm{d}x = 2t \mathrm{d}t$, 且当 $x = 0$ 时, $t = 0$; 当 $x = 4$ 时, $t = 2$.
于是 $\int_0^4 \frac{1}{1+\sqrt{x}} \mathrm{d}x = \int_0^2 \frac{2t}{1+t} \mathrm{d}t = 2\int_0^2 \left(1 - \frac{1}{1+t}\right) \mathrm{d}t = 2[t - \ln|1+t|]_0^2 = 4 - 2\ln 3$.

【例 2】　计算 $\int_0^4 \frac{x+2}{\sqrt{2x+1}} \mathrm{d}x$.

解　令 $\sqrt{2x+1} = t$, 则 $t^2 = 2x+1$, 从而 $x = \frac{1}{2}(t^2-1)$, $\mathrm{d}x = t \mathrm{d}t$, 且当 $x = 0$ 时, $t = 1$; $x =$

4 时, $t=3$. 于是

$$\int_0^4 \frac{x+2}{\sqrt{2x+1}}\mathrm{d}x = \int_1^3 \frac{1}{t}\left[\frac{1}{2}(t^2-1)+2\right]t\,\mathrm{d}t = \frac{1}{2}\left[\frac{1}{3}t^3+3t\right]_1^3$$

$$= \frac{1}{2}(9+9)-\frac{1}{2}\left(\frac{1}{3}+3\right) = \frac{22}{3}.$$

定积分的换元公式也可以反过来用,即

$$\int_\alpha^\beta f[\varphi(t)]\varphi'(t)\mathrm{d}t = \int_a^b f(x)\mathrm{d}x.$$

为了便于应用,可将上述公式中的积分变量 t 换成 x, x 换成 u,得

$$\int_\alpha^\beta f[\varphi(x)]\varphi'(x)\mathrm{d}x = \int_a^b f(u)\mathrm{d}u.$$

【例 3】 求定积分 $\displaystyle\int_0^\pi \frac{\sin x}{1+\cos^2 x}\mathrm{d}x$.

解　$\displaystyle\int_0^\pi \frac{\sin x}{1+\cos^2 x}\mathrm{d}x = -\int_0^\pi \frac{1}{1+\cos^2 x}\mathrm{d}(\cos x) = -\left[\arctan(\cos x)\right]_0^\pi$

$$= -\left[\arctan(-1)-\arctan 1\right] = \frac{\pi}{2}$$

【例 4】 求定积分 $\displaystyle\int_{-2}^1 \frac{\mathrm{d}x}{(11+5x)^2}$.

解　$\displaystyle\int_{-2}^1 \frac{\mathrm{d}x}{(11+5x)^2} = \frac{1}{5}\int_{-2}^1 \frac{1}{(11+5x)^2}\mathrm{d}(11+5x) = \frac{1}{5}\left[-\frac{1}{11+5x}\right]_{-2}^1 = \frac{3}{16}$

【例 5】 求定积分 $\displaystyle\int_{\sqrt{e}}^1 \frac{1}{x\sqrt{1-\ln^2 x}}\mathrm{d}x$.

解法 1　令 $t=\ln x$,则 $\mathrm{d}t = \dfrac{1}{x}\mathrm{d}x$,当 $x=\sqrt{e}$ 时, $t=\dfrac{1}{2}$;当 $x=1$ 时, $t=0$. 于是

$$\int_{\sqrt{e}}^1 \frac{1}{x\sqrt{1-\ln^2 x}}\mathrm{d}x = \int_{\frac{1}{2}}^0 \frac{1}{\sqrt{1-t^2}}\mathrm{d}t = \arcsin t\Big|_{\frac{1}{2}}^0 = -\frac{\pi}{6}.$$

上例中,也可以不写出所引进的新变量,直接用凑微分法来计算.

解法 2　$\displaystyle\int_{\sqrt{e}}^1 \frac{1}{x\sqrt{1-\ln^2 x}}\mathrm{d}x = \int_{\sqrt{e}}^1 \frac{1}{\sqrt{1-\ln^2 x}}\mathrm{d}(\ln x) = \arcsin(\ln x)\Big|_{\sqrt{e}}^1 = -\frac{\pi}{6}.$

比较上面两种解法,解法 2 更简洁一些. 因此,这样一类被积函数的原函数可以用"凑微分法"求解的定积分,应使用解法 2 求解.

注意　在定积分的换元积分法中,如引入了新变量,则换元后,积分上、下限也要作相应的变换,即"换元必换限". 在换元换限后,按新的积分变量作下去,不必还原成原变量. 如未引入新变量,则不必换限.

下面利用换元积分法,来证明定积分的两个常用公式.

【例 6】　试证明:(1) 若 $f(x)$ 在 $[-a,a]$ 上连续且为偶函数,则 $\displaystyle\int_{-a}^a f(x)\mathrm{d}x = 2\int_0^a f(x)\mathrm{d}x$.

(2) 若 $f(x)$ 在 $[-a,a]$ 上连续且为奇函数,则 $\displaystyle\int_{-a}^a f(x)\mathrm{d}x = 0$.

证明 因为

$$\int_{-a}^{a} f(x)\mathrm{d}x = \int_{-a}^{0} f(x)\mathrm{d}x + \int_{0}^{a} f(x)\mathrm{d}x.$$

在 $\int_{-a}^{0} f(x)\mathrm{d}x$ 中,令 $x=-t$,则 $\mathrm{d}x=-\mathrm{d}t$. 当 $x=-a$ 时,$t=a$;$x=0$ 时,$t=0$. 于是

$$\int_{-a}^{0} f(x)\mathrm{d}x = -\int_{a}^{0} f(-t)\mathrm{d}t = \int_{0}^{a} f(-t)\mathrm{d}t = \int_{0}^{a} f(-x)\mathrm{d}x.$$

因此

$$\int_{-a}^{a} f(x)\mathrm{d}x = \int_{0}^{a} f(-x)\mathrm{d}x + \int_{0}^{a} f(x)\mathrm{d}x = \int_{0}^{a} [f(-x)+f(x)]\mathrm{d}x.$$

(1) 若 $f(x)$ 为偶函数,则 $f(-x)=f(x)$. 于是

$$\int_{-a}^{a} f(x)\mathrm{d}x = \int_{0}^{a} [f(-x)+f(x)]\mathrm{d}x = \int_{0}^{a} [f(x)+f(x)]\mathrm{d}x = 2\int_{0}^{a} f(x)\mathrm{d}x.$$

(2) 若 $f(x)$ 为奇函数,则 $f(-x)=-f(x)$. 于是

$$\int_{-a}^{a} f(x)\mathrm{d}x = \int_{0}^{a} [f(-x)+f(x)]\mathrm{d}x = \int_{0}^{a} [f(x)-f(x)]\mathrm{d}x = 0.$$

上述结论在几何上看是明显的,这是因为奇函数的图像关于原点对称,偶函数的图像关于 y 轴对称(见图 4-9).利用这个结果,奇、偶函数在对称区间上的积分计算可以得到简化,甚至不经计算即可得到结果.

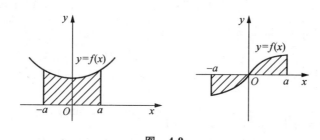

图　4-9

【例 7】　计算下列定积分.

(1) $\int_{-1}^{1} x^3 \sin^2 x\mathrm{d}x$;　　　　　　　(2) $\int_{-\frac{\pi}{4}}^{\frac{\pi}{4}} \frac{1+x^3}{\cos^2 x}\mathrm{d}x$.

解 (1) 因为被积函数 $x^3 \sin^2 x$ 在 $[-1,1]$ 上是奇函数,且积分区间 $[-1,1]$ 关于原点对称,

所以 $\int_{-1}^{1} x^3 \sin^2 x\mathrm{d}x = 0.$

(2) 因为 $\frac{1}{\cos^2 x}$,$\frac{x^3}{\cos^2 x}$ 分别是 $\left[-\frac{\pi}{4},\frac{\pi}{4}\right]$ 上的偶函数和奇函数,故由例 6 得

$$\int_{-\frac{\pi}{4}}^{\frac{\pi}{4}} \frac{1+x^3}{\cos^2 x}\mathrm{d}x = \int_{-\frac{\pi}{4}}^{\frac{\pi}{4}} \frac{1}{\cos^2 x}\mathrm{d}x + \int_{-\frac{\pi}{4}}^{\frac{\pi}{4}} \frac{x^3}{\cos^2 x}\mathrm{d}x$$

$$= 2\int_{0}^{\frac{\pi}{4}} \sec^2 x\mathrm{d}x + 0 = 2[\tan x]_{0}^{\frac{\pi}{4}} = 2.$$

4.3.2　定积分的分部积分法

定理 4.3.2　如果函数 $u=u(x),v=v(x)$ 在区间 $[a,b]$ 上具有连续的导数,那么

$$\int_a^b u\,\mathrm{d}v = uv\,\big|_a^b - \int_a^b v\,\mathrm{d}u.$$

上述公式称为定积分的**分部积分公式**.

证明　因为 $(uv)'=u'v+uv'$,两边分别求在区间 $[a,b]$ 上的定积分,得

$$\int_a^b (uv)'\,\mathrm{d}x = \int_a^b vu'\,\mathrm{d}x + \int_a^b uv'\,\mathrm{d}x,$$

即

$$求\,[uv]_a^b = \int_a^b vu'\,\mathrm{d}x + \int_a^b uv'\,\mathrm{d}x.$$

移项,得

$$\int_a^b uv'\,\mathrm{d}x = [uv]_a^b - \int_a^b vu'\,\mathrm{d}x.$$

即把先积出来的那一部分函数代入上、下限求值,余下的部分继续积分,这样做比完全把原函数求出来再代入上、下限简便一些.

【例 8】　求 $\int_0^1 x\mathrm{e}^x\,\mathrm{d}x$.

解　$\int_0^1 x\mathrm{e}^x\,\mathrm{d}x = \int_0^1 x\mathrm{d}(\mathrm{e}^x) = [x\mathrm{e}^x]_0^1 - \int_0^1 \mathrm{e}^x\,\mathrm{d}x = \mathrm{e} - \mathrm{e}^x\,\big|_0^1 = 1$.

【例 9】　求 $\int_0^{\frac{1}{2}} \arcsin x\,\mathrm{d}x$.

解　$\displaystyle \int_0^{\frac{1}{2}} \arcsin x\,\mathrm{d}x = [x\arcsin x]_0^{\frac{1}{2}} - \int_0^{\frac{1}{2}} \frac{x\,\mathrm{d}x}{\sqrt{1-x^2}}$

$$= \frac{\pi}{12} + \frac{1}{2}\int_0^{\frac{1}{2}} \frac{1}{\sqrt{1-x^2}}\mathrm{d}(1-x^2)$$

$$= \frac{\pi}{12} + [\sqrt{1-x^2}]_0^{\frac{1}{2}} = \frac{\pi}{12} + \frac{\sqrt{3}}{2} - 1.$$

【例 10】　计算 $\int_{\frac{1}{\mathrm{e}}}^{\mathrm{e}} |\ln x|\,\mathrm{d}x$.

解　$\displaystyle \int_{\frac{1}{\mathrm{e}}}^{\mathrm{e}} |\ln x|\,\mathrm{d}x = \int_{\frac{1}{\mathrm{e}}}^1 (-\ln x)\,\mathrm{d}x + \int_1^{\mathrm{e}} \ln x\,\mathrm{d}x$

$$= [-x\ln x]_{\frac{1}{\mathrm{e}}}^1 + \int_{\frac{1}{\mathrm{e}}}^1 x\mathrm{d}\ln x + [x\ln x]_1^{\mathrm{e}} - \int_1^{\mathrm{e}} x\mathrm{d}\ln x$$

$$= -\frac{1}{\mathrm{e}} + \int_{\frac{1}{\mathrm{e}}}^1 x \cdot \frac{1}{x}\,\mathrm{d}x + \mathrm{e} - \int_1^{\mathrm{e}} x \cdot \frac{1}{x}\,\mathrm{d}x$$

$$= -\frac{1}{\mathrm{e}} + \left(1 - \frac{1}{\mathrm{e}}\right) + \mathrm{e} - (\mathrm{e}-1) = 2 - \frac{2}{\mathrm{e}}.$$

对于某些问题,有时需要同时使用换元积分法与分部积分法.

【例 11】　计算 $\int_0^{(\frac{\pi}{2})^2} \cos\sqrt{x}\,\mathrm{d}x$.

解　先换元,再用分部积分法,令 $\sqrt{x}=t$,则 $x=t^2$,$\mathrm{d}x=2t\,\mathrm{d}t$. 且当 $x=0$ 时,$t=0$;

当 $x=\left(\dfrac{\pi}{2}\right)^{2}$ 时，$t=\left(\dfrac{\pi}{2}\right)$，

$$\int_{0}^{\left(\frac{\pi}{2}\right)^{2}}\cos\sqrt{x}\,\mathrm{d}x=2\int_{0}^{\frac{\pi}{2}}t\cos t\,\mathrm{d}t=2\int_{0}^{\frac{\pi}{2}}t\,\mathrm{d}\sin t$$

$$=2t\sin t\Big|_{0}^{\frac{\pi}{2}}-2\int_{0}^{\frac{\pi}{2}}\sin t\,\mathrm{d}t$$

$$=\pi+2\cos t\Big|_{0}^{\frac{\pi}{2}}=\pi-2.$$

习题 4-3

1. 用换元积分法计算下列定积分.

(1) $\displaystyle\int_{3}^{8}\frac{x}{\sqrt{1+x}}\,\mathrm{d}x$；

(2) $\displaystyle\int_{0}^{1}\frac{\mathrm{d}x}{\mathrm{e}^{x}+\mathrm{e}^{-x}}$；

(3) $\displaystyle\int_{0}^{1}\frac{\mathrm{d}x}{1+\sqrt{x}}$；

(4) $\displaystyle\int_{0}^{\ln2}\sqrt{\mathrm{e}^{x}-1}\,\mathrm{d}x$；

(5) $\displaystyle\int_{1}^{\mathrm{e}}\frac{2+\ln x}{x}\,\mathrm{d}x$；

(6) $\displaystyle\int_{0}^{1}\frac{\mathrm{d}x}{1+\mathrm{e}^{x}}$；

(7) $\displaystyle\int_{1}^{3}\frac{\mathrm{d}x}{x+x^{2}}$；

(8) $\displaystyle\int_{1}^{5}\frac{\sqrt{x-1}}{x}\,\mathrm{d}x$.

2. 用分部积分法计算下列定积分.

(1) $\displaystyle\int_{0}^{1}3x\mathrm{e}^{3x}\,\mathrm{d}x$；

(2) $\displaystyle\int_{0}^{1}\ln(x+\mathrm{e})\,\mathrm{d}x$；

(3) $\displaystyle\int_{1}^{\mathrm{e}}x\ln x\,\mathrm{d}x$；

(4) $\displaystyle\int_{0}^{1}\arcsin x\,\mathrm{d}x$；

(5) $\displaystyle\int_{-\frac{\pi}{2}}^{\frac{\pi}{2}}\cos x\cos 2x\,\mathrm{d}x$；

(6) $\displaystyle\int_{0}^{\frac{\pi}{2}}\mathrm{e}^{x}\cos x\,\mathrm{d}x$.

4.4　定积分的应用

4.4.1　直角坐标系下平面图形的面积

1. 由连续曲线 $y=f(x)$ 与直线 $x=a$，$x=b$，$y=0$ 所围成的平面图形的面积.

根据定积分的几何意义，有下列公式：

如果 $f(x)\geqslant 0$，那么面积 $A=\displaystyle\int_{a}^{b}f(x)\,\mathrm{d}x$，如图 4-10 所示.

如果 $f(x)\leqslant 0$，那么面积 $A=-\displaystyle\int_{a}^{b}f(x)\,\mathrm{d}x$，如图 4-11 所示.

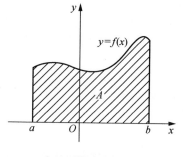

图 4-10

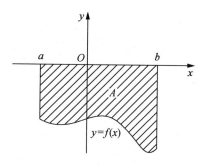

图 4-11

如果 $f(x)$ 在 $[a,b]$ 上有时取正值,有时取负值,那么面积如图 4-12 所示.

$$A = \int_a^c f(x)\mathrm{d}x - \int_c^d f(x)\mathrm{d}x + \int_d^b f(x)\mathrm{d}x.$$

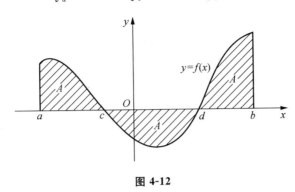

图 4-12

2. 由曲线 $y=f(x)$,$y=g(x)$ 与直线 $x=a$,$x=b$ 所围成的平面图形的面积.

如果 $f(x) \geqslant g(x) \geqslant 0 (x \in [a,b])$,那么其面积是两个曲边梯形面积的差,如图 4-13 所示. 于是

$$A = \int_a^b f(x)\mathrm{d}x - \int_a^b g(x)\mathrm{d}x = \int_a^b [f(x) - g(x)]\mathrm{d}x.$$

如果在 $[a,b]$ 内函数值不全为正,如图 4-14 所示,那么可将曲线 $y=f(x)$ 和 $y=g(x)$ 同时向上平移,直到图形全部位于 x 轴上方,这时两个函数同时增加一个常数 C,且 $f(x)+C \geqslant g(x)+C \geqslant 0$,$x \in [a,b]$,于是有

$$A = \int_a^b \{[f(x) + C] - [g(x) + C]\}\mathrm{d}x = \int_a^b [f(x) - g(x)]\mathrm{d}x.$$

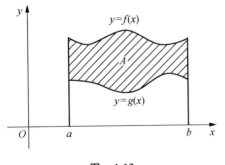

图 4-13

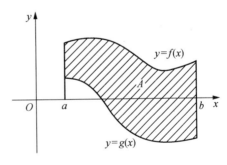

图 4-14

3. 由曲线 $x=\varphi(y)(\varphi(y) \geqslant 0)$ 与直线 $y=c$,$y=d$,$x=0$ 所围成的平面图形的面积.

如图 4-15 所示,我们将 y 作为积分变量,所以其面积为

$$A = \int_c^d \varphi(y)\mathrm{d}y.$$

4. 由连续曲线 $x=\varphi(y)$,$x=\psi(y)$,且 $\varphi(y) \geqslant \psi(y)$ 与直线 $y=c$,$y=d$ 所围成的平面图形的面积,如图 4-16 所示为

$$A = \int_c^d [\varphi(y) - \psi(y)]\mathrm{d}y.$$

【例 1】 求曲抛物线 $y=x^2$ 与直线 $x=1$,$x=2$ 及 x 轴围成的图形的面积.

解　画出图形如图 4-17.所求图形面积为

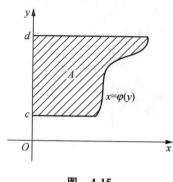

图　4-15

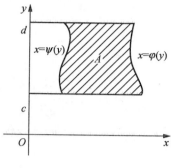

图　4-16

$$A = \int_1^2 x^2 \mathrm{d}x = \frac{1}{3}x^3 \Big|_1^2 = \frac{7}{3}.$$

【例 2】　求由抛物线 $y=x^2$ 与 $y=2-x^2$ 所围成的平面图形的面积.

解　画出图形如图 4-18 所示.联立方程组

$$\begin{cases} y=x^2, \\ y=2-x^2, \end{cases}$$

解得两抛物线的交点为 $(-1,1)$ 和 $(1,1)$，因此图形在直线 $x=-1$ 与 $x=1$ 之间.确定 x 为积分变量，于是积分区间为 $[-1,1]$.故所求平面图形的面积为

$$A = \int_{-1}^1 \left[(2-x^2)-x^2\right]\mathrm{d}x = \int_{-1}^1 (2-2x^2)\mathrm{d}x = 2\int_0^1 (2-2x^2)\mathrm{d}x$$

$$= 2\left[2x - \frac{2}{3}x^3\right]_0^1 = \frac{8}{3}.$$

【例 3】　求椭圆 $\dfrac{x^2}{a^2}+\dfrac{y^2}{b^2}=1$ 的面积.

解　画出图形如图 4-19 所示. 由 $\dfrac{x^2}{a^2}+\dfrac{y^2}{b^2}=1$，得

$$y = \pm\frac{b}{a}\sqrt{a^2-x^2}.$$

根据椭圆的对称性，得

$$A = 4\int_0^a \frac{b}{a}\sqrt{a^2-x^2}\,\mathrm{d}x = \frac{4b}{a}\int_0^a \sqrt{a^2-x^2}\,\mathrm{d}x.$$

令 $x=a\sin t$，则 $\mathrm{d}x=a\cos t\,\mathrm{d}t$，且当 $x=0$ 时，$t=0$；当 $x=a$ 时，$t=\dfrac{\pi}{2}$. 代入上式，得

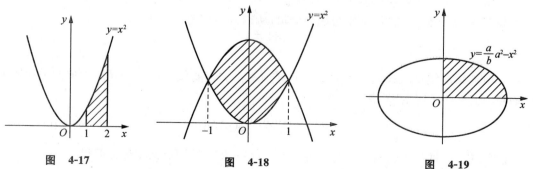

图　4-17   图　4-18   图　4-19

$$A = \frac{4b}{a} \int_0^{\frac{\pi}{2}} a^2 \cos^2 t \, \mathrm{d}t = 4ab \int_0^{\frac{\pi}{2}} \cos^2 t \, \mathrm{d}t$$

$$= 2ab \int_0^{\frac{\pi}{2}} (1 + \cos 2t) \, \mathrm{d}t = 2ab \left[t + \frac{1}{2} \sin 2t \right]_0^{\frac{\pi}{2}} = \pi ab.$$

当 $a = b = r$ 时,得圆的面积公式:$A = \pi r^2$.

【例 4】 求由抛物线 $y^2 = 2x$ 与直线 $y = x - 4$ 所围成图形的面积.

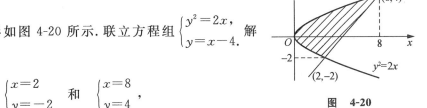

解 画出图形如图 4-20 所示.联立方程组 $\begin{cases} y^2 = 2x, \\ y = x - 4. \end{cases}$ 解之,得

$$\begin{cases} x = 2 \\ y = -2 \end{cases} \quad \text{和} \quad \begin{cases} x = 8 \\ y = 4 \end{cases},$$

图 4-20

即抛物线 $y^2 = 2x$ 与直线 $y = x - 4$ 的交点为 $(2, -2)$ 和 $(8, 4)$.

通过观察图形,可以发现选择 y 作为积分变量比较简便,即

$$A = \int_{-2}^{4} \left[(y + 4) - \frac{1}{2} y^2 \right] \mathrm{d}y = \left[\frac{1}{2} y^2 + 4y - \frac{1}{6} y^3 \right]_{-2}^{4} = 18.$$

思考 也可选积分变量为 x,则应如何计算?

4.4.2 旋转体的体积

设 $f(x)$ 是 $[a, b]$ 上的连续函数,由曲线 $y = f(x)$ 与直线 $x = a, x = b, y = 0$ 围成的曲边梯形绕 x 轴旋转一周,得到一个旋转体(见图 4-21),怎样求这个旋转体的体积?

在数学中,解决这类问题的基本思想是通过分割的手段,把整体问题转化为局部问题,再在局部范围内"以直代曲""以不变代变"或"以均匀代替不均匀",求出该量在局部范围内的部分量的近似值,即总量的微元表示,然后相加,得到总量的近似值,最后取极限,求得总量的精确值. 这就是定积分的基本思想——"细分、近似代替、求和、取极限"的应用. 因此对于非均匀分布的整体量的求值问题可以转化为定积分进行求解,应用这种思想解决问题的方法叫微元法.

在面积公式 $A = \int_b^a f(x) \mathrm{d}x (f(x) \geqslant 0)$ 中,被积表达式 $f(x) \mathrm{d}x$ 叫作面积微元,记作 $\mathrm{d}A$,即

$$\mathrm{d}A = f(x) \mathrm{d}x.$$

它的几何意义是明显的. 如图 4-22 所示,$\mathrm{d}A = f(x) \mathrm{d}x$,表示在区间 $[a, b]$ 内点 x 处,以 $f(x)$ 为高,$\mathrm{d}x$ 为宽的微小矩形的面积. 由于可以任意地小(微分),因此可将这个小矩形面积就作为相应小曲边梯形面积的(近似)值,再将所有这些小面积"积"起来,得到整个曲边梯形的面积,即

$$A = \int_a^b \mathrm{d}A = \int_a^b f(x) \mathrm{d}x.$$

这种方法称为**微元法**. 用微元法分析问题的一般步骤如下.

(1)定变量.

根据问题的具体情况,选取一个变量如 x 为积分变量,并确定它的变化区间 $[a, b]$.

（2）取元素．

把区间$[a,b]$分成n个小区间，任取一小区间$[x,x+dx]$，求出量U的元素（dU），即 $dU=Q(x)dx$．

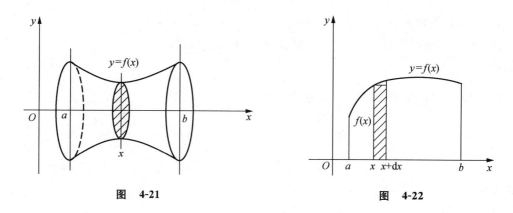

图　4-21　　　　　　　　　　　　　图　4-22

（3）求积分．

将上述元素"积"起来，表示为定积分，即 $U=\int_a^b dU=\int_a^b Q(x)dx$．

下面用元素法来求旋转体的体积．

如图 4-23 所示，选定 x 为积分变量，x 的变化范围为$[a,b]$．在$[a,b]$上任取一小区间$[x,x+dx]$，过点 x 作垂直于 x 轴的平面，则截面是一个以 $|f(x)|$ 为半径的圆，其面积为 $\pi[f(x)]^2$，再过点 $x+dx$ 作垂直于 x 轴的平面，得到另一个截面．由于 dx 很小，所以夹在两个截面之间的"小薄片"可以近似地看作一个以 $|f(x)|$ 为底面半径，dx 为高的圆柱体．

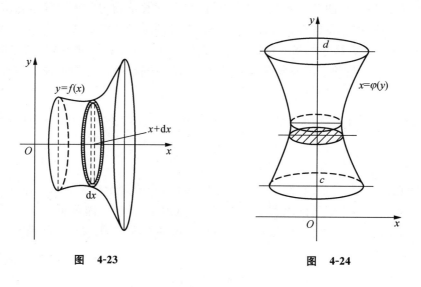

图　4-23　　　　　　　　　　　　　图　4-24

其体积为

$$dV=\pi[f(x)]^2 dx,$$

dV 叫作**体积元素**．把体积微元在$[a,b]$上求定积分，便得到所求旋转体的体积

$$V=\int_a^b \pi[f(x)]^2 dx.$$

同理可以推出：曲线 $x=\varphi(y)$ 与直线 $y=c,y=d(c>c),x=0$ 所围成的曲边梯形绕 y 轴旋转一周而得到的旋转体（见图 4-24）的体积为

$$V=\int_c^d \pi[\varphi(y)]^2 \mathrm{d}y.$$

【例 5】　证明：底面半径为 r，高为 h 的圆锥体的体积为 $V=\dfrac{1}{3}\pi r^2 h$.

证明　如图 4-25 所示，以圆锥的顶点为坐标原点，以圆锥的高为 x 轴，建立直角坐标系，则圆锥可以看成是由直角三角形 ABO 绕 x 轴旋转一周而得到的旋转体. 直线 OA 的方程为

$$y=\frac{r}{h}x.$$

于是，所求体积为

$$V=\int_0^h \pi\left(\frac{r}{h}x\right)^2 \mathrm{d}x=\frac{\pi r^2}{h^2}\int_0^h x^2 \mathrm{d}x=\frac{\pi r^2}{h^2}\left[\frac{x^2}{3}\right]_0^h=\frac{1}{3}\pi r^2 h.$$

【例 6】　求椭圆 $\dfrac{x^2}{a^2}+\dfrac{y^2}{b^2}=1$ 绕 x 轴旋转一周而成的旋转体（叫作旋转椭球体）（见图 4-26）的体积.

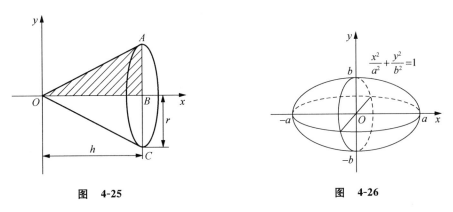

图　4-25　　　　　　　图　4-26

解　由图形的对称性，可得旋转椭球体的体积为

$$V=2\int_0^a \pi\frac{b^2}{a^2}(a^2-x^2)\mathrm{d}x=\frac{2\pi b^2}{a^2}\int_0^a(a^2-x^2)\mathrm{d}x$$
$$=\frac{2\pi b^2}{a^2}\left[a^2 x-\frac{1}{3}x^3\right]_0^a=\frac{4}{3}\pi ab^2.$$

当 $a=b$ 时，旋转椭球体就变成了半径为 a 的球体，其体积为

$$V=\frac{4}{3}\pi a^3.$$

【例 7】　如图 4-27(1) 所示的一个高 8 cm、上底半径为 5 cm、下底半径为 3 cm 的圆台形工件，在中央钻一个半径为 2 cm 的孔，如果该工件是铁制的，求它的重量.

解　该工件的体积可看作两个旋转体（一个圆台，一个圆柱）的体积的差. 将工件置于坐标系中，作图如图 4-27(2) 所示.

根据题意，A 点坐标是 $(0,3)$，B 点坐标是 $(8,5)$，所以过 AB 的直线方程为 $y=\dfrac{1}{4}x+3$. 直线 CD 平行 x 轴，它的方程为 $y=2$. 于是

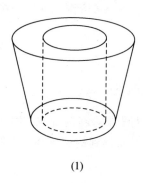

(1)

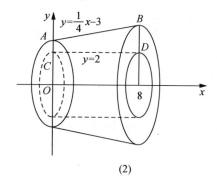

(2)

图 4-27

$$V = V_{圆台} - V_{圆柱} = \pi \int_0^8 \left(\frac{1}{4}x + 3 \right)^2 \mathrm{d}x - \pi \int_0^8 2^2 \mathrm{d}x$$

$$= \pi \int_0^8 \left(\frac{1}{16}x^2 + \frac{3}{2}x + 5 \right) \mathrm{d}x = \pi \left[\frac{1}{48}x^3 + \frac{3}{4}x^2 + 5x \right]_0^8$$

$$= 98\frac{2}{3}\pi (\mathrm{cm}^3).$$

因为铁的密度是 $7.8\,\mathrm{g/cm^3}$，所以工件的重量

$$\omega = 98\frac{2}{3} \times 7.8 \approx 2418 \ (\mathrm{g}).$$

4.4.3 平面曲线的弧长

如图 4-28 所示,设有一光滑曲线 $y = f(x)$（即 $f(x)$ 可导）,求曲线从 $x=a$ 到 $x=b$ 的一段曲线弧 $\overset{\frown}{AB}$ 的弧长.

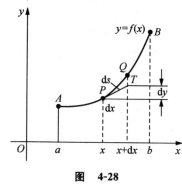

图 4-28

仍使用微元法,在 $[a,b]$ 上任取一微区间 $[x, x+\mathrm{d}x]$,其对应的曲线弧长为 $\overset{\frown}{PQ}$,过点 P 作曲线的切线 PT,由于 $\mathrm{d}x$ 很小,于是曲线弧 $\overset{\frown}{PQ}$ 的长度近似地等于切线段 PT 的长度 $|PT|$,因此,我们把 PT 称为弧长元素(又称弧微分),记作 $\mathrm{d}s$.可以看到,$\mathrm{d}x, \mathrm{d}y, \mathrm{d}s$ 构成一个直角三角形,因此有

$$\mathrm{d}s = \sqrt{(\mathrm{d}x)^2 + (\mathrm{d}y)^2} = \sqrt{1 + (y')^2}\,\mathrm{d}x.$$

对 $\mathrm{d}s$ 在区间 $[a,b]$ 上求定积分,便得到所求弧长为

$$s = \int_a^b \sqrt{1 + (y')^2}\,\mathrm{d}x.$$

【例 8】 求曲线 $y = \frac{2}{3}x^{\frac{3}{2}}$ 上相应于 x 从 $0 \sim 3$ 的一段弧的长度.

解 $y' = x^{\frac{1}{2}}$,由公式 $s = \int_a^b \sqrt{1 + y'^2}\,\mathrm{d}x$ 得所求弧长为

$$s = \int_0^3 \sqrt{1 + x}\,\mathrm{d}x = \frac{2}{3} \left[(1+x)^{\frac{3}{2}} \right]_0^3 = \frac{14}{3}$$

4.4.4　定积分在其他方面的应用

1.变力沿直线所作的功

由物理学可知,当一个物体在一个常力 F 的作用下,沿力的方向作直线运动,则在物体移动距离为 s 时,力 F 所做的功为

$$W = F \cdot s$$

但在实际问题中,常需计算变力所做的功,此时可用定积分来解决.

如图 4-29 所示,设物体受到一个水平方向的力 F 的作用而沿水平方向作直线运动,已知在 x 轴上的不同点处,力 F 的大小不同,即力 F 是 x 的函数,记为 $F = F(x)$.当物体在这个变力 F 的作用下,由点 a 移动到点 b 时,求变力 F 所做的功.

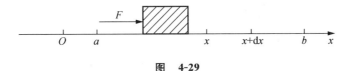

图　4-29

下面仍然采用元素法来研究.

在区间 $[a,b]$ 上任取一个小区间 $[x,x+\mathrm{d}x]$,由于 $\mathrm{d}x$ 很小,于是物体在这一小区间上所受的力可以近似地看作是一个常力,从而得到物体从点 x 移动到点 $x+\mathrm{d}x$ 所做的功的近似值

$$\mathrm{d}W = F(x)\mathrm{d}x.$$

$\mathrm{d}W$ 叫作**功元素**.对功元素在区间 $[a,b]$ 上求定积分,便得到力 F 在 $[a,b]$ 上所做的功是

$$W = \int_a^b F(x)\mathrm{d}x.$$

【例 9】　如图 4-30 所示,已知弹簧每拉长 $0.01\,\mathrm{m}$ 要用 $5\,\mathrm{N}$ 的力,求把弹簧拉长 $0.1\,\mathrm{m}$ 所功.

解　由物理学中的胡克定理可知,在弹性限度内拉伸长弹簧所需要的力与弹簧的伸长量 x 成正比,即

$$F = kx(k \text{ 为比例系数}).$$

根据题意,当 $x = 0.01$ m 时,$F = 5$ N,所以

$$k = 500(\mathrm{N/m}).$$

于是

$$F = 500x.$$

故,所求的功为

$$\int_0^{0.1} 500x\mathrm{d}x = 500\left[\frac{x^2}{2}\right]_0^{0.1} = 2.5(\mathrm{J}).$$

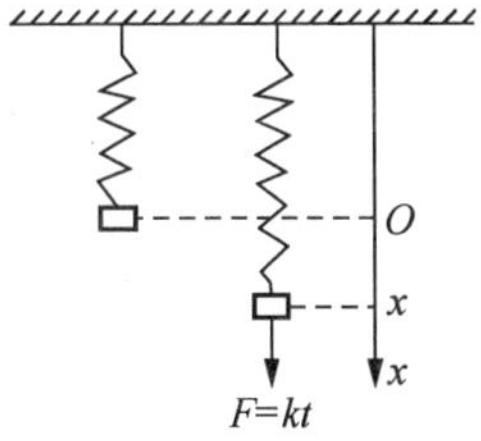

图　4-30

【例 10】　把一个带电量为 $+q$ 的点电荷放在 r 轴上坐标原点 O 处,它产生了一个电场,并对周围的电荷产生作用力,求单位正电荷在电场中由 $r=a$ 沿 r 轴移动到 $r=b(a<b)$(见图 4-31),电场力 F 所做的功.

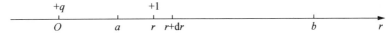

图　4-31

解　由物理学知道，距离点电荷（其带电量是 $+q$）为 r 的单位正电荷所受的电场力为 $F=k\dfrac{q}{r^2}$（k 为常数）. 于是，所求的功为

$$W=FS$$

功元素

$$dW=k\cdot\frac{q}{r^2}dr$$

$$W=\int_a^b dW=k\int_a^b\frac{q}{r^2}dr=kq\left(\frac{1}{r}\right)\Big|_a^b=kq\left(\frac{1}{a}-\frac{1}{b}\right)$$

【例 11】　修建大桥的桥墩时应先筑起圆柱形的围图，然后抽尽其中的水以便暴露出河床进行施工作业. 已知围图的直径为 20 m，水深为 27 m，围图顶端高出水面 3 m，求抽尽围图内的水所做的功.

解　作坐标系 xOy，如图 4-32 所示. 取积分变量为 x，积分区间为 $[3,30]$. 在 $[3,30]$ 上任取一个小区间 $[x,x+dx]$，对应的一薄层水的重量为 $dm=\gamma\pi10^2dx$，其中 $\gamma=9.8\times10^3\,\text{N/m}^3$ 为水的比重.

把这一薄层水抽到围图外，需提升的距离可近似地等于 x，因而所做的功近似地等于功元素，即为 $(\gamma\pi10^2dx)x$.

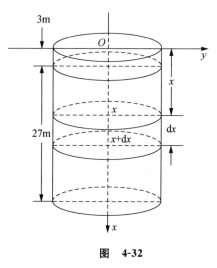

图　4-32

$$dW=10^2\pi\gamma x dx.$$

因此

$$W=\int_3^{30}10^2\gamma x dx=10^2\pi\gamma\left[\frac{x^2}{2}\right]_3^{30}$$

$$=10^2\times3.14\times9.8\times10^3\times\left(\frac{900}{2}-\frac{9}{2}\right)$$

$$\approx1.37\times10^9\,(\text{J}).$$

2. 液体的静压力

物理学告诉我们，在距液体表面深 h 处的液体压强是

$$P=\rho gh.$$

其中 ρ 为液体的密度（单位：kg/m^3）. 当一面积为 S 的平面薄片与液面平行地置于液面下深 h 处，则薄片的一侧所受的压力为

$$F=\rho\cdot S=\rho gh\cdot S.$$

现将该薄片垂直于液面置入于液体中，则薄片各处因为所在深度不同而压强各不相同，故不能用上述公式计算薄片一侧所受的压力.

该薄片的形状为一曲边梯形，其位置及坐标系选择如图 4-33 所示，y 轴与液面相齐，x 轴垂直于液面，曲线方程为 $y=f(x)$，薄片上边为 $x=a$，下边为 $x=b$. 在 x 处垂直于 x 轴取一底宽为 dx 的微曲边梯形，则该微曲边梯形的面积近似于微矩形面积 $dS=f(x)dx$，且微曲边梯形上各处与液面的距离等于或近似于 x，故在微曲边梯形一侧所受压力的近似值（即压力的微元）为

$$dF=\rho gx dS=\rho gxf(x)dx,$$

于是，得薄片一侧所受的压力为

$$F=\int_a^b\rho gxf(x)dx.$$

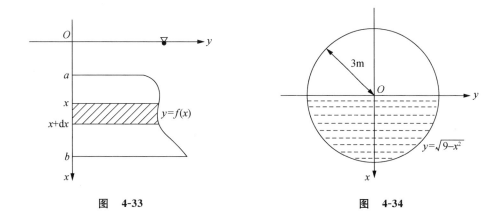

图　4-33　　　　　　　　　　　　　图　4-34

【例 12】　设一水平放置的水管,其断面是直径为 6 m 的圆. 求当水半满时,水管一端的竖立闸门上所受的压力.

解　如图 4-34 所示,建立直角坐标系,则圆的方程为

$$x^2 + y^2 = 9.$$

取 x 为积分变量,积分区间为 $[0,3]$,于是竖立闸门上所受的压力为

$$F = 2\int_0^3 9.8 \times 10^3 x \sqrt{9-x^2}$$

$$= -9.8 \times 10^3 \int_0^3 \sqrt{9-x^2}\,\mathrm{d}(9-x^2)$$

$$= -9.8 \times 10^3 \times \frac{2}{3}\big[(9-x^2)^{\frac{3}{2}}\big]_0^3 \approx 1.76 \times 10^5 (\mathrm{N}).$$

3. 平均值与均方差

(1) 平均值.

在实际问题中,常常要研究平均值问题,通常描述离散数集 $\{y_1, y_2, \cdots, y_n\}$ 的平均值时,常取这个数集的算术平均值

$$\bar{y} = \frac{1}{n}(y_1 + y_2 + \cdots + y_n) = \frac{1}{n}\sum_{i=1}^n y_i.$$

例如,用全班学生的考试平均成绩来反映这个班级学习成绩的概况.

此外,还常常要计算一个连续函数 $y = f(x)$ 在区间 $[a,b]$ 上一切值的平均值.

例如,求平均速度、平均电流强度、平均功率等. 下面求连续函数 $y = f(x)$ 在区间 $[a,b]$ 上的平均值 $\bar{y}$.

将区间 $[a,b]$ n 等分,设分点为 $a = x_0 < x_1 < x_2 < \cdots < x_n = b$,每个小区间的长度为 $\Delta x_i = (b-a)/n$. 对于 n 个分点处的函数值 $f(x_1), f(x_2), \cdots, f(x_n)$,可用它们的算术平均值

$$\frac{1}{n}[f(x_1) + f(x_2) + \cdots + f(x_n)] = \frac{1}{n}\sum_{i=1}^n f(x_i)$$

近似表示函数 $y = f(x)$ 在区间 $[a,b]$ 的平均值. 如果 n 取得比较大,上述平均值就能比较确切地表达函数 $y = f(x)$ 在区间 $[a,b]$ 的平均值. 因此把极限

$$\lim_{n \to \infty} \frac{1}{n}\sum_{i=1}^n f(x_i)$$

叫做函数 $y = f(x)$ 在区间 $[a,b]$ 的**平均值**. 记为 $\bar{y}$,即

$$\bar{y} = \lim_{n \to \infty} \frac{1}{n} \sum_{i=1}^{n} f(x_i) = \lim_{n \to \infty} \frac{1}{b-a} \sum_{i=1}^{n} \frac{b-a}{n} f(x_i)$$

$$= \frac{1}{b-a} \lim_{n \to \infty} \sum_{i=1}^{n} f(x_i) \Delta x_i.$$

由定积分的定义得

$$\bar{y} = \frac{1}{b-a} \int_a^b f(x) \mathrm{d}x.$$

【例 13】 计算纯电阻电路中正弦交流电 $i = I_m \sin \omega t$ 在一个周期内功率的平均值（简称平均功率）.

解 设电阻 R，那么 R 两端的电压为

$$U = iR = I_m R \sin \omega t, \quad P = Ui = I_m^2 R \sin^2 \omega t$$

因为交流电的周期为 $T = \dfrac{2\pi}{\omega}$，所以在一个周期 $\left[0, \dfrac{2\pi}{\omega}\right]$ 上，P 的平均值为

$$\bar{P} = \frac{1}{\frac{2\pi}{\omega} - 0} \int_0^{\frac{2\pi}{\omega}} I_m^2 R \sin^2 \omega t \, \mathrm{d}t = \frac{I_m^2 R}{2\pi} \int_0^{\frac{2\pi}{\omega}} \sin^2 \omega t \, \mathrm{d}(\omega t)$$

$$= \frac{I_m^2 R}{4\pi} \int_0^{\frac{2\pi}{\omega}} (1 - \cos 2\omega t) \mathrm{d}(\omega t) = \frac{I_m^2 R}{4\pi} \left[\omega t - \frac{1}{2} \sin 2\omega t \right]_0^{\frac{2v}{\omega}}$$

$$= \frac{1}{2} I_m^2 R = \frac{1}{2} I_m U_m (U_m = I_m R).$$

这就是说，纯电阻电路中正弦交流电的平均功率等于电流和电压的峰值乘积的一半.

（2）均方根.

在实际问题中，还经常用到另一种平均值，即均方根. 我们把

$$\sqrt{\frac{1}{b-a} \int_a^b f^2(x) \mathrm{d}x}$$

叫做函数的**均方根**.

【例 14】 算正弦交流电 $i = I_m \sin \omega t$ 在一个周期内功率的均方根.

解 由均方根公式得

$$I = \sqrt{\frac{\omega}{2\pi} \int_0^{\frac{2\pi}{\omega}} I_m^2 \sin^2 \omega t \, \mathrm{d}t} = \frac{I_m}{\sqrt{2}}.$$

这个值在电工学中称它为电流的有效值. 于是正弦交流电的有效值等于它的峰值的 $\dfrac{1}{\sqrt{2}}$.

类似地，可得交流电压 $U = U_m \sin \omega t$ 的有效值等于它的峰值的 $\dfrac{1}{\sqrt{2}}$.

通常交流电器上标明的功率是平均功率，电流、电压指的是电流、电压的有效值. 例如，照明用的电灯上 40 W，220 V.

习题 4-4

1. 求由下列各曲线所围成的平面图形的面积，并作图.

（1）$y = 2x^2$，$y = x^2$ 与 $y = 1$；

(2) $y=\sin x, y=\cos x$ 与直线 $x=0, x=\dfrac{\pi}{2}$；

(3) $y=3+2x-x^2$ 与直线 $x=1, x=4$ 及 ox 轴；

(4) $xy=2, y-2x=0, 2y-x=0$；

(5) $y=x^3, y=2x$；

(6) $2x=y^2, y=2-2x$.

2. 求下列曲线所围成的图形绕指定轴旋转所得的旋转体的体积.

(1) $y=x, x=1, y=0$，绕 x 轴；

(2) $y=x^2, y=x$，绕 x 轴；

(3) $y=x^3, y=1, x=0$，绕 y 轴；

(4) $y=x^2, y^2=8x$，分别绕 x 轴、y 轴.

3. 求 xOy 平面上的由直线 $y=1$ 和直线 $y=\dfrac{1}{2}x$ 以及 y 轴所围图形绕 y 轴旋转一周所成旋转体的体积.

4. 计算曲线 $y^2=x^3$ 上相应于 $x=0$ 到 $x=1$ 的一段弧长.

5. 已知一弹簧拉长 $0.02\,\mathrm{m}$，要用 $9.8\,\mathrm{N}$ 的力，求把该弹簧拉长 $0.1\,\mathrm{m}$ 所做的功.

6. 在底面积为 S 的圆柱形容器中盛有一定量的气体，在等温条件下，由于气体的膨胀，把容器中的活塞沿圆柱体中心轴由点 a 处推移到点 b 处. 计算在移动过程中气体压力所做的功.

7. 某水库的闸门形状为等腰梯形，它的两条底边各长为 $10\,\mathrm{m}$ 和 $6\,\mathrm{m}$，高为 $20\,\mathrm{m}$，较长的底边与水面相齐，计算闸门的一侧所受的压力.

本 章 小 结

【主要内容】 定积分的概念与性质，微积分基本定理，定积分的换元积分法和分部积分法，定积分在几何、物理及经济学上的应用.

【学习要求】

1. 理解定积分的概念、定积分的性质及其几何意义.

2. 掌握微积分基本定理，了解积分上限函数及其性质，掌握牛顿-莱布尼茨公式.

3. 熟练掌握定积分的换元积分法和分部积分法.

4. 掌握用定积分表达一些几何量与物理量的方法，会应用定积分求解平面图形的面积问题，了解微元法，并能用其求解有关几何和物理等问题.

【重点】 定积分的概念，微积分基本定理，定积分的积分法.

【难点】 变上限函数的导数，定积分的应用.

复 习 题 四

1. 填空题.

(1) $\lim\limits_{x\to 0}\dfrac{\displaystyle\int_0^x \sin t^3\,\mathrm{d}t}{x^4}=$ _____.

(2) $\dfrac{\mathrm{d}}{\mathrm{d}x}\displaystyle\int_0^1 f(x)\,\mathrm{d}x=$ _____.

(3) 设 $\displaystyle\int_0^a x(2-3x)\,\mathrm{d}x=2$，则 $a=$ _____.

(4) 积分 $\displaystyle\int_{-3}^3 \dfrac{x\sin^2 x}{x^4+4x^2+1}\,\mathrm{d}x=$ _____.

（5）设在$[a,b]$上曲线$y=f(x)$位于曲线$y=g(x)$的上方，则由这两条曲线及直线$x=a,x=b$围成的平面图形的面积$A=$＿＿＿＿＿＿.

2.选择题.

（1）设$\int_0^1 x(a-x)\mathrm{d}x=1$，则常数$a=$（   ）.

A. $\dfrac{8}{3}$ B. $\dfrac{1}{3}$ C. $\dfrac{4}{3}$ D. $\dfrac{2}{3}$

（2）由曲线$y=\mathrm{e}^x$及直线$x=0,y=2$围成的平面图形的面积$A=$（   ）.

A. $\int_1^2 \ln y\,\mathrm{d}y$ B. $\int_1^{\mathrm{e}^2} \mathrm{e}^x\,\mathrm{d}x$ C. $\int_1^{\ln 2} \ln y\,\mathrm{d}y$ D. $\int_0^2 (2-\mathrm{e}^x)\,\mathrm{d}x$

3.计算下列定积分.

（1）$\displaystyle\int_4^9 \sqrt{x}(1+\sqrt{x})\mathrm{d}x$ ；   （2）$\displaystyle\int_0^{\frac{\pi}{4}} \tan^3 x\,\mathrm{d}x$ ；

（3）$\displaystyle\int_{\frac{\pi}{3}}^{\pi} \sin\left(x+\dfrac{\pi}{2}\right)\mathrm{d}x$ ；   （4）$\displaystyle\int_{-1}^1 \dfrac{\mathrm{e}^x}{1+\mathrm{e}^x}\mathrm{d}x$ ；

（5）$\displaystyle\int_1^4 \dfrac{\ln x}{\sqrt{x}}\mathrm{d}x$.

4.已知函数$f(x)=\displaystyle\int_0^x \sin t\,\mathrm{d}t$，求导数$f'\left(\dfrac{\pi}{4}\right)$.

5.已知函数$F(x)=\displaystyle\int_0^x \cos^2 t\,\mathrm{d}t$，计算$F'(x)$，$F'(0)$.

6.已知$f(x)=\begin{cases} x^2 & (0\leqslant x\leqslant 1) \\ x & (1\leqslant x\leqslant 2) \end{cases}$，求积分$\displaystyle\int_0^2 f(x)\mathrm{d}x$.

7.设函数$\displaystyle\int_0^{x^2} f(t)\mathrm{d}t=x^2(1+x)$，求$f(0)$，$f(4)$.

8.设$\dfrac{4}{1-x^2}f(x)=\dfrac{\mathrm{d}}{\mathrm{d}x}[f(x)]^2$，且$f(0)=0$，求$f(x)$.

9.求由抛物线$y^2=8x$的下半支与直线$x+y-6=0$及$y=0$所围成的平面图形的面积.

10.计算曲线$y=\sin x$和$y=\cos x$与直线$x=0$、$x=\dfrac{\pi}{2}$围成的平面图形的面积.

11.求由曲线$y=x^2$与$x=1,y=0$所围成的图形分别绕x轴、y轴旋转的旋转体的体积.

12.求由曲线$y=x^2$与$y^2=x$绕x轴旋转的旋转体的体积.

13.求$x^2+(y-5)^2=16$绕x轴旋转的旋转体的体积.

14.已知某产品总产量的变化率（单位：单位/天）是$\dfrac{\mathrm{d}\theta}{\mathrm{d}t}=40+12t-\dfrac{3}{2}t^2$，求从第2天到第10天产品的总产量.

15.已知生产某种产品的总收入的变化率（单位：元/件）是$R'(q)=200-\dfrac{1}{10}q$，求：

（1）生产1000件的总收入是多少？

（2）从生产1000件到生产2000件时所增加的收入是多少？

*第5章 三角函数

三角函数是数学中常见的一类关于角度的函数,在研究三角形和圆等几何形状的性质时有重要作用,同时也是研究周期性现象的基础数学工具.三角函数一般用于计算三角形中未知长度的边和未知的角度,在导航、工程学以及物理学方面都有广泛的用途.

那么,三角函数到底是怎样的函数? 它具有哪些性质? 在实际应用中又会有哪些重要的作用呢? 下面就来研究这些问题.

5.1 任意角的三角函数

5.1.1 任意角的三角函数的定义

1.任意角

在角度的度量里面,一个是角度制,另外一个就是这节课要研究的角的另外一种度量制——**弧度制**.

如图 5-1 所示,一般约定以原点和 x 的正半轴组成的射线为起始边,角可以看成是由一条射线(起始边)旋转到一个新的位置(终边)所形成的图形.

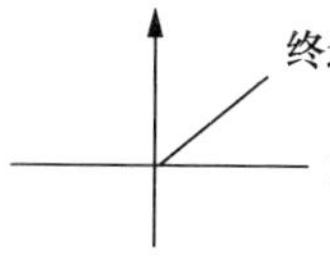

逆时针旋转得到的角是**正角**,顺时针旋转得到的角是**负角**,一条射线没有作任何旋转,就把它叫做**零角**.

角 $210°$、$750°$ 是一个正角,角 $-150°$、$-660°$ 是一个负角,这样就把角的概念推广到任意角,包括正角、负角和零角.

图 5-1

所有与 α 终边相同的角连同 α 在内构成集合为:$\{\theta | \theta = \alpha + k \cdot 360°, k \in \mathbf{Z}\}$. 例如,$328° = -32° + 1 \times 360°$,$-392° = -32° + (-1) \times 360°$,所以,$-32°$ 与 $328°$,$-392°$ 是终边相同的角.

2.象限角

角的顶点与原点重合,角的始边与 x 轴的非负半轴重合.那么,角的终边(除端点外)在第几象限,称这个角是**第几象限角**.如 $30°$ 角、$-210°$ 角分别是第一象限角和第二象限角.

特别注意:若角的终边在坐标轴上,就认为这个角不属于任何一个象限,称为**非象限角**.

3.弧度制

定义 5.1.1 长度等于半径的弧所对的圆心角的大小叫做 1 弧度,1 弧度记作 $1\mathrm{rad}t$;1弧度($1\mathrm{rad}t$)$\approx 57.3°$.弧度制与角度制之间的转化关系:$\pi = 180°$. 常用角的互化,见下表.

---

* 此章为选修章节,供有需求的同学学习.

角度	0°	30°	45°	60°	90°	120°	135°	150°	180°	360°
弧度	0	$\dfrac{\pi}{6}$	$\dfrac{\pi}{4}$	$\dfrac{\pi}{3}$	$\dfrac{\pi}{2}$	$\dfrac{2\pi}{3}$	$\dfrac{3\pi}{4}$	$\dfrac{5\pi}{6}$	π	2π

【例1】 按照下列要求，把 $67°30'$ 化成弧度.

解 因为 $67°30' = \left(\dfrac{135}{2}\right)°$，所以 $67°30' = \dfrac{\pi}{180}\text{rad}\,t \times \dfrac{135}{2} = \dfrac{3}{8}\pi\text{rad}\,t$.

【例2】 已知扇形 AOB 的周长是 6 cm，该扇形的中心角是 1 弧度，求该扇形的面积.

解 因弧长公式：$l = |\alpha|r$，扇形面积公式：$S = \dfrac{1}{2}lr = \dfrac{1}{2}|\alpha|r^2$，$\alpha$ 为该扇形的中心角，所以，$6 = 2r + l = 2r + r = 3r$，即 $r = 2\,\text{cm}$，

$$S = \dfrac{1}{2}lr = \dfrac{1}{2}|\alpha|r^2 = \dfrac{1}{2} \times 1 \times 4 = 2\,\text{cm}.$$

4. 任意角的三角函数

设 α 是一个任意角，它的终边与单位圆交于点 $P(x, y)$，那么，

(1) y 叫做 α 的正弦，记作 $\sin\alpha$，即 $\sin\alpha = y$；

(2) x 叫做 α 的余弦，记作 $\cos\alpha$，即 $\cos\alpha = x$；

(3) $\dfrac{y}{x}$ 叫做 α 的正切，记作 $\tan\alpha$，即 $\tan\alpha = \dfrac{y}{x}$；

(4) $\dfrac{x}{y}$ 叫做 α 的余切，记作 $\cot\alpha$，即 $\cot\alpha = \dfrac{x}{y}$.

正弦、余弦、正切、余切都是以角为自变量，以单位圆上点的坐标或坐标的比值为函数值的函数，统称为**三角函数**.

【例3】 已知角 α 的终边经过 $P(3, 4)$，求角 α 的正弦、余弦、正切和余切值.

解 角 α 的终边上一点 $P(3, 4)$，它与原点的距离 $r = \sqrt{3^2 + 4^2} = 5 > 0$，则

$$\sin\alpha = \dfrac{y}{r} = \dfrac{4}{5}; \cos\alpha = \dfrac{x}{r} = \dfrac{3}{5}; \tan\alpha = \dfrac{y}{x} = \dfrac{4}{3}; \cot\alpha = \dfrac{x}{y} = \dfrac{3}{4}.$$

如果两个角的终边相同，那么这两个角的同一三角函数值有何关系？

终边相同的角的同一三角函数值相等.

公式一：

$\sin(\alpha + k \cdot 2\pi) = \sin\alpha \ (k \in Z)$

$\cos(\alpha + k \cdot 2\pi) = \cos\alpha \ (k \in Z)$

$\tan(\alpha + k \cdot 2\pi) = \tan\alpha \ (k \in Z)$

$\cot(\alpha + k \cdot 2\pi) = \cot\alpha \ (k \in Z)$

【例4】 求下列三角函数值.

(1) $\sin\dfrac{9\pi}{4}$ (2) $\cos\dfrac{17\pi}{4}$ (3) $\tan(-330°)$

解 (1) 因为 $\sin\dfrac{9\pi}{4} = \sin\left(2\pi + \dfrac{\pi}{4}\right) = \sin\dfrac{\pi}{4} = \dfrac{\sqrt{2}}{2}$.

(2) 因为 $\cos\dfrac{17\pi}{4} = \cos\left(4\pi + \dfrac{\pi}{4}\right) = \cos\dfrac{\pi}{4} = \dfrac{\sqrt{2}}{2}$.

（3）因为 $\tan(-330°)=\tan(30°-360°)=\tan(30°)=\dfrac{\sqrt{3}}{3}$.

5.1.2　同角三角函数的基本关系

三角函数是以单位圆上点的坐标来定义的,那么,同一个角不同三角函数之间的关系是怎样的呢?

（1）倒数关系.

$\sin\alpha\cdot\csc\alpha=1,\alpha\neq k\pi(k\in Z)$

$\cos\alpha\cdot\sec\alpha=1,\alpha\neq k\pi+\dfrac{\pi}{2}(k\in Z)$

$\tan\alpha\cdot\cot\alpha=1,\alpha\neq\dfrac{k\pi}{2}(k\in Z)$.

（2）商数关系.

$\tan\alpha=\dfrac{\sin\alpha}{\cos\alpha},\alpha\neq k\pi+\dfrac{\pi}{2}(k\in Z)$

$\cot\alpha=\dfrac{\cos\alpha}{\sin\alpha},\alpha\neq k\pi(k\in Z)$

（3）平方关系.

$\sin^2\alpha+\cos^2\alpha=1$

$1+\tan^2\alpha=\sec^2\alpha,\alpha\neq k\pi+\dfrac{\pi}{2}(k\in Z)$

$1+\cot^2\alpha=\csc^2\alpha,\alpha\neq k\pi(k\in Z)$.

【例 5】　已知 $\sin\alpha=\dfrac{3}{5}$,且 α 在第二象限,求 $\cos\alpha$ 和 $\tan\alpha$.

解　因为 $\sin^2\alpha+\cos^2\alpha=1$,所以 $\cos^2\alpha=1-\sin^2\alpha=1-\left(\dfrac{3}{5}\right)^2=\dfrac{16}{25}$.

又因为 α 在第二象限,$\cos\alpha<0$,所以 $\cos\alpha=-\dfrac{4}{5}$,$\tan\alpha=\dfrac{\sin\alpha}{\cos\alpha}=-\dfrac{3}{4}$.

【例 6】　化简 $\sqrt{1-\sin^2 440°}$.

解　$\sqrt{1-\sin^2 440°}=\sqrt{1-\sin^2(360°+80°)}=\sqrt{1-\sin^2 80°}$
$=\sqrt{\cos^2 80°}=\cos80°$.

【例 7】　求证: $\dfrac{\cos\alpha}{1-\sin\alpha}=\dfrac{1+\sin\alpha}{\cos\alpha}$

证明　因为 $(1-\sin\alpha)(1+\sin\alpha)=1-\sin^2\alpha=\cos^2\alpha$,且 $1-\sin\alpha\neq0$,$\cos\alpha\neq0$,
所以 $\dfrac{\cos\alpha}{1-\sin\alpha}=\dfrac{1+\sin\alpha}{\cos\alpha}$.

5.1.3　三角函数的诱导公式

学习了任意角的三角函数,还有同角三角函数关系,但是还有一个关键问题没有解决,那就是:如何来求任意角的三角函数值?

公式二：

$\sin(\pi-\alpha)=\sin\alpha$

$\cos(\pi-\alpha)=-\cos\alpha$

$\tan(\pi-\alpha)=-\tan\alpha$

$\cot(\pi-\alpha)=-\cot\alpha$

两个角的终边关于 x 轴对称，有什么结论？两个角的终边关于原点对称呢？

公式三：

$\sin(-\alpha)=-\sin\alpha$

$\cos(-\alpha)=\cos\alpha$

$\tan(-\alpha)=-\tan\alpha$

$\cot(-\alpha)=-\cot\alpha$

公式四：

$\sin(\pi+\alpha)=-\sin\alpha$

$\cos(\pi+\alpha)=-\cos\alpha$

$\tan(\pi+\alpha)=\tan\alpha$

$\cot(\pi+\alpha)=\cot\alpha$

【例8】 求值.

(1) $\sin\dfrac{7\pi}{6}$；   (2) $\cos2012°$；   (3) $\cos\left(-\dfrac{9\pi}{4}\right)$.

解 (1) $\sin\dfrac{7\pi}{6}=\sin\left(\pi+\dfrac{\pi}{6}\right)=-\sin\dfrac{\pi}{6}=-\dfrac{1}{2}$.

(2) $\cos(2012°)=\cos(6\times360°-148°)=\cos(-148°)$

$\qquad\qquad=\cos148°=\cos(180°-32°)=-\cos32°$.

(3) $\cos\left(-\dfrac{9\pi}{4}\right)=\cos\left(-2\pi-\dfrac{\pi}{4}\right)=\cos\left(-\dfrac{\pi}{4}\right)$

$\qquad\qquad=\cos\dfrac{\pi}{4}=\dfrac{\sqrt{2}}{2}$.

用角 $-\alpha$、$\pi-\alpha$、$\pi+\alpha$ 的终边与角 α 的终边对称，推出了诱导公式二、三、四，那么角 $\dfrac{\pi}{2}-\alpha$ 的终边与角 α 的终边是否也有对称关系呢？

公式五：

$\sin\left(\dfrac{\pi}{2}-\alpha\right)=\cos\alpha$

$\cos\left(\dfrac{\pi}{2}-\alpha\right)=\sin\alpha$

$\tan\left(\dfrac{\pi}{2}-\alpha\right)=\cot\alpha$

$\cot\left(\dfrac{\pi}{2}-\alpha\right)=\tan\alpha$

由于 $\dfrac{\pi}{2}+\alpha=\pi-\left(\dfrac{\pi}{2}-\alpha\right)$，由公式二～公式五可得

公式六：

$$\sin\left(\frac{\pi}{2}+\alpha\right)=\cos\alpha$$

$$\cos\left(\frac{\pi}{2}+\alpha\right)=-\sin\alpha$$

$$\tan\left(\frac{\pi}{2}+\alpha\right)=-\cot\alpha$$

$$\cot\left(\frac{\pi}{2}+\alpha\right)=-\tan\alpha$$

上面及前面所学的公式一至公式六都称为**三角函数的诱导公式**.

【例 9】 证明：(1) $\sin\left(\frac{3\pi}{2}-\alpha\right)=-\cos\alpha$；(2) $\cos\left(\frac{3\pi}{2}-\alpha\right)=-\sin\alpha$.

证明 (1) $\sin\left(\frac{3\pi}{2}-\alpha\right)=\sin\left[\pi+\left(\frac{\pi}{2}-\alpha\right)\right]=-\sin\left(\frac{\pi}{2}-\alpha\right)=-\cos\alpha$.

(2) $\cos\left(\frac{3\pi}{2}-\alpha\right)=\cos\left[\pi+\left(\frac{\pi}{2}-\alpha\right)\right]=-\cos\left(\frac{\pi}{2}-\alpha\right)=-\sin\alpha$.

【例 10】 化简 $\dfrac{\cos(\pi+\alpha)\cos\left(\frac{\pi}{2}+\alpha\right)}{\sin(3\pi-\alpha)\sin\left(\frac{3\pi}{2}-\alpha\right)}$.

解 $\dfrac{\cos(\pi+\alpha)\cos\left(\frac{\pi}{2}+\alpha\right)}{\sin(3\pi-\alpha)\sin\left(\frac{3\pi}{2}-\alpha\right)}=\dfrac{(-\cos\alpha)(-\sin\alpha)}{\sin(\pi-\alpha)(-\cos\alpha)}$

$$=-\frac{\cos\alpha\sin\alpha}{\sin\alpha\cos\alpha}=-1.$$

习题 5-1

1. 若 $\sin(\pi+\alpha)+\sin(-\alpha)=-m$,则 $\sin(3\pi+\alpha)+2\sin(2\pi-\alpha)=$ _____ .

2. $\sin\left(\frac{19\pi}{6}\right)=$ _____ .

3. 已知 $\tan(\pi+\alpha)=3$,求 $\dfrac{2\cos(\pi-\alpha)-3\sin(\pi+\alpha)}{4\cos(-\alpha)+\sin(2\pi-\alpha)}$ 的值.

4. 已知 $\sin(\pi+\alpha)=-\dfrac{1}{2}$,且 α 在第一象限,计算：

(1) $\sin\left(\frac{\pi}{2}+\alpha\right)$；　　　(2) $\cos\left(\alpha-\frac{3\pi}{2}\right)$；　　　(3) $\tan\left(\frac{\pi}{2}-\alpha\right)$.

5. 已知 $\sin\alpha=-\dfrac{3}{5}$,且 α 在第四象限,求 $\cos\alpha$ 和 $\cot\alpha$.

6. 已知 $\tan\alpha=-\dfrac{\sqrt{3}}{3}$,求 $\dfrac{\sin\alpha+\cos\alpha}{\sin\alpha-\cos\alpha}$ 的值.

7. 化简：(1) $\sin\alpha\cot\alpha$；(2) $\dfrac{1-2\sin^{2}\alpha}{2\cos^{2}\alpha-1}$.

5.2 三角函数的性质

前面研究了三角函数的定义、同角三角函数的基本关系及诱导公式，下面来研究三角函数的性质.

5.2.1 正弦、余弦函数的性质

1. 周期性

正弦函数是周期函数，$2k\pi(k\in Z$ 且 $k\neq 0)$ 都是它的周期，最小正周期是 2π.

余弦函数是周期函数，$2k\pi(k\in Z$ 且 $k\neq 0)$ 都是它的周期，最小正周期是 2π.

【例 1】 求下列三角函数的周期：(1) $y=\sin 2x$；(2) $y=2\cos x$.

解 (1) $\because \sin(2x+2\pi)=\sin 2(x+\pi)=\sin 2x$，

$\therefore$ 自变量 x 至少要增加到 $x+\pi$，函数 $y=\sin 2x(x\in R)$ 的值才能重复出现，

$\therefore$ 函数 $y=\sin 2x(x\in R)$ 的周期是 π.

(2) $\because 2\cos(x+2\pi)=2\cos x$，

$\therefore$ 自变量 x 至少要增加到 $x+2\pi$，函数 $y=2\cos x(x\in R)$ 的值才能重复出现，

$\therefore$ 函数 $y=2\cos x(x\in R)$ 的周期是 2π.

2. 奇偶性

正弦曲线关于原点对称，余弦曲线关于 y 轴对称. 通过诱导公式：$\sin(-x)=-\sin x$，$\cos(-x)=\cos x$ 可知：**正弦函数是奇函数，余弦函数是偶函数**.

3. 单调性

正弦函数在每一个闭区间 $\left[-\dfrac{\pi}{2}+2k\pi,\dfrac{\pi}{2}+2k\pi\right]$，$(k\in Z)$ 上是增函数，其值从 -1 增大到 1；在每一个闭区间 $\left[\dfrac{\pi}{2}+2k\pi,\dfrac{3\pi}{2}+2k\pi\right]$，$(k\in Z)$ 上是减函数，其值从 1 减小到 -1.

余弦函数在每一个闭区间 $[(2k-1)\pi,2k\pi]$，$(k\in Z)$ 上是增函数，其值从 -1 增加到 1；在每一个闭区间 $[2k\pi,(2k+1)\pi]$，$(k\in Z)$ 上都是减函数，其值从 1 减小到 -1.

另外，$y=\sin x$ 的对称轴为 $x=k\pi+\dfrac{\pi}{2}$，$k\in Z$，$y=\cos x$ 的对称轴为 $x=k\pi$，$k\in Z$.

【例 2】 求使下列函数取得最大值的自变量 x 的集合，并求出最大值.

(1) $y=\sin 2x$；   (2) $y=\sin\left(3x+\dfrac{\pi}{4}\right)-1$.

解 (1) 令 $z=2x$，那么 $x\in R$ 必须并且只需 $z\in R$，且使函数 $y=\sin z$，$z\in R$ 取得最大值的集合是 $\left\{z\left|z=\dfrac{\pi}{2}+2k\pi,k\in Z\right.\right\}$.

由 $2x=\dfrac{\pi}{2}+2k\pi$，得 $x=\dfrac{\pi}{4}+k\pi$.

即使函数 $y=\sin 2x$，$x\in R$ 取得最大值的 x 的集合是 $\left\{x\left|x=\dfrac{\pi}{4}+k\pi,k\in Z\right.\right\}$.

函数 $y=\sin 2x$，$x\in R$ 的最大值是 1.

(2) 令 $z=3x+\dfrac{\pi}{4}$，那么 $x\in R$ 必须并且只需 $z\in R$，且使函数 $y=\sin z,z\in R$ 取得最大值的集合是 $\left\{z\left|z=\dfrac{\pi}{2}+2k\pi,k\in Z\right.\right\}$.

由 $3x+\dfrac{\pi}{4}=\dfrac{\pi}{2}+2k\pi$，得 $x=\dfrac{\pi}{12}+\dfrac{2k\pi}{3}$.

即使函数 $y=\sin\left(3x+\dfrac{\pi}{4}\right)-1$ 取得最大值的 x 的集合是 $\left\{x\left|x=\dfrac{\pi}{12}+\dfrac{2k\pi}{3},k\in Z\right.\right\}$.

函数 $y=\sin\left(3x+\dfrac{\pi}{4}\right)-1,x\in R$ 的最大值是 $1-1=0$.

【例 3】 不通过求值，指出 $\sin\left(-\dfrac{\pi}{12}\right)-\sin\left(-\dfrac{\pi}{10}\right)$ 大于 0 还是小于 0.

解 ∵ $-\dfrac{\pi}{2}<-\dfrac{\pi}{10}<-\dfrac{\pi}{12}<\dfrac{\pi}{2}$.

且函数 $y=\sin x,x\in\left[-\dfrac{\pi}{2},\dfrac{\pi}{2}\right]$ 是增函数，

∴ $\sin\left(-\dfrac{\pi}{10}\right)<\sin\left(-\dfrac{\pi}{12}\right)$，即 $\sin\left(-\dfrac{\pi}{12}\right)-\sin\left(-\dfrac{\pi}{10}\right)>0$.

【例 4】 求函数 $y=3\sin\left(\dfrac{1}{2}x+\dfrac{\pi}{3}\right)$ 的单调递增区间.

解 令 $z=\dfrac{1}{2}x+\dfrac{\pi}{3}$，函数 $y=3\sin\left(\dfrac{1}{2}x+\dfrac{\pi}{3}\right)$ 的单调递增区间是 $\left[-\dfrac{\pi}{2}+2k\pi,\dfrac{\pi}{2}+2k\pi\right]$

由 $$-\dfrac{\pi}{2}+2k\pi\leqslant\dfrac{1}{2}x+\dfrac{\pi}{3}\leqslant\dfrac{\pi}{2}+2k\pi$$

得 $$-\dfrac{5\pi}{3}+4k\pi\leqslant x\leqslant\dfrac{\pi}{3}+4k\pi,k\in Z.$$

所以，函数 $y=3\sin\left(\dfrac{1}{2}x+\dfrac{\pi}{3}\right)$ 的单调递增区间是
$$\left[-\dfrac{5\pi}{3}+4k\pi,\dfrac{\pi}{3}+4k\pi,k\in Z\right].$$

5.2.2 正切、余切函数的性质

前一节内容研究了正、余弦函数的性质，那么正切函数的性质又如何呢？

1. 正切函数的性质

(1) 定义域：$\left\{x\left|x\neq\dfrac{\pi}{2}+k\pi,k\in Z\right.\right\}$.

(2) 值域：R. 观察：当 x 从小于 $k\pi+\dfrac{\pi}{2}(k\in Z)$，$x\to k\pi+\dfrac{\pi}{2}$ 时，$\tan x\to+\infty$；

当 x 从大于 $\dfrac{\pi}{2}+k\pi(k\in Z)$，$x\to\dfrac{\pi}{2}+k\pi$ 时，$\tan x\to-\infty$.

(3) 周期性.

由诱导公式
$$\tan(x+\pi)=\tan x,x\in R,x\neq\dfrac{\pi}{2}+k\pi(k\in Z),$$

可知,正切函数是周期函数,周期为 π.

（4）奇偶性.

由诱导公式

$$\tan(-x)=-\tan x, x\in R, x\neq\frac{\pi}{2}+k\pi(k\in Z),$$

可知,正切函数是奇函数.

（5）单调性.

正切函数在开区间 $\left(-\frac{\pi}{2},\frac{\pi}{2}\right)$ 内,函数单调递增. 由于正切函数是周期函数,周期为 π,所以正切函数在开区间 $\left(-\frac{\pi}{2}+k\pi,\frac{\pi}{2}+k\pi\right),k\in Z$ 内都是单调递增函数.

2.余切函数的性质

（1）定义域：$\{x\mid x\neq k\pi,(k\in Z)\}$.

（2）值域：R.

（3）周期性：余切函数是周期函数,周期为 π.

（4）奇偶性：余切函数是奇函数.

（5）单调性：余切函数在开区间 $(k\pi,k\pi+\pi),k\in Z$ 内都是单调递减函数.

【例 5】 求函数 $y=\tan\left(3x-\frac{\pi}{6}\right)$ 的定义域、值域,指出它的周期性、奇偶性、单调性.

解 由 $3x-\frac{\pi}{6}\neq k\pi+\frac{\pi}{2}$ 得 $x\neq\frac{k\pi}{3}+\frac{2\pi}{9}$,所求定义域为

$$\left\{x\mid x\in R,\text{且 } x\neq\frac{k\pi}{3}+\frac{2\pi}{9},k\in Z\right\}$$

值域为 R,周期 $T=\frac{\pi}{3}$,在区间 $\left(\frac{k\pi}{3}-\frac{\pi}{9},\frac{k\pi}{3}+\frac{2\pi}{9}\right)(k\in Z)$ 上是增函数.

【例 6】 比较 $\tan\left(-\frac{13\pi}{4}\right)$ 与 $\tan\left(-\frac{17\pi}{5}\right)$ 的大小.

解 $\because \tan\left(-\frac{13\pi}{4}\right)=-\tan\frac{\pi}{4},\tan\left(-\frac{17\pi}{5}\right)=-\tan\frac{2\pi}{5}$,

$0<\frac{\pi}{4}<\frac{2\pi}{5},y=\tan x$ 在 $\left(0,\frac{\pi}{2}\right)$ 内单调递增,

$\therefore \tan\frac{\pi}{4}<\tan\frac{2\pi}{5},-\tan\frac{\pi}{4}>-\tan\frac{2\pi}{5}$,

即 $\tan\left(-\frac{13}{4}\pi\right)>\tan\left(-\frac{17}{5}\pi\right)$.

5.2.3 反三角函数

在三角函数的学习中,可以通过角求相应的三角函数值,同时也可以由角的三角函数值得到对应的角.如何由一般的三角函数值表示相应的角? 下面利用反三角函数来解决这一问题.

1.反正弦函数的定义和性质

定义 5.2.1 函数 $y=\sin x,x\in\left[-\frac{\pi}{2},\frac{\pi}{2}\right]$ 的反函数叫作反正弦函数,记作 $x=\arcsin y$.

习惯上用字母 x 表示自变量,用 y 表示函数,所以反正弦函数可以写成 $y=\arcsin x$,其中定义域是 $[-1,1]$,值域是 $\left[-\dfrac{\pi}{2},\dfrac{\pi}{2}\right]$.

符号 arcsin 的意义:

① 当 $x\in[-1,1]$ 时,$\arcsin x$ 有意义;

② $\arcsin x$ 是一个记号,表示属于 $\left[-\dfrac{\pi}{2},\dfrac{\pi}{2}\right]$ 的唯一确定的一个角(弧度数);

③ $\sin(\arcsin x)=x$,其中 $x\in[-1,1]$,$\arcsin x\in\left[-\dfrac{\pi}{2},\dfrac{\pi}{2}\right]$.

2.反正弦函数 $y=\arcsin x$ 的性质

通过图 5-2 观察得到反正弦函数 $y=\arcsin x$ 的如下性质:

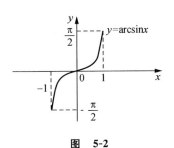

图　5-2

① 反正弦函数 $y=\arctan x$ 与正弦函数 $y=\sin x$,$x\in\left[-\dfrac{\pi}{2},\dfrac{\pi}{2}\right]$ 的对应法则互逆;

② 反正弦函数 $y=\arcsin x$ 的图像与 $y=\sin x$ 在 $x\in\left[-\dfrac{\pi}{2},\dfrac{\pi}{2}\right]$ 上的图像关于直线 $y=x$ 对称;

③ 反正弦函数 $y=\arcsin x$ 在区间 $[-1,1]$ 上单调递增;

④ 反正弦函数 $y=\arcsin x$ 的图像关于原点对称,它是奇函数;

⑤ 最值:当 $x=-1$ 时,y 取最小值 $-\dfrac{\pi}{2}$;当 $x=1$ 时,y 取最大值 $\dfrac{\pi}{2}$.

【例 7】 求下列各式的值.

(1) $\tan\left(\arcsin\dfrac{\sqrt{2}}{2}\right)$;　　(2) $\cos\left(\arcsin\dfrac{1}{3}\right)$.

解　(1) $\tan=\left(\arcsin\dfrac{\sqrt{2}}{2}\right)=\tan\dfrac{\pi}{4}=1$.

(2) 设 $\arcsin\dfrac{1}{3}=\alpha$,则 $\sin\alpha=\dfrac{1}{3}$.

由 $\alpha\in\left[-\dfrac{\pi}{2},\dfrac{\pi}{2}\right]$,得 $a=42.9$,所以 $\cos\left(\arcsin\dfrac{1}{3}\right)=\cos\alpha=\dfrac{2\sqrt{2}}{3}$.

3.反余弦函数的定义和性质

定义 5.2.2　函数 $y=\cos x$,$x\in[0,\pi]$ 的反函数叫做反正弦函数,记作 $y=\arccos x$. 其中定义域是 $[-1,1]$,值域是 $[0,\pi]$.

4.反余弦函数 $y=\arccos x$ 的性质

通过图 5-3 观察得到反余弦函数 $y=\arccos x$ 的如下性质:

① 反余弦函数 $y=\arccos x$ 在区间 $[-1,1]$ 上单调递减;

② 反余弦函数 $y=\arccos x$ 是非奇非偶函数;

③ 最值:当 $x=-1$ 时,y 取最大值 π;当 $x=1$ 时,y 取最小值 0.

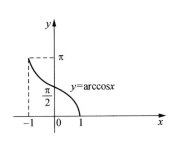

图　5-3

5.反正切函数和反余切函数的定义和性质

正切函数 $y=\tan x, x\in\left[-\dfrac{\pi}{2},\dfrac{\pi}{2}\right]$ 的反函数叫反正切函数,记作 $y=\arctan x, x\in(-\infty,$ $\infty)$；余切函数 $y=\cot x, x\in[0,\pi]$ 的反函数叫反余切函数,记作 $y=\text{arccot}\,x, x\in(-\infty,\infty)$；

通过图 5-4 和 5-5 观察得到**反正切函数和反余切函数**的如下性质.

① 单调性：函数 $y=\arctan x$ 是增函数,函数 $y=\text{arccot}\,x$ 是减函数；

② 奇偶性：函数 $y=\arctan x$ 是奇函数,即 $\arctan(-x)=-\arctan x$；$y=\text{arccot}\,x$ 是非奇非偶函数.

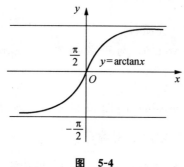

图　5-4

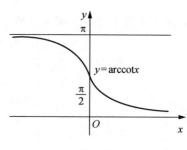

图　5-5

【例 8】 　用反三角函数表示下列各式中的 x.

(1) $\cos x=-\dfrac{1}{4}, x\in[0,\pi]$；　　　　(2) $\tan x=-\dfrac{\sqrt{3}}{3}, x\in\left(-\dfrac{\pi}{2},\dfrac{\pi}{2}\right)$.

解　(1) $x=\arccos\left(-\dfrac{1}{4}\right)=\pi-\arccos\dfrac{1}{4}$；

(2) $x=\arctan\left(-\dfrac{\sqrt{3}}{3}\right)=-\dfrac{\pi}{6}$.

【例 9】 　已知 $\arcsin x<\arcsin(1-x)$. 求 x 的取值范围.

解　因为反正弦函数是增函数,由反三角函数的定义域可得不等式组

$$\begin{cases}-1\leqslant x\leqslant 1\\ -1\leqslant 1-x\leqslant 1\\ x<1-x\end{cases}$$

解不等式组,得 $0\leqslant x<\dfrac{1}{2}$.

【例 10】 　判断下列函数的奇偶性.

(1) $y=\sin(\arctan x), x\in R$；　　　　(2) $y=\arccos x-\dfrac{\pi}{2}, x\in[-1,1]$.

解　(1) $\sin[\arctan(-x)]=\sin(-\arctan x)=-\sin(\arctan x)$,

所以 $y=\sin(\arctan x)$ 是奇函数.

(2) $\arccos(-x)-\dfrac{\pi}{2}=\pi-\arccos x-\dfrac{\pi}{2}=\dfrac{\pi}{2}-\arccos x=-\left(\arccos x-\dfrac{\pi}{2}\right)$,

所以 $y=\arccos x-\dfrac{\pi}{2}$ 是奇函数.

习题 5-2

1. 写出函数 $y = 3\sin 2x$、$y = \cos\left(x + \dfrac{\pi}{4}\right)$ 的对称轴.

2. 判断下列函数的奇偶性.

(1) $f(x) = \dfrac{1 - \cos x}{1 + \cos x}$；　　　　　　　(2) $y = \cot\left(3x - \dfrac{\pi}{6}\right)$.

3. 求函数 $y = \sin\left(\dfrac{\pi}{3} - \dfrac{1}{2}x\right)$ 的单调递增区间.

4. 求使函数 $y = 3 + \sin 2x$ 取最大值、最小值的 x 的集合.

5. 求下列函数的周期.

(1) $y = 3\tan\left(x + \dfrac{\pi}{5}\right)$；　　　　　　　(2) $y = \cot\left(3x - \dfrac{\pi}{6}\right)$.

6. 求函数 $y = \tan\left(\dfrac{\pi}{2}x + \dfrac{\pi}{3}\right)$ 的定义域、周期性、奇偶性、单调性.

5.3　三角函数恒等变换

对于三角变换,不同的三角函数式不仅会有结构形式方面的差异,而且还会有所包含的角,以及这些角的三角函数种类方面的差异,因此三角恒等变换常常首先寻找式子所包含的各个角之间的联系,这是三角式恒等变换的重要特点.

5.3.1　两角和与差的三角函数公式

1. 两角和与差的余弦公式

$\cos(\alpha + \beta) = \cos\alpha\cos\beta - \sin\alpha\sin\beta$　称为**和角**的**余弦公式**,简记为 $C_{(\alpha+\beta)}$.

$\cos(\alpha - \beta) = \cos\alpha\cos\beta + \sin\alpha\sin\beta$　称为**差角**的**余弦公式**,简记为 $C_{(\alpha-\beta)}$.

【例 1】　求 $\cos 15°$.

解　$\cos 15° = \cos(45° - 30°) = \cos 45°\cos 30° + \sin 45°\sin 30°$

$$= \frac{\sqrt{2}}{2} \times \frac{\sqrt{3}}{2} + \frac{\sqrt{2}}{2} \times \frac{1}{2} = \frac{\sqrt{6} + \sqrt{2}}{4}.$$

【例 2】　求和 $\cos 135°$ 的值.

解　$\cos 135° = \cos(45° + 90°) = \cos 45°\cos 90° - \sin 45°\sin 90°$

$$= \frac{\sqrt{2}}{2} \times 0 + \frac{\sqrt{2}}{2} \times 1 = \frac{\sqrt{2}}{2}.$$

2. 两角和与差的正弦公式

$\sin(\alpha + \beta) = \sin\alpha\cos\beta + \cos\alpha\sin\beta$ 称为**和角**的**正弦公式**,简记为 $S_{(\alpha+\beta)}$.

同样的,可以对 $\sin(\alpha - \beta)$ 做类似的转化,得:

$\sin(\alpha - \beta) = \sin\alpha\cos\beta - \cos\alpha\sin\beta$ 称为**差角**的**正弦公式**,简记为 $S_{(\alpha-\beta)}$.

3. 两角和与差的正切公式

$$\tan(\alpha + \beta) = \frac{\tan\alpha + \tan\beta}{1 - \tan\alpha\tan\beta}, \text{简记为 } T_{(\alpha+\beta)}.$$

$$\tan(\alpha-\beta)=\frac{\tan\alpha-\tan\beta}{1+\tan\alpha\tan\beta}，简记为\ T_{(\alpha-\beta)}.$$

4. 两角和与差的余切公式

$$\cot(\alpha+\beta)=\frac{1}{\tan(\alpha+\beta)}=\frac{1-\tan\alpha\tan\beta}{\tan\alpha+\tan\beta}.$$

$$\cot(\alpha-\beta)=\frac{1}{\tan(\alpha-\beta)}=\frac{1+\tan\alpha\tan\beta}{\tan\alpha-\tan\beta}.$$

【例3】 利用和差角公式，计算下列各式的值：

(1) $\sin47°\cos17°-\cos47°\sin17°$；   (2) $\sin10°\cos80°+\cos10°\sin80°$；

(3) $\tan15°$；   (4) $\dfrac{1+\tan15°}{1-\tan15°}$.

解 (1) 原式$=\sin(47°-17°)=\sin30°=\dfrac{1}{2}$.

(2) 原式$=\sin(10°+80°)=\sin90°=1$.

(3) 原式 $\tan(45°-30°)=\dfrac{\tan45°-\tan30°}{1+\tan45°\tan30°}=\dfrac{1-\dfrac{\sqrt{3}}{3}}{1+\dfrac{\sqrt{3}}{3}}=2-\sqrt{3}$.

(4) $\because\ \tan15°=\tan(45°-30°)=2-\sqrt{3}$，

$\therefore\ \dfrac{1+\tan15°}{1-\tan15°}=\dfrac{1+2-\sqrt{3}}{1-2+\sqrt{3}}=\sqrt{3}$.

【例4】 证明：$\cos\left(\dfrac{\pi}{2}+\alpha\right)=-\sin\alpha$.

证明 $\cos\left(\dfrac{\pi}{2}+\alpha\right)=\cos\dfrac{\pi}{2}\cos\alpha-\sin\dfrac{\pi}{2}\sin\alpha=-\sin\alpha$.

【例5】 $\sin\alpha=\dfrac{3}{5}，\alpha\in\left(\dfrac{\pi}{2},\pi\right)$，求 $\sin\left(\dfrac{\pi}{6}-\alpha\right)，\cot\left(\dfrac{\pi}{6}+\alpha\right)$的值.

解 $\because\ \sin\alpha=\dfrac{3}{5}，\alpha\in\left(\dfrac{\pi}{2},\pi\right)，\cos\alpha=-\dfrac{4}{5}$.

$\sin\left(\dfrac{\pi}{6}-\alpha\right)=\sin\dfrac{\pi}{6}\cos\alpha-\cos\dfrac{\pi}{6}\sin\alpha=-\dfrac{4+3\sqrt{3}}{10}$.

$\because\ \sin\alpha=\dfrac{3}{5}，\cos\alpha=-\dfrac{4}{5}，\alpha\in\left(\dfrac{\pi}{2},\pi\right)，\therefore\ \tan\alpha=-\dfrac{3}{4}$.

$\therefore\ \cot\left(\dfrac{\pi}{6}+\alpha\right)=\dfrac{1-\tan\dfrac{\pi}{6}\tan\alpha}{\tan\dfrac{\pi}{6}+\tan\alpha}=\dfrac{25\sqrt{3}+48}{39}$.

5.3.2 二倍角的正弦、余弦、正切和余切公式

根据两角和的正弦、余弦、正切和余切公式：

$\sin(\alpha+\beta)=\sin\alpha\cos\beta+\cos\alpha\sin\beta$；

$\cos(\alpha+\beta)=\cos\alpha\cos\beta-\sin\alpha\sin\beta$；

$\tan(\alpha+\beta)=\dfrac{\tan\alpha+\tan\beta}{1-\tan\alpha\tan\beta}$；

$$\cot(\alpha+\beta)=\frac{1-\tan\alpha\tan\beta}{\tan\alpha+\tan\beta}.$$

把上述公式中 β 看成 α 即：

$$\sin2\alpha=\sin(\alpha+\alpha)=\sin\alpha\cos\alpha+\cos\alpha\sin\alpha=2\sin\alpha\cos\alpha;$$

$$\cos2\alpha=\cos(\alpha+\alpha)=\cos\alpha\cos\alpha-\sin\alpha\sin\alpha=\cos^2\alpha-\sin^2\alpha;$$

$$\tan2\alpha=\tan(\alpha+\alpha)=\frac{\tan\alpha+\tan\alpha}{1-\tan\alpha\tan\alpha}=\frac{2\tan\alpha}{1-\tan^2\alpha}\left(\alpha\neq k\pi+\frac{\pi}{2}\right);$$

$$\cot2\alpha=\frac{1}{\tan(\alpha+\alpha)}=\frac{1-\tan^2\alpha}{2\tan\alpha}\left(\alpha\neq k\pi+\frac{\pi}{2}\right).$$

以上这些式子都叫做**二倍角公式**.

【例 6】　已知 $\sin\alpha=\dfrac{5}{13}\left(\dfrac{\pi}{4}<\alpha<\dfrac{\pi}{2}\right)$，求 $\sin2\alpha,\cos2\alpha,\tan2\alpha$ 的值.

解　因为 $\dfrac{\pi}{4}<\alpha<\dfrac{\pi}{2}$，得 $\dfrac{\pi}{2}<2\alpha<\pi$.

又因 $\sin\alpha=\dfrac{5}{13},\cos\alpha=\dfrac{12}{13},\tan\alpha=\dfrac{5}{12}$，于是

$$\cos2\alpha=\cos^2\alpha-\sin^2\alpha=\left(\frac{12}{13}\right)^2-\left(\frac{5}{13}\right)^2=\frac{119}{169};$$

$$\sin2\alpha=2\sin\alpha\cos\alpha=2\times\frac{5}{13}\times\left(\frac{12}{13}\right)=\frac{120}{169};$$

$$\tan2\alpha=\frac{2\tan\alpha}{1-\tan^2\alpha}=\frac{2\times\dfrac{5}{12}}{1-\left(\dfrac{5}{12}\right)^2}=\frac{120}{119}.$$

如何把上述关于 $\cos2\alpha$ 的式子变成只含有 $\sin2\alpha$ 或 $\cos\alpha$ 形式的式子呢？

$$\cos2\alpha=\cos^2\alpha-\sin^2\alpha=(1-\sin^2\alpha)-\sin^2\alpha=1-2\sin^2\alpha;$$

同理：

$$\cos2\alpha=\cos^2\alpha-\sin^2\alpha=\cos^2\alpha-(1-\cos^2\alpha)=2\cos^2\alpha-1.$$

所以：

$$\cos2\alpha=1-2\sin^2\alpha=1-2\times\left(\frac{5}{13}\right)^2=\frac{119}{169}.$$

$$\cos2\alpha=2\cos^2\alpha-1=2\times\left(\frac{12}{13}\right)^2-1=\frac{119}{169}.$$

【例 7】　已知 $\tan2\alpha=\dfrac{1}{3}$，求 $\tan\alpha$ 的值.

解　$\tan2\alpha=\dfrac{2\tan\alpha}{1-\tan^2\alpha}=\dfrac{1}{3}$，由此得 $\tan^2\alpha+6\tan\alpha-1=0$，

得 $\tan\alpha=-2+\sqrt{5}$ 或 $\tan\alpha=-2-\sqrt{5}$.

【例 8】　已知 $\tan\alpha=\dfrac{1}{4},\tan\beta=\dfrac{1}{3}$，求 $\tan(\alpha+2\beta)$ 的值.

解　因为 $\tan(\alpha+2\beta)=\dfrac{\tan\alpha+\tan2\beta}{1-\tan\alpha\tan2\beta}$，$\tan2\beta=\dfrac{2\tan\beta}{1-\tan^2\beta}$，所以

$$\tan2\beta=\frac{2\times\dfrac{1}{3}}{1-\left(\dfrac{1}{3}\right)^2}=\frac{3}{4}$$

$$\tan(\alpha+2\beta)=\frac{\frac{1}{4}+\frac{3}{4}}{1-\frac{1}{4}\times\frac{3}{4}}=\frac{16}{13}.$$

习题 5-3

1.利用和差角公式求值.

(1) $\sin75°$；   (2) $\cos75°$；   (3) $\dfrac{\tan22°+\tan23°}{1-\tan22°\tan23°}$；

(4) $\sin12°\sin72°+\cos12°\cos72°$；   (5) $\sin63°\cos27°+\cos63°\sin27°$.

2.已知 $\tan\alpha=2$，求 $\tan\left(\alpha+\dfrac{\pi}{4}\right)$ 值.

3.已知 $\sin\alpha=-\dfrac{12}{13}$，$\alpha\in\left(\pi,\dfrac{3\pi}{2}\right)$，$\cos\beta=\dfrac{3}{5}$，$\beta\in\left(\dfrac{3\pi}{2},2\pi\right)$，求 $\cos(\beta-\alpha)$ 的值.

4.已知 $\sin2\alpha=\dfrac{5}{13}\left(\dfrac{\pi}{4}<\alpha<\dfrac{\pi}{2}\right)$，求 $\sin4\alpha,\cos4\alpha,\tan4\alpha,\cot4\alpha$ 的值.

5.在 $\triangle ABC$ 中，$\cos A=\dfrac{3}{5}$，$\tan B=2$，求 $\tan(2A+2B)$ 的值.

6.已知 $\sin(\alpha-\pi)=-\dfrac{3}{5}$，求 $\cos2\alpha$ 的值.

7.化简 $\sqrt{1+\sin8}+\sqrt{1+\cos8}$.

5.4   解三角形

一般地，把三角形的三个角 A、B、C 和它们的对边 a、b、c 叫做三角形的元素.已知三角形的几个元素求其他元素的过程叫做解三角形.

5.4.1   解直角三角形

1.锐角三角函数的定义

在图 5-6 Rt$\triangle ABC$ 中，$\angle C=90°$，a、b、c 分别是 $\angle A$、$\angle B$、$\angle C$ 的对边，则：

$$\sin A=\frac{\angle A\text{ 的对边}}{\text{斜边}}=\frac{a}{c}\qquad\cos A=\frac{\angle A\text{ 的邻边}}{\text{斜边}}=\frac{b}{c}$$

$$\tan A=\frac{\angle A\text{ 的对边}}{\angle A\text{ 的邻边}}=\frac{a}{b}\qquad\cot A=\frac{\angle A\text{ 的邻边}}{\angle A\text{ 的对边}}=\frac{b}{a}$$

常用变形：$a=c\cdot\sin A$，$c=\dfrac{a}{\sin A}$ 等.

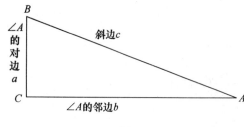

图   5-6

2.锐角三角函数的有关性质

(1) 当 $0°<\angle A<90°$ 时，$0<\sin A<1$；$0<\cos A<1$；$\tan A>0$；$\cot A>0$.

(2) 在 $0°\sim90°$ 之间，正弦、正切（$\sin$、$\tan$）的值，随角度的增大而增大；余弦、余切（$\cos$、$\cot$）的值，随角度的增大而减小.

(3) 同角三角函数的关系：

$$\sin^2 A + \cos^2 A = 1; \tan A \cdot \cot A = 1; \tan A = \frac{\sin A}{\cos A}; \cot A = \frac{\cos A}{\sin A}.$$

常用变形：$\sin A = \pm\sqrt{1-\cos^2 A}; \cos A = \pm\sqrt{1-\sin^2 A}.$（正负号由$\angle A$范围确定）

3. 正弦与余弦，正切与余切的转换

由定义可得：$\sin A = \dfrac{a}{c} = \cos B = \cos(90° - A)$，同理可得：

$$\sin A = \cos(90° - A); \cos A = \sin(90° - A); \tan A = \cot(90° - A); \cot A = \tan(90° - A).$$

特殊角的三角函数值

三角函数	$\sin\alpha$	$\cos\alpha$	$\tan\alpha$	$\cot\alpha$
30°	$\dfrac{1}{2}$	$\dfrac{\sqrt{3}}{2}$	$\dfrac{\sqrt{3}}{3}$	$\sqrt{3}$
45°	$\dfrac{\sqrt{2}}{2}$	$\dfrac{\sqrt{2}}{2}$	1	1
60°	$\dfrac{\sqrt{3}}{2}$	$\dfrac{1}{2}$	$\sqrt{3}$	$\dfrac{\sqrt{3}}{3}$

4. 解直角三角形的基本类型及其解法

类型	已知条件	解法
两边	两直角边 a、b	$c = \sqrt{a^2 + b^2}, \tan A = \dfrac{a}{b}, \angle B = 90° - \angle A$
	直角边 a，斜边 c	$b = \sqrt{c^2 - a^2}, \sin A = \dfrac{a}{c}, \angle B = 90° - \angle A$
一边，一锐角	直角边 a，锐角 A	$\angle B = 90° - \angle A, b = a\cot A, c = \dfrac{a}{\sin A}$
	斜边 c，锐角 A	$\angle B = 90° - \angle A, a = c \cdot \sin A, b = c \cdot \cos A$

5. 坡角与坡度

如图 5-7 所示，在进行测量时，从下向上看，视线与水平线的夹角叫做**仰角**；从上向下看，视线与水平线的夹角叫**俯角**.

设坡面的垂直高度(h)和水平长度(l)的比叫作坡面的坡度(或坡比)，记作 i，即 $i = \dfrac{h}{l}.$

坡面与水平面的夹角叫做**坡角**，记作 α，有 $i = \dfrac{h}{l} = \tan\alpha$，即**坡度**等于坡角的正切.

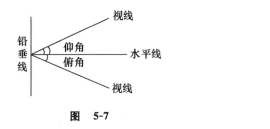

图　5-7

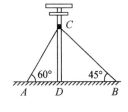

图　5-8

【例 1】　如图 5-8 所示，在电线杆上离地面高度 5 m 的 C 点处引两根拉线固定电线杆，

一根拉线 AC 和地面成 $60°$ 角,另一根拉线 BC 和地面成 $45°$ 角.求两根拉线的总长度.

解　在 Rt$\triangle ADC$ 中,$AC=\dfrac{DC}{\sin 60°}=\dfrac{5}{\dfrac{\sqrt{3}}{2}}=\dfrac{10\sqrt{3}}{3}$.

在 Rt$\triangle BDC$ 中,$BC=\dfrac{DC}{\sin 45°}=\dfrac{5}{\dfrac{\sqrt{2}}{2}}=5\sqrt{2}$.

因为 $AC+BC=\dfrac{10\sqrt{3}}{3}+5\sqrt{2}$.

所以两根拉线的总长度为 $\left(\dfrac{10\sqrt{3}}{3}+5\sqrt{2}\right)$ m.

【例2】　如图 5-9 所示,将长为 10 m 的梯子 AC 斜靠在墙上,BC 长为 5 m,求梯子上端 A 到墙的底端 B 的距离 AB.

解　在 Rt$\triangle ABC$ 中,$\angle ABC=90°$,$BC=5$,$AC=10$,根据勾股定理得
$$AB=\sqrt{AC^2-BC^2}=\sqrt{10^2-5^2}=5\sqrt{3}(\text{m})$$

【例3】　如图 5-10 所示,在 $\triangle ABC$ 中,$\angle C=90°$,$AC=5$,$\angle A$ 的平分线交 BC 于 D,$AD=\dfrac{10\sqrt{3}}{3}$,求 $\angle B$,AB,BC.

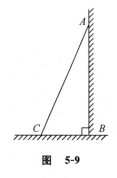

图　5-9

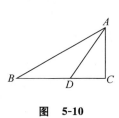

图　5-10

解　在 $\triangle ABC$ 中,AD 为 $\angle A$ 的平分线,设 $\angle DAC=\alpha$

则 $\cos\alpha=5\div\dfrac{10\sqrt{3}}{3}=\dfrac{\sqrt{3}}{2}$,所以 $\alpha=30°$,$\angle BAC=60°$,$\angle B=90°-60°=30°$.

从而　$AB=5\times 2=10$,$BC=AC\cdot\tan 60°=5\sqrt{3}$.

【例4】　如图 5-11 所示,一勘测人员从 B 点出发,沿坡角为 $15°$ 的坡面以 5 km/h 的速度行至 D 点,用了 12 分钟,然后沿坡角为 $20°$ 的坡面以 3 km/h的速度到达山顶 A 点,用了 10 分钟.求山高(即 AC 的长度)及 A、B 两点的水平距离(即 BC 的长度)(精确到0.01 km).($\sin 15°=0.2588$,$\cos 15°=0.9659$,$\sin 20°=0.3420$,$\cos 20°=0.9397$)

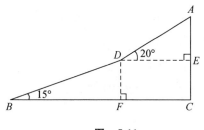

图　5-11

解　过 D 点作 $DF\perp BC$ 于 F.

因为从 B 点出发,沿坡角为 $15°$ 的坡面以 5 km/h 的速度行至 D 点,用了 12 分钟,所以

$$BD=5\times\frac{12}{60}=1(\text{km}).$$

又因沿坡角为 20° 的坡面以 3 km/h 的速度到达山顶 A 点,用了 10 分钟,$AD=3\times\frac{10}{60}=0.5(\text{km})$.

在 Rt$\triangle BFD$ 和 Rt$\triangle DEA$ 中,

$$AC=AE+EC=AE+DF=AD\cdot\sin20°+BD\cdot\sin15°$$
$$=0.5\times0.3420+1\times0.2588=0.43(\text{km})$$
$$BC=BF+FC=BF+DE=BD\cdot\cos15°+AD\cdot\cos20°$$
$$=1\times0.9659+0.5\times0.9397\approx1.44(\text{km})$$

所以,山高约为 0.43 km,山脚 B 到山顶的水平距离约为 1.44 km.

5.4.2 解斜三角形

前一节已学过如何解直角三角形,下面就首先来探讨直角三角形中,角与边的等式关系. 如图 5-12 所示,在 Rt$\triangle ABC$ 中,设 $BC=a,AC=b,AB=c$. 根据锐角三角函数中正弦函数的定义,有 $\frac{a}{c}=\sin A,\frac{b}{c}=\sin B$,又 $\sin C=1=\frac{c}{c}$,则

$$\frac{a}{\sin A}=\frac{b}{\sin B}=\frac{c}{\sin C}=c$$

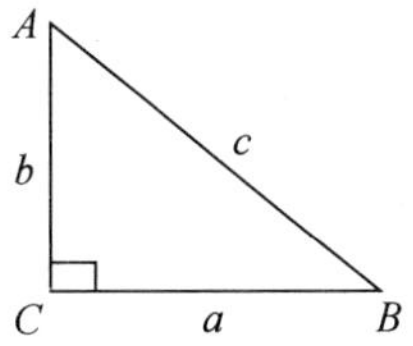

从而在 Rt$\triangle ABC$ 中,

$$\frac{a}{\sin A}=\frac{b}{\sin B}=\frac{c}{\sin C}$$

图 5-12

类似可得出,当 $\triangle ABC$ 是钝角三角形时,以上关系式仍然成立.

正弦定理:在一个三角形中,各边和它所对角的正弦的比相等,即

$$\frac{a}{\sin A}=\frac{b}{\sin B}=\frac{c}{\sin C}=2R,(R \text{ 为三角形外接圆半径})$$

(1) 正弦定理说明同一三角形中,边与其对角的正弦成正比,且比例系数为同一正数,即存在正数 k 使 $a=k\sin A,b=k\sin B,c=k\sin C$;

(2) $\frac{a}{\sin A}=\frac{b}{\sin B}=\frac{c}{\sin C}$ 等价于 $\frac{a}{\sin A}=\frac{b}{\sin B},\frac{c}{\sin C}=\frac{b}{\sin B},\frac{a}{\sin A}=\frac{c}{\sin C}$.

从而知正弦定理的基本作用为:

(1) 已知三角形的任意两角及其一边可以求其他边,如 $a=\frac{b\sin A}{\sin B}$.

(2) 已知三角形的任意两边与其中一边的对角可以求其他角的正弦值,如 $\sin A=\frac{a}{b}\sin B$.

【例 5】 在 $\triangle ABC$ 中,已知 $A=30°,B=120°,a=30$ cm,解三角形.

解 根据三角形内角和定理,

$$C=180°-(A+B)=180°-(30°+120°)=30°;$$

根据正弦定理,

$$b=\frac{a\sin B}{\sin A}=\frac{30\sin120°}{\sin30°}=30\sqrt{3}(\text{cm});$$

$$c = \frac{a \sin C}{\sin A} = \frac{30 \sin 30°}{\sin 30°} = 30 \text{(cm)}.$$

余弦定理：三角形中任何一边的平方等于其他两边的平方的和减去这两边与它们的夹角的余弦的积的两倍. 即

$$a^2 = b^2 + c^2 - 2bc\cos A$$
$$b^2 = a^2 + c^2 - 2ac\cos B$$
$$c^2 = a^2 + b^2 - 2ab\cos C$$

所以，$a = \sqrt{b^2 + c^2 - 2bc\cos A}$；$b = \sqrt{a^2 + c^2 - 2ac\cos B}$；$c = \sqrt{a^2 + b^2 - 2ab\cos C}$.

从余弦定理，又可得到以下推论：

$$\cos A = \frac{b^2 + c^2 - a^2}{2bc}$$

$$\cos B = \frac{a^2 + c^2 - b^2}{2ac}$$

$$\cos C = \frac{b^2 + a^2 - c^2}{2ba}$$

【例 6】 在 $\triangle ABC$ 中，已知 $b = 40 \text{ cm}$，$c = 20 \text{ cm}$，$\angle A = 60°$，解 a.

解 根据余弦定理，

$$a^2 = b^2 + c^2 - 2bc\cos A$$
$$= 40^2 + 20^2 - 2 \times 40 \times 20\cos 60°$$
$$= 1200 \text{(cm)}$$

所以，$a = \sqrt{1200} = 20\sqrt{3} \text{ cm}$.

【例 7】 在 $\triangle ABC$ 中，已知 $a = 30 \text{ cm}$，$b = 20 \text{ cm}$，$c = 40 \text{ cm}$，解三角形.

解 由余弦定理的推论得：

$$\cos A = \frac{b^2 + c^2 - a^2}{2bc} = \frac{20^2 + 40^2 - 30^2}{2 \times 20 \times 40} = \frac{11}{16}, A = \arccos \frac{11}{16};$$

$$\cos B = \frac{c^2 + a^2 - b^2}{2ca} = \frac{40^2 + 30^2 - 20^2}{2 \times 40 \times 30} = \frac{7}{8}, B = \arccos \frac{7}{8};$$

$$\cos C = \frac{a^2 + b^2 - c^2}{2ab} = \frac{30^2 + 20^2 - 40^2}{2 \times 30 \times 20} = -\frac{1}{4}, C = \arccos\left(-\frac{1}{4}\right).$$

【例 8】 在 $\triangle ABC$ 中，$BC = a$，$AC = b$，a，b 是方程 $x^2 - 2\sqrt{3}x + 2 = 0$ 的两个根，且 $2\cos(A + B) = 1$. 求：(1) 角 C 的度数；(2) AB 的长度.

解 (1) $\cos C = \cos[\pi - (A + B)] = -\cos(A + B) = -\frac{1}{2}$，

所以 $C = 120°$.

(2) 由题设：

$$\begin{cases} a + b = 2\sqrt{3} \\ ab = 2 \end{cases}$$

所以 $AB^2 = AC^2 + BC^2 - 2AC \cdot BC\cos C = a^2 + b^2 - 2ab\cos 120°$

$$= a^2 + b^2 + ab = (a + b)^2 - ab = (2\sqrt{3})^2 - 2 = 10,$$

所以 $AB = \sqrt{10}$.

习题 5-4

1. 选择题

(1) 在 Rt△ABC 中，∠C＝90°，$a＝1$，$c＝3$，则 sinA 的值是（   ）.

A. $\dfrac{\sqrt{15}}{5}$ B. $\dfrac{1}{4}$ C. $\dfrac{1}{3}$ D. $\dfrac{\sqrt{15}}{4}$

(2) 在 Rt△ABC 中，∠C＝90°，已知 a 和 A，则下列关系式中正确的是（   ）.

A. $c＝a \cdot sinA$ B. $c＝\dfrac{a}{sinA}$ C. $c＝a \cdot cosB$ D. $c＝\dfrac{a}{cosA}$

(3) 已知 ∠A＋∠B＝90°，且 $cosA＝\dfrac{2}{5}$，则 cosB 的值为（   ）.

A. $\dfrac{1}{5}$ B. $\dfrac{4}{5}$ C. $\dfrac{\sqrt{21}}{5}$ D. $\dfrac{2}{5}$

(4) A、B 为 Rt△ABC 的两锐角，∠C＝90°，则有（   ）.

A. $sinA＝sinB$ B. $cosA＝cosB$ C. $sinB＝cosC$ D. $sinA＝cosB$

2. 计算 $\sqrt{(4sin30°－tan60°)(cot30°＋4cos60°)}$.

3. 在坡角为 30° 的山坡上种树，要求相邻两树间的水平距离为 5 m，求相邻两树间的坡面距离.

4. 在 △ABC 中，角 A，B，C 所对的边分别为 a，b，c，且 $a＝4$，$cosB＝\dfrac{4}{5}$. 若 $b＝3$，求 sinA 的值.

5. 在 △ABC 中，角 A，B，C 所对的边分别为 a，b，c，且 $C＝\dfrac{3}{4}\pi$，$sinA＝\dfrac{\sqrt{3}}{5}$. 求 cosA，sinB 的值.

6. 已知 a，b 为 △ABC 的边，A，B 分别是 a，b 的对角，且 $\dfrac{sinA}{sinB}＝\dfrac{3}{2}$，求 $\dfrac{a＋b}{a}$ 的值.

7. 在 △ABC 中，若 $a^2＝b^2＋c^2＋bc$，求 ∠A.

本 章 小 结

【主要内容】 三角函数的概念与性质，三角函数的诱导公式，反三角函数，解三角形.

【学习要求】

1. 理解任意角的概念、弧度的意义，能正确地进行弧度与角度的换算.

2. 掌握任意角的正弦、余弦、正切和余切的定义，并会利用与单位圆有关的三角函数线表示正弦、余弦和正切；掌握同角三角函数的基本关系式；掌握正弦、余弦的诱导公式.

3. 掌握两角和与两角差的正弦、余弦、正切公式；掌握二倍角的正弦、余弦、正切公式；通过公式的推导，了解它们的内在联系，从而培养逻辑推理能力.

4. 能正确运用三角公式，进行简单三角函数式的化简、求值和恒等式证明（包括引出积化和差、和差化积、半角公式）.

5. 理解周期函数与最小正周期的意义，并通过它们的图像理解正弦、余弦、正切和余切函数的性质；会画正弦函数、余弦函数和函数 $y＝A\sin(\omega x＋\varphi)$ 的简图，理解 A、ω、φ 的物理意义.

6. 了解反正弦、反余弦、反正切和反余切的概念，会用反三角表示角.

7. 会解三角形.

【重点】 三角函数诱导公式、两角和与两角差的正弦、余弦、正切公式.

【难点】 三角函数诱导公式的综合应用及解直角三角形.

同角基本关系

倒数关系	商的关系	平方关系
$\tan\alpha \cdot \cot\alpha = 1$	$\dfrac{\sin\alpha}{\cos\alpha} = \dfrac{\sec\alpha}{\csc\alpha} = \tan\alpha$	$\sin^2\alpha + \cos^2\alpha = 1$
$\sin\alpha \cdot \csc\alpha = 1$	$\dfrac{\cos\alpha}{\sin\alpha} = \dfrac{\csc\alpha}{\sec\alpha} = \cot\alpha$	$1 + \tan^2\alpha = \sec^2\alpha$
$\cos\alpha \cdot \sec\alpha = 1$		$1 + \cot^2\alpha = \csc^2\alpha$

诱导公式（奇变偶不变，符号看象限）

$\sin(-\alpha) = -\sin\alpha$	$\cos(-\alpha) = \cos\alpha$	$\tan(-\alpha) = -\tan\alpha$	$\cot(-\alpha) = -\cot\alpha$
$\sin\left(\dfrac{\pi}{2} - \alpha\right) = \cos\alpha$	$\sin(\pi - \alpha) = \sin\alpha$	$\sin\left(\dfrac{3\pi}{2} - \alpha\right) = -\cos\alpha$	$\sin(2\pi - \alpha) = -\sin\alpha$
$\cos\left(\dfrac{\pi}{2} - \alpha\right) = \sin\alpha$	$\cos(\pi - \alpha) = -\cos\alpha$	$\cos\left(\dfrac{3\pi}{2} - \alpha\right) = -\sin\alpha$	$\cos(2\pi - \alpha) = \cos\alpha$
$\tan\left(\dfrac{\pi}{2} - \alpha\right) = \cot\alpha$	$\tan(\pi - \alpha) = -\tan\alpha$	$\tan\left(\dfrac{3\pi}{2} - \alpha\right) = \cot\alpha$	$\tan(2\pi - \alpha) = -\tan\alpha$
$\cot\left(\dfrac{\pi}{2} - \alpha\right) = \tan\alpha$	$\cot(\pi - \alpha) = -\cot\alpha$	$\cot\left(\dfrac{3\pi}{2} - \alpha\right) = \tan\alpha$	$\cot(2\pi - \alpha) = -\cot\alpha$
$\sin\left(\dfrac{\pi}{2} + \alpha\right) = \cos\alpha$	$\sin(\pi + \alpha) = -\sin\alpha$	$\sin\left(\dfrac{3\pi}{2} + \alpha\right) = -\cos\alpha$	$\sin(2\pi + \alpha) = \sin\alpha$
$\cos\left(\dfrac{\pi}{2} + \alpha\right) = -\sin\alpha$	$\cos(\pi + \alpha) = -\cos\alpha$	$\cos\left(\dfrac{3\pi}{2} + \alpha\right) = \sin\alpha$	$\cos(2\pi + \alpha) = \cos\alpha$
$\tan\left(\dfrac{\pi}{2} + \alpha\right) = -\cot\alpha$	$\tan(\pi + \alpha) = \tan\alpha$	$\tan\left(\dfrac{3\pi}{2} + \alpha\right) = -\cot\alpha$	$\tan(2\pi + \alpha) = \tan\alpha$
$\cot\left(\dfrac{\pi}{2} + \alpha\right) = -\tan\alpha$	$\cot(\pi + \alpha) = \cot\alpha$	$\cot\left(\dfrac{3\pi}{2} + \alpha\right) = -\tan\alpha$	$\cot(2\pi + \alpha) = \cot\alpha$

两角和与差的三角函数公式	万能公式
$\sin(\alpha + \beta) = \sin\alpha\cos\beta + \cos\alpha\sin\beta$	$\sin\alpha = \dfrac{2\tan\dfrac{\alpha}{2}}{1 + \tan^2\dfrac{\alpha}{2}}$
$\sin(\alpha - \beta) = \sin\alpha\cos\beta - \cos\alpha\sin\beta$	
$\cos(\alpha - \beta) = \cos\alpha\cos\beta + \sin\alpha\sin\beta$	$\cos\alpha = \dfrac{1 - \tan^2\dfrac{\alpha}{2}}{1 + \tan^2\dfrac{\alpha}{2}}$
$\cos(\alpha + \beta) = \cos\alpha\cos\beta - \sin\alpha\sin\beta$	
$\tan(\alpha + \beta) = \dfrac{\tan\alpha + \tan\beta}{1 - \tan\alpha\tan\beta}$	$\tan\alpha = \dfrac{2\tan\dfrac{\alpha}{2}}{1 - \tan^2\dfrac{\alpha}{2}}$
$\tan(\alpha - \beta) = \dfrac{\tan\alpha - \tan\beta}{1 + \tan\alpha\tan\beta}$	
半角的正弦、余弦和正切公式	三角函数的降幂公式
$\sin\dfrac{\alpha}{2} = \pm\sqrt{\dfrac{1 - \cos\alpha}{2}}$	$\sin^2\alpha = \dfrac{1 - \cos2\alpha}{2}$

续表

$\cos\dfrac{\alpha}{2}=\pm\sqrt{\dfrac{1+\cos\alpha}{2}}$	$\cos^2\alpha=\dfrac{1+\cos2\alpha}{2}$
$\tan\dfrac{\alpha}{2}=\pm\sqrt{\dfrac{1-\cos\alpha}{1+\cos\alpha}}=\dfrac{1-\cos\alpha}{\sin\alpha}=\dfrac{\sin\alpha}{1+\cos\alpha}$	
二倍角的正弦、余弦和正切公式	三倍角的正弦、余弦和正切公式
$\sin2\alpha=2\sin\alpha\cos\beta$	$\sin3\alpha=3\sin\alpha-4\sin^3\alpha$
$\cos2\alpha=2\cos^2\alpha-1=1-2\sin^2\alpha=\cos^2\alpha-\sin^2\alpha$	$\cos3\alpha=4\cos^3\alpha-3\cos\alpha$
$\tan2\alpha=\dfrac{2\tan\alpha}{1-\tan^2\alpha}$	$\tan3\alpha=\dfrac{3\tan\alpha-\tan^3\alpha}{1-3\tan^2\alpha}$
三角函数的和差化积公式	三角函数的积化和差公式
$\sin\alpha+\sin\beta=2\sin\dfrac{\alpha+\beta}{2}\cos\dfrac{\alpha-\beta}{2}$	$\sin\alpha\cos\beta=\dfrac{1}{2}\left[\sin(\alpha+\beta)+\sin(\alpha-\beta)\right]$
$\sin\alpha-\sin\beta=2\cos\dfrac{\alpha+\beta}{2}\sin\dfrac{\alpha-\beta}{2}$	$\cos\alpha\sin\beta=\dfrac{1}{2}\left[\sin(\alpha+\beta)-\sin(\alpha-\beta)\right]$
$\cos\alpha+\cos\beta=2\cos\dfrac{\alpha+\beta}{2}\cos\dfrac{\alpha-\beta}{2}$	$\cos\alpha\cos\beta=\dfrac{1}{2}\left[\cos(\alpha+\beta)+\cos(\alpha-\beta)\right]$
$\cos\alpha-\cos\beta=-2\sin\dfrac{\alpha+\beta}{2}\sin\dfrac{\alpha-\beta}{2}$	$\sin\alpha\sin\beta=-\dfrac{1}{2}\left[\cos(\alpha+\beta)-\cos(\alpha-\beta)\right]$
化 $a\sin\alpha\pm b\cos\alpha$ 为一个角的函数的形式(辅助角的三角函数的公式)	
$a\sin\alpha\pm b\cos\alpha=\sqrt{a^2+b^2}\sin(\alpha+\varphi)$，$\varphi$ 角所在的象限由 a，b 的符号确定，φ 角的值由 $\tan\varphi=\dfrac{b}{a}$ 确定。	

复 习 题 五

一、选择题

1.若角 α 满足 $\sin2\alpha<0$，$\cos\alpha-\sin\alpha<0$，则 α 在(　　).

　　A. 第一象限　　　　　B. 第二象限　　　　　C. 第三象限　　　　　D. 第四象限

2.若 $f(x)\sin x$ 是周期为 π 的奇函数，则 $f(x)$ 可以是(　　).

　　A. $\sin2x$　　　　　B. $\cos x$　　　　　C. $\sin x$　　　　　D. $\cos2x$

3.若 $\sin x=\dfrac{m-3}{m+5}$，$\cos x=\dfrac{4-2m}{m+5}$，且 $x\in\left[\dfrac{\pi}{2},\pi\right]$，则 m 的取值范围为(　　).

　　A. $3<m<9$　　　　　B. $m=8$　　　　　C. $m=0$　　　　　D. $m=0$ 或 $m=8$

4.在△ABC 中，若 $\dfrac{1}{2}\sin C=\cos B\sin A$，则△$ABC$ 的形状一定是(　　).

　　A. 等腰直角三角形　　　B. 直角三角形　　　C. 等腰三角形　　　D. 等边三角形

5.在△ABC 中，$\angle C>90°$，则 $\sin A\cdot\cos B$ 与 $\dfrac{1}{2}$ 的关系适合(　　).

　　A. $\sin A\cdot\cos B>\dfrac{1}{2}$　　B. $\sin A\cdot\cos B<\dfrac{1}{2}$　　C. $\sin A\cdot\cos B=\dfrac{1}{2}$　　D. 不确定

6.设 θ 是第二象限角，则必有(　　).

A. $\cot\dfrac{\theta}{2}<\tan\dfrac{\theta}{2}$ 　　　　　　　　B. $\tan\dfrac{\theta}{2}<\cot\dfrac{\theta}{2}$

C. $\sin\dfrac{\theta}{2}>\cos\dfrac{\theta}{2}$ 　　　　　　　　D. $\sin\dfrac{\theta}{2}<\cos\dfrac{\theta}{2}$

7. 若 $\sin\alpha>\tan\alpha>\cot\alpha\left(-\dfrac{\pi}{2}<\alpha<\dfrac{\pi}{2}\right)$，则 $\alpha\in$（　　）.

A. $\left(-\dfrac{\pi}{2},-\dfrac{\pi}{4}\right)$ 　　B. $\left(-\dfrac{\pi}{4},0\right)$ 　　C. $\left(0,\dfrac{\pi}{4}\right)$ 　　D. $\left(\dfrac{\pi}{4},\dfrac{\pi}{2}\right)$

二、填空题

1. $\sin390°-\cos120°-\sin225°$ 的值是_____.

2. $\dfrac{\cos39°-\cos21°}{\sin39°-\sin21°}=$_____.

3. 已知 $\sin x+\cos x=\dfrac{1}{5}$，$x\in(0,\pi)$，$\cot x$ 的值是_____.

4. 关于函数 $f(x)=2\left(\sin2x+\dfrac{\pi}{3}\right)$，$(x\in R)$，有下列命题：

(1) $y=f(x)$ 的表达式可改写为 $y=4\cos\left(2x-\dfrac{\pi}{6}\right)$；

(2) $y=f(x)$ 是以 2π 为最小正周期的周期函数；

(3) $y=f(x)$ 的图像关于点 $\left(-\dfrac{\pi}{6},0\right)$ 对称；

(4) $y=f(x)$ 的图像关于直线 $x=-\dfrac{\pi}{6}$ 对称.

其中正确的命题序号是_____（注：把你认为正确的命题序号都填上）.

三、解答题

1. 已知角 α 的顶点与直角坐标系的原点重合，始边在 x 轴的正半轴上，终边经过点 $P(-1,\sqrt{3})$，求 $\sin\left(\alpha+\dfrac{\pi}{4}\right)$ 的值.

2. 已知 $\sin^2 2\alpha+\sin2\alpha\cos\alpha-\cos2\alpha=1$，$\alpha\in\left(0,\dfrac{\pi}{2}\right)$，求 $\cos\alpha$、$\cot\alpha$ 的值.

3. 已知 α、$\beta\in\left(0,\dfrac{\pi}{4}\right)$，且 $3\sin\beta=\sin(2\alpha+\beta)$，$4\tan\dfrac{\alpha}{2}=1-\tan^2\dfrac{\alpha}{2}$，求 $\alpha+\beta$ 的值.

4. 在 $\triangle ABC$ 中，角 A、B、C 所对边分别为 a、b、c. 若 $b^2=ac$，求 $y=\dfrac{1+\sin2B}{\sin B+\cos B}$ 的取值范围.

习 题 答 案

第 1 章　函数的极限与连续性

习题 1-1

1. (1) 否；(2) 否；(3) 是；(4) 否.

2. (1) $\{x \mid x \in R, x \neq 0$ 且 $x \neq 3\}$；(2) $\{x \mid x \geqslant -3/2\}$；(3) $\{x \mid x \geqslant \sqrt{2}$ 或 $x \leqslant -\sqrt{2}\}$；
   (4) $\{x \mid -1 \leqslant x \leqslant 1$, 且 $x \neq 0\}$；(5) $\{x \mid -2 \leqslant x \leqslant 2\}$.

3. $f(x+1) = -x/(2+x)$；$f(1/x) = (x-1)/(x+1)$.

4. $f(-1) = 2, f(\pi) = \pi + 1, f(-\sqrt{2}) = \sqrt{2} + 1$(函数图略).

5. 偶函数为(1)(6)，奇函数为(2)(4)(5)，非奇非偶函数为(3).

6. (1) 是，2π；(2) 是，$\dfrac{2\pi}{5}$；(3) 是，$\dfrac{\pi}{2}$；(4) 不是.

7. 假设 $x_1 > x_2, f(x) = y = \lg x, f(x_1) = \lg x_1, f(x_2) = \lg x_2$；$f(x_1) - f(x_2) = \lg x_1 - \lg x_2 = \lg(x_1/x_2)$，
   又因为 $x_1/x_2 > 1$，所以 $f(x_1) - f(x_2) > 0, f(x_1) > f(x_2), y$ 为增函数.

8. (1) $-1 \leqslant \cos x \leqslant 1, |\cos x| \leqslant 1, |\cos^3 x| \leqslant 1, -3 \leqslant y \leqslant 3$，函数有界；(2) 无界.

9. (1) $y = \sqrt[5]{x}$；(2) $y = (x-3)/2$；(3) $y = x^3 - 2$；(4) $y = \dfrac{1-x}{1+x}$；(5) $y = \lg x - 1$；(6) $y = 5^x + 2$.

10. 略.

习题 1-2

1. (1) $[0, +\infty)$；(2) $(0, +\infty)$；(3) $(-\infty, 0)$；(4) $(-\infty, +\infty)$.

2. 略.

3. (1) $x > 0$；(2) $x > 1/3$；(3) $x \geqslant 2$；(4) $x \neq 1/3$；(5) $x > 2$ 或 $x < 0$；(6) $x \leqslant 1$.

4. (1) $-\pi/6$；(2) $\pi/6$；(3) $\pi/3$；(4) $3\pi/4$.

5. (1) $1/5$；(2) $-1/3$；(3) $2\sqrt{6}/5$；(4) $(\sqrt{3} + 2\sqrt{2})/6$；(5) $\sqrt{3}/3$；(6) $2\sqrt{5}/5$.

6. (1) $y = e^u, u = \sin x$；(2) $y = u^{10}, u = 2x - 1$；
   (3) $y = u^4, u = e^w, w = x + 1$；(4) $y = u^2, u = \cos w, w = 3x + 1$.

7. (1) 否；(2) 否；(3) 否；(4) 是.

8. (1) $0, -4, 2, \dfrac{|x^2 - 2|}{x^2 + 1}$；(2) $0, \sqrt{2}/2, 0$；(3) $-1/2$；(4) $f(x) = 1 - 2x^2$.

9. $f[\varphi(x)] = 3\lg^2(1+x) + 4\lg(1+x), x > -1$.

习题 1-3

1. (1) 1；(2) 2；(3) 3；(4) 不存在.

2. (1) 0；(2) 2/5；(3) 0；(4) 1；(5) 0；(6) 1.

3. (1) 9；(2) 2；(3) e+1；(4) $-\pi/2$.

4. 左极限为 0，右极限为 1，函数在 $x \to 0$ 时极限不存在.

5. $f(0+0) = 1, f(0-0) = 1, \lim\limits_{x \to 0} f(x) = 1$.

6. (1)、(2)、(5)为无穷小；(3)、(4)、(6)为无穷大.

7. (1) $x \to \infty$ 为无穷小，$x \to -1$ 为无穷大；

(2) $x \to 0$ 为无穷小，$x \to -5$ 为无穷大；

(3) $x \to k\pi(k$ 为整数)为无穷小；

(4) $x \to 1$ 为无穷小，$x \to +\infty$ 为无穷大.

8. (1) 13；(2) $-\dfrac{2}{3}$；(3) $-\dfrac{5}{2}$；(4) 2；(5) $-\dfrac{1}{2}$；(6) $\dfrac{1}{2}$；(7) 1；(8) 3；(9) 3；(10) 0.

9. (1) $a = 7$；(2) $k = 4$.

10. (1) 4/3；(2) 1/2；(3) 2；(4) e^2；(5) e^9；(6) e.

习题 1-4

1. (1) $\Delta x = 1, \Delta y = 18$；(2) $\Delta x = -1, \Delta y = -6$；(3)、(4) 略.

2. (图略)左极限为 2，右极限为 2，函数在 $x \to 1$ 时极限为 2，且等于该点的函数值，函数在点 $x = 1$ 处连续.

3. 连续区间为 $(-\infty, -3), (-3, 2), (2, +\infty)$.

$$\lim_{x \to 2} f(x) = \infty, \quad \lim_{x \to -3} f(x) = -\frac{1}{5}, \quad \lim_{x \to 0} f(x) = -\frac{1}{2}.$$

4. (1) $(-\infty, -2), (-2, 1), (1, +\infty)$；(2) $[-2, 1), (1, +\infty)$.

5. (1) $\pi/4$；(2) 0；(3) 0；(4) 0；(5) 1/2；(6) 1；(7) e^{-1}；(8) $\pi/4$.

6. $f_-(0) = e^0 = 1, f_+(0) = a + 0 = a, f(0) = a; f_-(0) = f_+(0) = f(0), a = 1$.

习题 1-5

1. $y = \sqrt{d^2 - x^2}$，它的定义域为 $(0, d)$.

2. 设高为 $h, S = 2\pi rh + 2\pi r^2$，又 $V = \pi r^2 h \Rightarrow h = V/(\pi r^2), S = 2V/r + 2\pi r^2$.

3. 长 y 与腰长 x 的函数式为：$y = -\dfrac{1}{R}x^2 + 2x + 4R$，定义域为 $(0, \sqrt{2}R)$.

4. 设 $f(t)$ 表示电压，$(12.8 - 24)/16 = -0.7, f(t) = 24 - 0.7t$.

5. $V = \pi h(R^2 - \dfrac{h^2}{4}) h \in (0, 2R)$.

6. 令 $k > 0, f$ 表示阻力，v 表示速度；则 $f = -kv, v = 2, f = 4 \Rightarrow k = -2 \Rightarrow f = -2v$.

7. (1) 约 86 天；(2) 10 万人.

8. 1000 元.

复习题一

1. (1) $\{x \mid e^{-1} \leqslant x \leqslant e\}$；(2) $y = e^u, u = \ln w, w = \sqrt{1 + 2x}$；(3) 0；(4) e^{-1}；(5) $1/(2\sqrt{x})$；

(6) $(-\infty, -1), (-1, 3), (3, +\infty)$；(7) $a = 0, b = 6$；(8) $(-\infty, 1], [2, +\infty)$；(9) e^a；(10) 6.

2. 正确：(1)(4)(5)(8)   错误：(2)(3)(6)(7).

3. (1) B；(2) C；(3) C；(4) D；(5) C；(6) A；(7) A；(8) D.

4. (1) 1；(2) 1/2；(3) 1/2；(4) 1；(5) 5/2；(6) 1/2.

5. (1) 0；(2) e^{-1}；(3) e^{-1}；(4) $\sqrt{3}/6$；(5) 3.

6. 1.

7. $\ln 2$.

8. $f_-(0) = 1, f_+(0) = 2, f(0) = 2$，故此在 $x = 0$ 不连续；图略.

9. 3.

10. 令 $f(x)=\sin x+x+1$, fx 在区间 $\left(-\dfrac{\pi}{2},\dfrac{\pi}{2}\right)$ 上连续,因为 $f\left(\dfrac{-\pi}{2}\right)=\dfrac{-\pi}{2}<0$, $f\left(\dfrac{\pi}{2}\right)=2+\dfrac{\pi}{2}>0$,

所以存在 $\varepsilon\in\left(\dfrac{-\pi}{2},\dfrac{\pi}{2}\right)$, $f(\varepsilon)=0$, ε 就是原方程的根.

第 2 章 导数与微分

习题 2-1

1. (1) C; (2) C; (3) B; (4)B.

2. (1) a; (2) $\dfrac{1}{2\sqrt{x}}$.

3. $f'\left(\dfrac{\pi}{2}\right)=0$, $f'(\pi)=-1$.

4. (1) $3x^2$; (2) $3^x\ln3$; (3) $-\dfrac{1}{2\sqrt{x^3}}$; (4) $-\dfrac{2}{x^3}$; (5) $\dfrac{1}{x\ln4}$; (6) $\dfrac{2}{3\sqrt[3]{x}}$

5. (1) $-\dfrac{3}{81}$; (2) $\dfrac{13}{6}$.

6. $k=1$.

7. (1) $(0,0)$; (2) $\left(\dfrac{1}{2},\dfrac{1}{4}\right)$.

8. 切线方程为 $x+y-\pi=0$,法线方程为 $x-y-\pi=0$.

9. 切线方程为 $y-1=\dfrac{1}{3\ln3}(x-3)$,法线方程为 $y-1=-3\ln3(x-3)$.

10. $\left(-\dfrac{b}{2a},c-\dfrac{b^2}{4a}\right)$.

11. 连续,但不可导.

12. $f'(0)=0$.

13. 略.

14. $i(t_0)=\lim\limits_{\Delta t\to0}\dfrac{Q(t_0+\Delta t)-Q(t_0)}{\Delta t}$.

15. $\rho(x_0)=\lim\limits_{\Delta x\to0}\dfrac{m(x_0+\Delta x)-m(x_0)}{\Delta x}$.

习题 2-2

1. (1) $y'=2x+\dfrac{3}{2\sqrt{x}}-\dfrac{1}{x^2}$; (2) $y'=3x^2+3^x\ln3+\dfrac{1}{x\ln3}$; (3) $\tan x+x\sec^2x+\csc^2x$;

(4) $y'=-\dfrac{2}{x(1+\ln x)^2}$; (5) $y'=3a^x\ln a-2e^x$; (6) $y'=\dfrac{3-3x^2}{(x^2+1)^2}$; (7) $y'=\cot x+\dfrac{1}{x}-\dfrac{2}{x}$;

(8) $-12\sin(3x-1)$; (9) $y'=3x^2\cos x^3+3\sin^2x\cos x-3\cos3x$; (10) $y'=-3\sin6x$.

2. (1) $f'(0)=-3$, $f'(1)=1$; (2) $y'|_{x=\pi}=-\dfrac{1}{\pi}$; (3) $f'(1)=\dfrac{\sqrt{2}}{2}$; (4) $f'\left(\dfrac{\pi}{3}\right)=\dfrac{4\sqrt{3}}{3}$.

3. (1) $-\dfrac{y+2x}{x+2y}$; (2) $\dfrac{3y}{1-y}$; (3) $-\dfrac{2x\sin2x+y+yxe^{xy}}{x^2e^{xy}+x\ln x}$; (4) $\dfrac{y\ln y}{y-x}$.

4. (1) e; (2) -2.

5. (1) $(\ln x)^x\left(\ln\ln x+\dfrac{1}{\ln x}\right)$; (2) $\sqrt{\dfrac{(x+3)(2x-4)}{(x+1)(5x+2)}}\left(\dfrac{1}{x+3}+\dfrac{2}{2x-4}-\dfrac{1}{x+1}-\dfrac{5}{5x+2}\right)$.

6. (1) $36x^2-8$; (2) $-\dfrac{1}{4x\sqrt{x}}+\dfrac{3}{4x^2\sqrt{x}}$; (3) $3^x\ln^23-6x$; (4) $-2\cos2x\ln x-\dfrac{2\sin2x}{x}-\dfrac{\cos^2x}{x^2}$;

(5) $2\cos x^2 - 4x^2\sin x^2$； (6) $2e^{-x^2}(2x^2-1)$.

7. (1) 192；(2) 9.

8. (1) $y^{(n)} = \begin{cases} \ln x + 1, & n=1 \\ (-1)^n \dfrac{(n-2)!}{x^{n-1}}, & n\geq 2 \end{cases}$；(2) $y^{(n)} = \sin\left(x + n\cdot\dfrac{\pi}{2}\right)$.

9. 略.

10. (1) $v(t) = v_0 - gt$；(2) $t = \dfrac{v_0}{g}$.

11. $\left(\dfrac{1}{2}, \dfrac{7}{2}\right)$.

12. $x - y - 4 = 0$.

习题 2-3

1. (1) 0.05；(2) 0.0314；(3) -0.0027.

2. (1) $6x^2 - 5$；(2) $3x^2\sec^2 x^3$；(3) $\ln^2 x + 2\ln x$；(4) $-2e^{-2x}(\cos 2x + \sin 2x)$；

(5) $\sqrt{x}\left(\dfrac{1}{2x}\tan x + \sec^2 x\right)$；(6) $\dfrac{2-4x^3}{(1+x^3)^2}$；(7) $5x + C$；(8) $\dfrac{3}{2}x^2 + C$；(9) $\dfrac{-\cos 2x}{2} + C$；

(10) $\dfrac{x^4}{4} + C$；(11) $-e^{-x} + C$；(12) $2\sqrt{x} + C$；(13) $\dfrac{1}{2}\ln|x| + C$；(14) $-\dfrac{1}{x} + C$；

(15) $\arctan x + C$；(16) $\ln|x+1| + C$；(17) $\arcsin x + C$；(18) $\ln|x| + \sin x - e^2 x + C$；

(19) $3e^{3x}dx$；(20) $3e^{3x}$.

3. $y' = \dfrac{e^x - y}{x + e^y}$；$dy = \dfrac{e^x - y}{x + e^y}dx$.

习题 2-4

1. (1) 1；(2) $\dfrac{1}{2}$；(3) $\dfrac{1}{n}$；(4) $\cos a$；(5) $\dfrac{2}{3}$；(6) 1；(7) 0；(8) 0；(9) $\dfrac{1}{3}$；(10) $\dfrac{1}{2}$；(11) 1；

(12) 1.

2. 略.   3. 略.

4. (1) 单调增加；(2) 在(0,2)上单调减少,在$(2,+\infty)$上单调增加；(3) 单调减少；(4) 单调减少.

5. (1) 单调增区间为$(-\infty,0)$,单调减区间为$(0,+\infty)$；(2) 单调增区间为$(-\infty,0)$,单调减区间为

$(0,+\infty)$；(3) 单调减区间为$\left(-\infty,-\dfrac{1}{2}\right)$,$\left(0,\dfrac{1}{2}\right)$；单调增区间为$\left(-\dfrac{1}{2},0\right)$,$\left(\dfrac{1}{2},+\infty\right)$；

(4) 单调怎区间为 R.

6. (1) 极小值 $y|_{x=0}=0$,极大值 $y|_{x=\pm 1}=1$；(2) 极大值 $y|_{x=2}=3$；(3) 极大值 $y|_{x=0}=-1$；(4) 极

小值 $y|_{x=0}=2$.

7. (1) 极小值 $f(1)=2-4\ln 2$；(2) 极大值 $f(3)=2$；(3) 极大值 $f(1)=\dfrac{7}{3}$,极小值 $f(3)=1$；(4) 极

大值 $f\left(\dfrac{\pi}{4}\right)=\sqrt{2}$,极小值 $f\left(\dfrac{5\pi}{4}\right)=-\sqrt{2}$.

8. (1) 最大值为 $y(0)=y(3)=7$,最小值为 $y(-1)=y(2)=3$；

(2) 最大值为 $y\left(\dfrac{3}{4}\right)=\dfrac{5}{4}$,最小值为. $y(-5)=-5+\sqrt{6}$；

(3) 最大值为 $y(\pm 2)=13$,最小值为 $y(\pm 1)=4$；

(4) 最大值为 $y(4)=8$,最小值为 $y(0)=0$.

9. 在 $x=-3$ 处取得最小值.

10. 在 $x=1$ 处取得最大值.

11. $\dfrac{C^2}{4}$.

12. 围成长 10 m,宽 5 m 的矩形时,才能使面积最大,最大面积为 50 m².

13. 每批生产 250 单位时,才能使利润最大.

14. 底宽为 $x=\sqrt{\dfrac{40}{4+\pi}}$ 时所用钢材最少.

复习题二

1. (1) D; (2) B; (3) D; (4) B.

2. (1) 错误; (2) 错误; (3) 正确; (4) 错误.

3. (1) $6x+\dfrac{4}{x^3}$; (2) $2x\cos x-x^2\sin x$; (3) $e^x(x^2-x-2)$; (4) $\dfrac{x\cos x\sin^3+x^2\sin x-x^3\cos x}{x^2\sin^2 x}$

(5) $\dfrac{2x}{(1+x^2)\ln a}$; (6) $\dfrac{2\cdot 10^x\ln 10}{(10^x+1)^2}$; (7) $\dfrac{\cos t-\sin t-1}{(1-\cos t)^2}$; (8) $-\dfrac{1}{2\sqrt{x}}\left(1+\dfrac{1}{x}\right)$.

4. 略

5. (1) $-\dfrac{2\ln x}{x^2}$; (2) $4x\cos x+\sin x-x^2\sin x$; (3) $\dfrac{-x\sqrt{x}\cos\sqrt{x}+3x\sin\sqrt{x}+3\sqrt{x}\cos\sqrt{x}}{8x^3}$;

(4) $\dfrac{\cos^4 x+9\cos^2 x-15}{16\cos^3 x\cdot\sqrt{\cos x}}$.

6. (1) $-\dfrac{9x}{4y}$; (2) $\dfrac{1}{1-e^y}$; (3) $\dfrac{2x-y}{2y+x}$; (4) $\dfrac{a}{y}$.

7. (1) $\csc x$; (2) $\dfrac{\ln x}{x\sqrt{1+\ln^2 x}}$;

(3) $(x-1)(x-1)^2(x-1)^3\cdots(x-n)^n\left(\dfrac{1}{x-1}+\dfrac{2}{x-2}+\dfrac{3}{x-3}+\cdots+\dfrac{n}{x-n}\right)$.

8. $\Delta y=-0.0499$; $dy=-0.05$.

9. (1) $\left(9x^3\sqrt{x}-8x^2-\dfrac{5}{2}x\sqrt{x}+1+\dfrac{3}{2\sqrt{x}}+\dfrac{3}{x^2}\right)dx$; (2) $\dfrac{8x}{(x^2+2)^2}dx$; (3) $\dfrac{5^{\ln x}\cdot\ln 5}{x}dx$;

(4) $\dfrac{1}{\sqrt{x^2+a^2}}dx$.

10. $2x-\sqrt{3}y-\dfrac{2\pi}{3}+\dfrac{\sqrt{3}}{2}=0$.

11. $\dfrac{1}{3}$.

12. $a=b=0$.

13. $2dx$.

14. (1) 0.0025; (2) 0.01.

15. (1) $-\dfrac{2^{\arccos x}\cdot\ln 2}{\sqrt{1-x^2}}dx$; (2) $-\dfrac{16}{x^2}dx$.

16. (1) $\dfrac{3}{2}$; (2) 0; (3) 1; (4) $\dfrac{1}{2}$; (5) 1; (6) e.

17. (1) 单调减区间有 $\left(\dfrac{1}{2},+\infty\right)$,单调增区间有 $\left(-\infty,\dfrac{1}{2}\right)$,极大值为 $y\left(\dfrac{1}{2}\right)=\dfrac{9}{4}$;

(2) 单调减区间有 $(0,2)$,单调增区间有 $(-\infty,0)$ 和 $(2,+\infty)$,极大值为 $y(0)=-18$,极小值为 $y(2)=-26$;

(3) 单调减区间有 $(0,+\infty)$,单调增区间有 $(-\infty,0)$,极大值为 $y(0)=-1$;

(4) 单调减区间有 $(-\infty,-1)$,单调增区间有 $(-1,0)$ 和 $(0,+\infty)$,极小值为 $y(-1)=3$.

18.(1) 最大值为 $y(4)＝142$,最小值为 $y(1)＝7$;

　　(2) 最大值为 $y(2)＝\ln6$,最小值为 $y(0)＝\ln2$;

　　(3) 最大值为,$y\left(-\dfrac{1}{2}\right)＝y(1)＝\dfrac{1}{2}$,最小值为 $y(0)＝0$.

19. $\dfrac{1}{\sqrt{10}}$.

20. 3 cm.

21. 当产量 $x＝3$ 时收益最大,此时价格为 $P(3)＝15\mathrm{e}^{-\frac{3}{3}}＝\dfrac{15}{\mathrm{e}}$,最大收益为 $\dfrac{45}{\mathrm{e}}$.

22. 此水厂应设在河边离甲城 20 km 处,才能使水管费用最省.

第 3 章　不定积分

习题 3-1

1.(1) $\dfrac{1}{4}x^4$; (2) $-\mathrm{e}^{-x}$; (3) $3\sin x$; (4) $x-\cos x$.

2. 略.

3. (1) $\arctan x+C$; (2) $-\cot x+C$; (3) $-\dfrac{1}{4}x^{-4}+C$; (4) $\mathrm{e}^x+\sin x+C$.

习题 3-2

1. (1) $\dfrac{\ln(2+x^2)}{\sqrt{1+\sin^2 x}}$; (2) $\dfrac{1}{8}x^3\mathrm{e}^x(\sin x-\cos x)+C$; (3) $a^x+\cos x^2+C$; (4) $\dfrac{\cos x}{1+\sin^2 x}\mathrm{d}x$.

2. $y＝\mathrm{e}^x+3$.

3. 证明略.

4. (1) $\dfrac{1}{8}x^8+C$; (2) $\dfrac{6}{11}x^{\frac{11}{6}}+C$;(3) $\dfrac{1}{4}x^4-x^2+x+C$; (4) $\dfrac{1}{5}x^2+\mathrm{e}^x-3\sin x+C$.

习题 3-3

1. (1) $\dfrac{5^x\mathrm{e}^x}{\ln(5\mathrm{e})}+C$; (2) $\sin t-\cos t+C$; (3) $\tan t-t+C$; (4) $\dfrac{1}{2}x-\dfrac{1}{2}\sin x+C$; (5) $x-\arctan x+C$;

(6) $\dfrac{2}{3}x^{\frac{3}{2}}+2x+C$; (7) $4t+4\ln|t|-\dfrac{1}{t}+C$; (8) $\dfrac{2^x}{\ln2}-\dfrac{\left(\dfrac{2}{5}\right)^x}{\ln2-\ln5}$.

2. $f(x)＝x+x^3+2$.

3. (1) -1; (2) $\dfrac{1}{3}$; (3) -2; (4) $\dfrac{1}{\ln3}$; (5) $-\dfrac{5}{2}$; (6) 1.

4. (1) 不正确; (2) 不正确; (3) 不正确.

5. (1) $-\dfrac{1}{3}\cos3x+C$; (2) $-\mathrm{e}^{-x}+C$; (3) $\dfrac{1}{12}(3x-1)^4+C$; (4) $-\dfrac{1}{2(2x-1)}+C$; (5)$-\dfrac{7^{-4x}}{4\ln7}+C$;

(6) $-\dfrac{1}{2}\mathrm{e}^{-x^2}+C$; (7) $\sqrt{x^2-a^2}+C$; (8) $\dfrac{1}{b}\ln|a-b\cos x|+C$; (9) $\dfrac{2}{3}(\ln x)^{\frac{3}{2}}+C$;

(10) $\ln(1+\mathrm{e}^x)+C$; (11) $\dfrac{1}{4}(\arctan x)^4+C$; (12) $\dfrac{1}{4}\ln\left|\dfrac{x-2}{x+2}\right|+C$.

6. (1) $\dfrac{1}{2}\sqrt{x}-\dfrac{1}{2}\tan\sqrt{x}+C$; (2) $\dfrac{3}{2}(\sqrt[3]{x+1})^2+\dfrac{3}{5}(\sqrt[3]{x+1})^5+C$;

(3) $2\sqrt{x-1}-2\arctan\sqrt{x-1}+C$；(4) $2\sqrt{e^x-1}-2\arctan\sqrt{e^x-1}+C$；

(5) $-\dfrac{\sqrt{(a^2-x^2)^3}}{3a^2x^2}+C$.

7. (1) $x\sin x+\cos x+C$；(2) $\dfrac{1}{2}x^2\ln2x-\dfrac{1}{4}x^2+C$；(3) $-\dfrac{3}{4}e^{-2t}(2t+1)+C$；

(4) $x\arcsin x+\sqrt{1-x^2}+C$；(5) $-x^2\cos x+2x\sin x+2\cos x+C$；

(6) $\dfrac{1}{3}x\cos3x+\dfrac{1}{9}\sin3x+\dfrac{2}{3}\cos3x+C$；(7) $\dfrac{1}{3}x^3\ln x-\dfrac{1}{9}x^3+C$；

(8) $\dfrac{1}{2}e^{-x}(\sin x-\cos x)+C$；(9) $x\ln(1+x^2)-2x+2\arctan x+C$；

(10) $-\dfrac{1}{6}x\cos3x+\dfrac{1}{18}\sin3x+C$.

习题 3-4

1. $s=t^3+t$.

2. $y=\dfrac{1}{2}x^2-x+1$.

3. $C(x)=x^2-x^3+1000$.

4. $q(x)=2x^3-2x^2+2x-2$.

5. $C(x)=0.001x^2+4x+2000$.

6. $R(x)=ax-\dfrac{b}{2}x^2,x=f(p)=\dfrac{2a}{b}-\dfrac{2p}{b}$.

7. $x=-f(p)=1000\cdot\left(\dfrac{1}{3}\right)^p-1000$.

8. 日产量为 50 件时可获得最大利润. 最大利润为 125 元.

复习题三

1. (1) $-F(e^{-x})+C$；(2) $-\cos[\varphi(x)]+C$；(3) $F(x)=x^3+C$. $k=12$；(4) $xf(x)-F(x)+C$.

2. (1) $\dfrac{1}{4}(1+\ln x)^4+C$；(2) $x+2\sin\sqrt{x}+C$；(3) $\dfrac{3}{4}(1+\tan x)^{\frac{4}{3}}+C$；(4) $\dfrac{1}{12}\ln\left|\dfrac{2+3x}{2-3x}\right|+C$；

(5) $2\sqrt{x+2}-2\sqrt{2}\ln\left|\sqrt{x+2}+\sqrt{2}\right|+C$；(6) $\dfrac{2}{5}(\sqrt{k-x})^5-\dfrac{2}{3}k(\sqrt{k-x})^3+C$；

(7) $\dfrac{1}{8}x-\dfrac{1}{64}\sin8x+C$；(8) $\dfrac{2}{3}\sqrt{x^3+4}+C$；(9) $\sqrt{x}\sin2\sqrt{x}+\dfrac{1}{2}\cos2\sqrt{x}+C$；

(10) $\dfrac{1}{2\sqrt{3}}(\ln\left|x+3-\sqrt{3}\right|-\ln\left|x+3+\sqrt{3}\right|)+C$.

3. $y=e^{\frac{x}{a}}-\dfrac{1}{a^2}\sin ax+a-1$.

4. (1) $v(5)=2(\text{m/s})$；(2) $t=12(\text{s})$.

第4章 定积分及其应用

习题 4-1

1. (1) 5. 2. $[2,5]$；(2) $\displaystyle\int_0^3(x^2+1)\mathrm{d}x$；(3) 0.

2. (1) $2\int_0^1 x\,\mathrm{d}x$；(2) $2\int_0^1 x\cdot\mathrm{d}x$；(3) $\int_a^b[f(x)-g(x)]\mathrm{d}x$；(4) $\int_0^1\sqrt{y}\cdot\mathrm{d}y$ 或 $\int_0^1(1-x^2)\mathrm{d}x$.

3. (略).

4. (1) 正；(2) 负；(3) 正；(4) 负.

5. (1) "＞"；(2) "＜"；(3) "＝".

6. (1) $[1.2]$；(2) $\left(\frac{\pi}{2}\cdot\frac{\pi}{2}+\frac{\pi^3}{32}\right)$；(3) $[2.2\mathrm{e}]$.

7. 4.

习题 4-2

1. (1) $\sin(3x-x^2)$；(2) $\tan(x^3-1)$；(3) $3x^2\cdot\ln(1+x^3)]$；(4) $-\mathrm{e}^{\sin x}\cdot\cos x-\mathrm{e}^{\cos x}\cdot\sin x$.

2. $F(x)=\mathrm{e}^{x^2}$；$F(0)=1$.

3. (1) 2；(2) $1-\frac{\sqrt{2}}{2}+\frac{\pi^2}{8}$；(3) $\frac{\pi^2}{16}+\frac{\sqrt{2}\pi}{2}$；(4) e；(5) $\frac{43}{3}$；(6) 1；(7) $\frac{1}{2}(1-\mathrm{e})$；(8) $\frac{1}{2}$.

4. 1.

习题 4-3

1. (1) $\frac{32}{3}$；(2) $-\arctan\frac{\pi}{4}$；(3) $2-\ln2$；(4) $2-\left(1-\frac{\pi}{4}\right)$；(5) $\frac{5}{2}$；(6) $\ln\frac{2\mathrm{e}}{1+\mathrm{e}}$；(7) $\ln\frac{3}{2}$；

(8) $4-2\arctan2$.

2. (1) $\frac{1}{3}(2\mathrm{e}^3+1)$；(2) $(1+\mathrm{e})\cdot[\ln(1+\mathrm{e})+1]$；(3) $\frac{\mathrm{e}^2+1}{4}$；(4) $\frac{\pi}{2}-1$；(5) $\frac{2}{3}$；(6) $-\frac{\mathrm{e}^\pi+1}{2}$.

习题 4-4

1. (1) $\frac{1}{3}(2-\sqrt{2})$；(2) $2(\sqrt{2}-1)$；(3) $\frac{23}{3}$；(4) $4\ln2$；(5) 2；(6) $\frac{4}{3}$.

2. (1) $\frac{\pi}{3}$；(2) $\frac{2\pi}{15}$；(3) $\frac{3\pi}{5}$；(4) $\frac{48\pi}{5}\cdot\frac{24\pi}{5}$.

3. $\frac{4\pi}{3}$.

4. $\frac{13\sqrt{13}-8}{27}$.

5. $2\cdot45$ J.

6. $k\cdot\ln\frac{b}{a}$（k 为常数）.

7. $14\,373\times10^3$ (N).

复习题四

1. (1) $\frac{1}{4}$；(2) 0；(3) -1；(4) 0.

2. (1) A；(2) A.

3. (1) $45\frac{1}{6}$；(2) $\frac{1}{2}(1-\ln2)$；(3) $-\frac{\sqrt{3}}{2}$；(4) 1.

4. $\frac{\sqrt{2}}{2}$；5. $\cos^2x\cdot1$；6. $\frac{11}{6}$.

7. $\frac{5}{2}\cdot4$；8. $\ln\left|\frac{x+1}{x-1}\right|$；9. 72.

10. $2(\sqrt{2}-1)$；11. $\dfrac{\pi}{5}\cdot\dfrac{\pi}{2}$；12. $\dfrac{3}{10}\pi$.

13. $160\pi^2$；14. 400.

15. (1) 150 000 元；(2) 50 000 元.

*第 5 章　三角函数

习题 5-1

1. $-\dfrac{3}{2}m$.

2. $-\dfrac{1}{2}$.

3. 7.

4. $\dfrac{\sqrt{3}}{2}$，$-\dfrac{1}{2}$，$\sqrt{3}$.

5. $\cos\alpha=\dfrac{4}{5}$，$\cot\alpha=-\dfrac{4}{3}$.

6. $\sqrt{3}-2$.

7. $\cos\alpha$；1.

习题 5-2

1. $\dfrac{k\pi}{2}+\dfrac{\pi}{4}$，$k\in Z$，$k\pi-\dfrac{\pi}{4}$，$k\in Z$.

2. 偶函数，非奇非偶函数.

3. $\left[-4k\pi-\dfrac{7\pi}{3},-4k\pi-\dfrac{\pi}{3}\right]$，$k\in Z$.

4. $y_{最大值}=4$，当 $x=k\pi+\dfrac{\pi}{4}$，$k\in Z$；$y_{最小值}=2$，当 $x=k\pi+\dfrac{3\pi}{4}$，$k\in Z$.

5. π；$\dfrac{\pi}{3}$.

6. 定义域：$\left\{x\,|\,x\neq 2k+\dfrac{1}{3},(k\in Z)\right\}$；周期为 2；非奇非偶函数；在区间 $\left(2k-\dfrac{5}{3},2k+\dfrac{1}{3}\right)$，$(k\in Z)$ 上是增函数.

习题 5-3

1. (1) $\dfrac{\sqrt{6}+\sqrt{2}}{4}$；(2) $\dfrac{\sqrt{6}-\sqrt{2}}{4}$；(3) 1；(4) $\dfrac{1}{2}$；(5) $\dfrac{1}{2}$.

2. -3.

3. $\dfrac{33}{65}$.

4. (1) $\sin 4\alpha=-\dfrac{120}{169}$；(2) $\cos 4\alpha=-\dfrac{119}{169}$；(3) $\tan 4\alpha=-\dfrac{120}{119}$；(4) $\cot 4\alpha=-\dfrac{119}{120}$.

5. $\dfrac{4}{3}$.

6. $\dfrac{7}{25}$.

7. $-(1+\sqrt{2})\cos 4-\sin 4$.

习题 5-4

1. (1) C；(2) B；(3) C；(4) D.

2. 1.

3. $\dfrac{10\sqrt{3}}{3}m$.

4. $\dfrac{4}{5}$.

5. $\cos A=\dfrac{\sqrt{22}}{5}$；$\sin B=\dfrac{2\sqrt{11}-\sqrt{6}}{10}$.

6. $\dfrac{5}{3}$.

7. $A=120°$.

复习题五

一、选择题

1. B；2. B；3. B；4. C；5. B；6. A；7. B.

二、填空题

1. $\dfrac{2+\sqrt{2}}{2}$.

2. $-\dfrac{\sqrt{3}}{3}$.

3. $-\dfrac{3}{4}$.

4. (1)(3).

三、解答题

1. $\dfrac{\sqrt{6}-\sqrt{2}}{4}$.

2. $\cos\alpha=\dfrac{\sqrt{3}}{2}$；$\cot\alpha=\sqrt{3}$.

3. $\alpha+\beta=\dfrac{\pi}{4}$.

4. $1<y\leqslant\sqrt{2}$.

参 考 文 献

[1] 叶永春,张玲,毛建生,李涛. 高职数学[M]. 北京:北京理工大学出版社,2011.

[2] 同济大学数学系. 微积分(第三版)[M]. 北京:高等教育出版社,2010.

[3] 金路. 微积分[M]. 北京:北京大学出版社,2006.

[4] 同济大学数学系. 高等数学(第六版)[M]. 北京:高等教育出版社,2007.

[5] 顾静相. 经济数学基础(第二版)[M]. 北京:高等教育出版社,2004.

[4] 叶鹰,李萍,刘小茂. 概率论与数理统计(第二版)[M]. 武汉:华中科技大学出版社,2004.

[6] 贺新瑜. 应用数学(高职分册)[M]. 大连:东北财经大学出版社,2003.

[7] 同济大学概率统计教研组. 概率统计(第二版)[M]. 上海:同济大学出版社,2000.

[8] 刘书田,冯翠莲,侯明华. 微积分(第二版)[M]. 北京:北京大学出版社,2004.

[9] 冯翠莲,赵益坤. 应用经济数学[M]. 北京:高等教育出版社,2006.

[10] 冉兆平. 高等数学[M]. 上海:上海财经大学出版社,2006.

[11] 夏勇,汪晓空. 经济数学基础(微积分及其应用)[M]. 北京:清华大学出版社,2004.

[12] 张凤祥,刘贵基. 高等数学(微积分)[M]. 兰州:兰州大学出版社,2002.

[13] 冯红. 高等代数全程学习指导[M]. 大连:大连理工大学出版社,2005.